数据库技术丛书

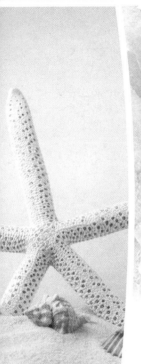

2022

# SQL Server

# 从入门到精通

视频教学
超值版

王英英 编著

清華大學出版社
北京

## 内 容 简 介

本书系统全面地介绍SQL Server 2022数据库应用与开发的相关基础知识，提供大量可操作的数据库示例，并清晰阐述示例的用法及其作用，使读者能在最短的时间内有效地掌握SQL Server 2022的技术要点，并且具备系统管理和开发的基本技能。本书配套源码、PPT课件、同步教学视频、习题及答案、教学大纲、作者微信群答疑服务。

本书共分20章，内容包括SQL Server 2022的安装与配置、数据库的操作、数据表的操作、Transact-SQL语言基础、Transact-SQL语句的查询与应用、认识函数、Transact-SQL查询、数据的更新、规则、默认和完整性约束、创建和使用索引、事务和锁、游标、使用存储过程、视图操作、触发器、SQL Server 2022的安全机制、数据库的备份与恢复、数据库的性能优化、企业人事管理系统数据库设计、网上购物商城数据库设计。

本书适合SQL Server初学者、数据库设计人员、数据库应用开发人员、数据库系统管理员，也适合作为高等院校或高职高专数据库课程的教材。

**图书在版编目（CIP）数据**

SQL Server 2022 从入门到精通：视频教学超值版/王英英编著. —北京：
清华大学出版社，2024.5
　　（数据库技术丛书）
　　ISBN 978-7-302-66348-5

　　Ⅰ．①S… Ⅱ．①王… Ⅲ．①关系数据库系统 Ⅳ．①TP311.132.3

中国国家版本馆CIP数据核字（2024）第105985号

责任编辑：夏毓彦
封面设计：王　翔
责任校对：闫秀华
责任印制：杨　艳

出版发行：清华大学出版社
　　　网　　　址：https://www.tup.com.cn，https://www.wqxuetang.com
　　　地　　　址：北京清华大学学研大厦A座　　　邮　　编：100084
　　　社 总 机：010-83470000　　　　　　　　　邮　　购：010-62786544
　　　投稿与读者服务：010-62776969，c-service@tup.tsinghua.edu.cn
　　　质量反馈：010-62772015，zhiliang@tup.tsinghua.edu.cn
印　装　者：三河市君旺印务有限公司
经　　　销：全国新华书店
开　　　本：190mm×260mm　　　印　　张：21.25　　　字　　数：573千字
版　　　次：2024年6月第1版　　　　　　　　　印　　次：2024年6月第1次印刷
定　　　价：129.00元

产品编号：104595-01

# 前　　言

本书是面向SQL Server 2022初学者的一本高价值的书籍。本书系统全面、示例丰富、图文并茂、步骤清晰、通俗易懂、条理清晰。通过本书的学习，读者能快速理解SQL Server 2022的技术构成及操作方法，快速上手使用并设计SQL Server数据库。

本书注重实用，可操作性强，详细讲解每一个SQL Server 2022的知识点、操作方法和技巧，清晰阐述示例的用法及其作用，使读者能在最短的时间内有效地掌握SQL Server 2022数据库的应用。

## 本书的特色

内容全面：知识点由浅入深，涵盖了所有SQL Server 2022的基础知识点以及数据库优化和设计技术，使读者可以由浅入深地掌握SQL Server 2022开发技术。

图文并茂：在介绍案例的过程中，每一个操作均有对应步骤和过程说明。这种图文结合的方式使读者在学习过程中能够直观、清晰地看到操作的过程以及效果，便于读者更快地理解和掌握。

易学易用：颠覆传统“看”书的观念，变成一本能“操作”的图书。

案例丰富：把知识点融汇于系统的案例实训中，并且结合综合案例进行讲解和拓展，进而使读者“知其然，并知其所以然”。本书能让读者在实战应用中掌握SQL Server 2022的每一项技术。

提示技巧：本书对读者在学习过程中可能会遇到的疑难问题以“提示”和“技巧”的形式进行了说明，以免读者在学习的过程中走弯路。

超值资源：随书配套源码、PPT课件、教学视频、习题及答案、教学大纲、作者微信群答疑服务，使本书真正体现“自学无忧”，令其物超所值。

## 读者对象

- SQL Server 2022 初学者。
- SQL Server 数据库设计人员。
- SQL Server 数据库应用开发人员。
- SQL Server 数据库系统管理员。
- 高等院校或高职高专的学生。

## 配套资源下载

本书配套示例源码、PPT课件、同步教学视频、习题及答案、教学大纲、作者微信群答疑服务，读者需要用微信扫描下面的二维码获取。如果阅读中发现问题或有疑问，请联系booksaga@163.com，邮件主题写"SQL Server 2022从入门到精通"。

## 鸣谢

本书由王英英主创，参加编写的还有刘增杰。虽然本书倾注了作者的努力，但由于作者的水平有限，成书时间仓促，难免有疏漏之处，欢迎读者批评指正。如果遇到问题或有好的建议，敬请与我们联系，我们将全力提供帮助。

编者

2024年3月

# 目 录

# 第 1 章
# SQL Server 2022的安装与配置

作为微软新一代的数据平台产品，SQL Server 2022 不仅延续了现有数据平台的强大能力，而且全面支持云技术。从本章开始学习 SQL Server 2022 的基础知识，包括 SQL Server 2022 的组成、如何选择 SQL Server 2022 的版本和 SSMS 的基本操作等知识。

## 1.1　认识SQL Server 2022

SQL Server 2022是在早期版本的基础上构建的，旨在将SQL Server发展成一个平台，以提供开发语言、数据类型、本地或云环境以及操作系统选项，可以满足成千上万用户的海量数据管理需求，能够快速构建相应的解决方案实现私有云与公有云之间数据的扩展与应用的迁移。作为微软的信息平台解决方案，SQL Server 2022的发布帮助数以千计的企业用户突破性地实现了各种数据体验，完全释放对企业的洞察力。

## 1.2　SQL Server 2022的组成

SQL Server 2022主要由4部分组成，分别是数据库引擎、分析服务、集成服务和报表服务。本节将详细介绍这些内容。

### 1.2.1　SQL Server 2022的数据库引擎

SQL Server 2022的数据库引擎是SQL Server 2022系统的核心服务，负责完成数据的存储、处理和安全管理，包括数据库引擎（用于存储、处理和保护数据的核心服务）、复制、全文搜索以及用于管理关系数据和XML数据的工具。例如，创建数据库、创建表、创建视图、数据查询和访问数据库等操作，都是通过数据库引擎来完成操作的。

通常情况下，使用数据库系统实际上就是在使用数据库引擎。数据库引擎是一个复杂的系统，它本身就包含许多功能组件，如复制、全文搜索等。使用它可以完成CRUD和安全控制等操作。

### 1.2.2　分析服务

分析服务（Analysis Services）的主要作用是通过服务器和客户端技术的组合，提供联机分析处理（On-Line Analytical Processing，OLAP）和数据挖掘功能。

通过分析服务，用户可以设计、创建和管理包含来自其他数据源的多维结构，通过对多维数据进行多角度分析，可以使管理人员对业务数据有更全面的理解。另外，使用分析服务，用户可以完成数据挖掘模型的构造和应用，实现知识的发现、表示和管理。

### 1.2.3　集成服务

SQL Server 2022是一个用于生成高性能数据集成和工作流解决方案的平台，负责完成数据的提取、转换和加载等操作。其他的三种服务就是通过集成服务（Integration Services）来进行联系的。除此之外，使用数据集成服务可以高效地处理各种各样的数据源，例如SQL Server、Oracle、Excel、XML文档、文本文件等。

### 1.2.4　报表服务

SQL Server 2022报表服务（Reporting Services）是一种功能强大的工具，用于创建、管理和分发丰富多样的报表。它提供了丰富的功能和灵活的配置选项，使用户能够创建定制化的报表，满足各种业务需求。

SQL Server 2022的报表服务是一种基于服务器的解决方案，用于生成从多种关系数据源和多维数据源提取内容的企业报表，发布能以各种格式查看的报表，以及集中管理安全性和订阅。创建的报表可以通过基于Web的连接进行查看，也可以作为Microsoft Windows应用程序的一部分进行查看。

# 1.3　安装SQL Server 2022

本节以SQL Server 2022（Evalution Edition，评估版）的安装为例进行讲解。通过对Evalution Edition 安装过程的学习，读者也就掌握了其他各个版本的安装过程。不同版本的SQL Server在安装时对软件和硬件的要求是不同的，其安装数据库中的组件内容也不同，但是安装过程大同小异。

### 1.3.1　安装环境需求

在安装SQL Server 2022之前，用户需要了解其安装环境的具体要求。不同版本的SQL Server 2022对系统的要求略有差异，下面以SQL Server 2022标准版为例，具体安装环境需求如表1-1所示。

表1-1　SQL Server 2022的安装环境需求

| 组　　件 | 要　　求 |
|---|---|
| 处理器 | x64处理器；处理器速度：最低1.4 GHz，建议2.0 GHz或更快 |
| 内存 | 最小2GB，推荐使用4GB的内存 |
| 硬盘 | 最少6GB的可用硬盘空间，建议10GB或更大的可用硬盘空间 |
| 驱动器 | 从磁盘进行安装时需要相应的DVD驱动器 |
| 显示器 | Super-VGA（1024×768）或更高分辨率的显示器 |
| Framework | 在选择数据库引擎等操作时，.NET Framework 4.6.2是SQL Server 2022所必需的，此程序可以单独安装 |
| Windows PowerShell | 对于数据库引擎组件和SQL Server Management Studio而言，Windows PowerShell 2.0是一个安装必备组件 |

## 1.3.2　安装SQL Server 2022

确认完系统的配置要求和所需的安装组件后，本小节将带领读者完成SQL Server 2022的详细安装过程。

**01** 到SQL Server的官网下载SQL Server 2022 Developer。打开SQL Server 2022镜像文件包，双击setup.exe，如图1-1所示。

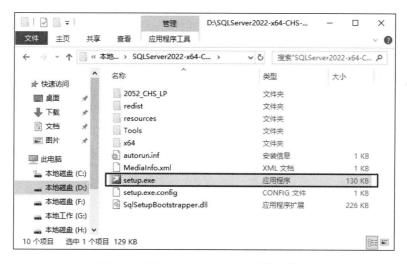

图 1-1　打开 SQL Server 2022 镜像文件包

**02** 进入【SQL Server安装中心】窗口，单击安装中心左侧的【安装】选项，该选项提供了多种功能，单击【下一步】按钮，如图1-2所示。

**03** 进入【版本】窗口，在该窗口中可以输入购买的产品密钥。如果使用的是体验版本，可以在下拉列表框中选择Evaluation选项，然后单击【下一步】按钮，如图1-3所示。

**04** 打开【许可条款】窗口，选择该窗口中的【我接受许可条款】复选框，然后单击【下一步】按钮，如图1-4所示。

图 1-2 【SQL Server 安装中心】窗口

图 1-3 【版本】窗口中指定安装 Evaluation（评估版）

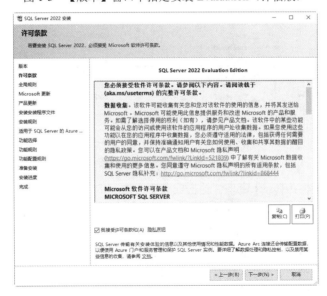

图 1-4 【许可条款】窗口

**05** 进入【Microsoft更新】窗口，单击【下一步】按钮，如图1-5所示。

图 1-5　【Microsoft 更新】窗口

**06** 进入【适用于SQL Server的Azure扩展】窗口，取消【适用于SQL Server的Azure】复选框，单击【下一步】按钮，如图1-6所示。

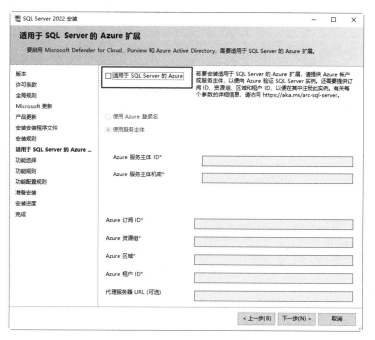

图 1-6　【适用于 SQL Server 的 Azure 扩展】窗口

**07** 打开【功能选择】窗口，如果需要安装某项功能，则选中对应的功能前面的复选框，也可以使用下面的【全选】或者【取消全选】按钮来选择，然后单击【下一步】按钮，如图1-7所示。

图 1-7　【功能选择】窗口

**08** 打开【实例配置】窗口，在安装SQL Server的系统中可以配置多个实例，每个实例必须有唯一的名称，这里选择【默认实例】单选按钮，单击【下一步】按钮，如图1-8所示。

图 1-8　【实例配置】窗口

**09** 打开【服务器配置】窗口，该步骤设置使用SQL Server各种服务的用户，单击【下一步】按钮，如图1-9所示。

图 1-9　【服务器配置】窗口

10　打开【数据库引擎配置】窗口，窗口中显示了设计SQL Server的身份验证模式，这里选择混合模式，此时需要为SQL Server的系统管理员设置登录密码，之后可以使用两种不同的方式登录SQL Server。然后单击【添加当前用户】按钮，将当前用户添加为SQL Server管理员，单击【下一步】按钮，如图1-10所示。

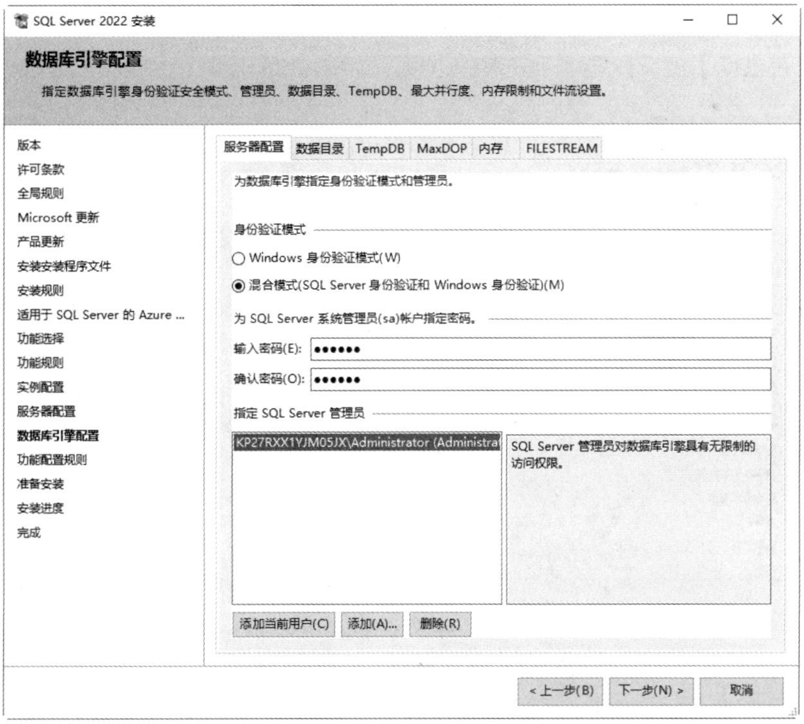

图 1-10　【数据库引擎配置】窗口

11 打开【准备安装】窗口，该窗口只是描述了将要进行的全部安装过程和安装路径，单击【安装】按钮开始进行安装，如图1-11所示。

图 1-11 【准备安装】窗口

12 打开【安装进度】窗口，显示了安装的进度，如图1-12所示。

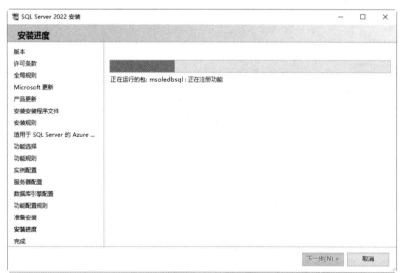

图 1-12 【安装进度】窗口

13 安装完成后，单击【关闭】按钮完成SQL Server 2022的安装过程，如图1-13所示。

图 1-13  【完成】窗口

# 1.4  安装SQL Server Management Studio

SQL Server 2022提供了图形化的数据库开发和管理工具，该工具就是SQL Server Management Studio（SSMS），它是SQL Server提供的一种集成化开发环境。SSMS工具简易直观，可以使用该工具访问、配置、控制、管理和开发SQL Server的所有组件，极大地方便了各种开发人员和管理人员对SQL Server的访问。

默认情况下，SQL Server Management Studio并没有被安装，本节将讲述其安装的具体操作步骤。

01  在1.3节的【SQL Server安装中心】窗口，单击安装中心左侧的【安装】选项，然后单击【安装SQL Server Reporting Services】选项，如图1-14所示。

图 1-14  【SQL Server 安装中心】窗口

**02** 打开【下载SQL Server Management Studio（SSMS）】页面，单击【下载SSMS】链接，如图1-15所示。

图 1-15 【下载 SQL Server Management Studio（SSMS）】页面

**03** 打开【下载SSMS】页面，单击【免费下载SQL Server Management Studio(SSMS)19.1】链接，如图1-16所示。

图 1-16 【下载 SSMS】页面

**04** 下载完成后，双击下载文件SSMS-Setup-CHS.exe，打开安装界面，单击【安装】按钮，如图1-17所示。

**05** 系统开始自动安装并显示安装进度，如图1-18所示。

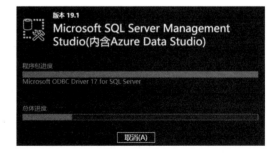

图 1-17 SQL Server Management Studio 的安装界面　　图 1-18 开始安装 SQL Server Management Studio

**06** 安装完成后，单击【关闭】按钮即可，如图1-19所示。

图 1-19　安装完成

# 1.5　SSMS的基本操作

熟练使用SSMS是身为一个SQL Server开发者的必备技能，本节将从SSMS的启动与连接、使用模板资源管理器、解决方案与项目脚本、配置SQL Server服务器的属性和查询编辑器等方面介绍SSMS。

## 1.5.1　SSMS的启动与连接

SQL Server安装到系统中之后，将作为一个服务由操作系统监控，而SSMS是作为一个单独的进程运行的。安装好SQL Server 2022之后，可以打开SQL Server Management Studio并且连接到SQL Server服务器，具体操作步骤如下：

**01** 单击【开始】按钮，在弹出的菜单中选择【所有程序】→【Microsoft SQL Server Tools 19】→【Microsoft SQL Server Management Studio 19】菜单命令，打开SQL Server的【连接到服务器】对话框，选择完相关信息之后，单击【连接】按钮，如图1-20所示。

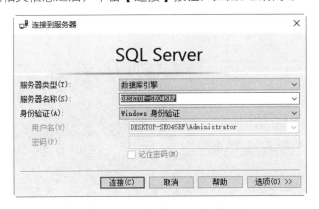

图 1-20　【连接到服务器】对话框

在【连接到服务器】对话框中有如下几项内容：

（1）服务器类型：根据安装的SQL Server的版本，这里可能有多种不同的服务器类型，对于本书，将主要讲解数据库服务，所以这里选择【数据库引擎】。

11

（2）服务器名称：在【服务器名称】下拉列表框中列出了所有可以连接的服务器的名称，这里的DESKTOP-SEO45RF为笔者主机的名称，表示连接到一个本地主机，如果要连接到远程数据服务器，则需要输入服务器的IP地址。

（3）身份验证：在【身份验证】下拉列表框中指定连接类型，如果设置了混合验证模式，可以在下拉列表框中使用SQL Server身份登录，此时，将需要输入用户名和密码；如果在安装过程中指定使用Windows身份验证，则可以选择【Windows身份验证】。

02 连接成功后，进入SSMS的主界面，该界面左侧显示了【对象资源管理器】窗口，如图1-21所示。

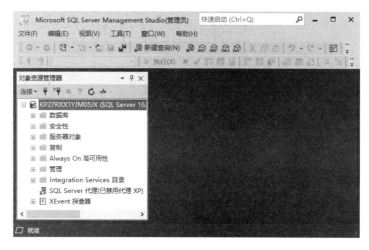

图 1-21　SSMS 图形界面

03 查看SSMS中的【已注册的服务器】窗口，选择【视图】→【已注册的服务器】菜单命令。如图1-22所示，该窗口中显示了所有已经注册的SQL Server服务器。

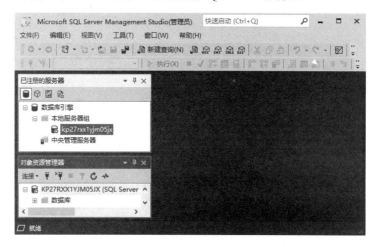

图 1-22　【已注册的服务器】窗口

04 如果用户需要注册一个其他的服务，可以右击【本地服务器组】节点，在弹出的快捷菜单中选择【新建服务器注册】菜单命令，如图1-23所示。

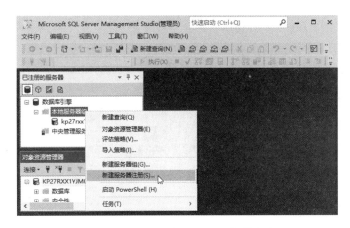

图 1-23　【新建服务器注册】菜单命令

## 1.5.2　使用模板资源管理器

模板资源管理器可以用来访问SQL代码模板，使用模板提供的代码可以省去用户在开发时每次都要输入基本代码的工作。使用模板资源管理器的方法如下。

01　进入SSMS主界面之后，选择【视图】→【模板资源管理器】菜单命令，打开【模板浏览器】窗口，如图1-24所示。

图 1-24　【模板浏览器】窗口

02　模板资源管理器按代码类型进行分组，比如有关对数据库（Database）的操作都放在Database目录下，用户可以双击Database目录下面的Attach Database模板，如图1-25所示。

图 1-25　Attach Database 代码模板的内容

**03** 将光标定位到左侧窗口，此时SSMS的菜单中将会多出来一个【查询】菜单，选择【查询】→
【指定模板参数的值】菜单命令，如图1-26所示。

**04** 打开【指定模板参数的值】对话框，在【值】文本框中输入test，如图1-27所示。

图 1-26　【指定模板参数的值】菜单命令　　　　图 1-27　【指定模板参数的值】对话框

**05** 输入完成之后，单击【确定】按钮，返回代码模板的查询编辑窗口，此时模板中的代码发生
了变化，以前的代码中的Database_Name值都被test所取代。然后选择【查询】→【执行】命
令，SSMS将根据刚才修改过的代码创建一个新的名称为test的数据库，如图1-28所示。

```
SQLQuery1.sql - K...ministrator (67))
---------------------------------------
-- Attach database template
---------------------------------------
IF NOT EXISTS(
    SELECT *
    FROM sys.databases
    WHERE name = N'test'
)
    CREATE DATABASE test
        ON PRIMARY (FILENAME = '<database_primary_file_path,,C:\Program
        files\Microsoft SQL Server\MSSQL15.MSSQLSERVER\MSSQL\Data\your_database_name.MDF>'
        FOR ATTACH
    GO
```

图 1-28　修改代码后的效果

### 1.5.3　配置服务器的属性

对服务器进行优化配置可以保证SQL Server 2022服务器安全、稳定、高效地运行。配置时主
要从内存、安全性、数据库设置和权限4个方面进行考虑。

配置SQL Server 2022服务器的具体操作步骤如下。

**01** 首先启动SSMS，在【对象资源管理器】窗口中选择当前登录的服务器，右击并在弹出的快捷
菜单中选择【属性】菜单命令，如图1-29所示。

**02** 打开【服务器属性】窗口，在窗口左侧的【选择页】中可以看到当前服务器的所有选项：【常
规】、【内存】、【处理器】、【安全性】、【连接】、【数据库设置】、【高级】和【权
限】。其中【常规】选项中的内容不能修改，这里列出了名称、产品、操作系统、平台、版
本、语言、内存、处理器、根目录等固有属性信息，如图1-30所示。

其他7个选项包含服务器端的可配置信息，具体配置方法如下。

图 1-29　选择【属性】菜单命令

图 1-30　【服务器属性】窗口

### 1. 内存

在【选择页】列表中选择【内存】选项，该选项卡中的内容主要用来根据实际要求对服务器内存大小进行配置与更改，这里包含的内容有：服务器内存选项、其他内存选项、配置值和运行值。

### 2. 处理器

在【选择页】列表中选择【处理器】选项，在服务器属性的【处理器】选项卡中可以查看或修改CPU选项，一般来说，只有安装了多个处理器才需要配置此项。该选项卡中有以下选项：处理器关联、I/O关联、自动设置所有处理器的处理器关联掩码、自动设置所有处理器的I/O关联掩码。

### 3. 安全性

在【选择页】列表中选择【安全性】选项，该选项卡中的内容主要是为了确保服务器的安全运行，可以配置的内容有：服务器身份验证、登录审核、服务器代理账户和选项。

### 4. 连接

在【选择页】列表中选择【连接】选项，该选项卡中有以下选项：最大并发连接数、使用查询调控器防止查询长时间运行、默认连接选项、允许远程连接到此服务器以及需要将分布式事务用于服务器到服务器的通信。

### 5. 数据库设置

在【选择页】列表中选择【数据库设置】选项，该选项卡可以设置针对该服务器上的全部数据库的一些选项，包含默认索引填充因子、备份和还原、恢复和数据库默认位置、配置值和运行值等。

### 6. 高级

在【选择页】列表中选择【高级】选项，该选项卡中包含许多服务器的高级属性选项。

### 7. 权限

在【选择页】列表中选择【权限】选项，该选项卡用于授予或撤销账户对服务器的操作权限。

## 1.5.4　查询编辑器

通过SSMS图形化的接口工具可以完成数据的操作和对象的创建等，而SQL代码可以通过图形工具的各个选项执行，也可以使用Transact-SQL（简称T-SQL）语句编写代码。SSMS中的查询编辑器就是用来帮助用户编写Transact-SQL语句的工具，这些语句可以在编辑器中执行，用于查询、操作数据等。即使在用户未连接到服务器的时候，也可以编写和编辑代码。

在前面介绍模板资源时，双击某个文件之后，就是在查询编辑器中打开的。下面将介绍查询编辑器的用法和在查询编辑器中操作数据库的过程。具体操作步骤如下：

**01** 在SSMS窗口中选择【文件】→【新建】→【项目】菜单命令，如图1-31所示。

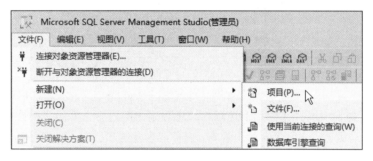

图 1-31　选择【项目】菜单命令

**02** 打开【新建项目】对话框，选择【SQL Server Management Studio项目】选项，单击【确定】按钮，如图1-32所示。

图 1-32　【新建项目】对话框

**03** 在工具栏中单击【新建查询】按钮，将在查询编辑器中打开一个后缀为.sql的文件，其中没有任何代码，如图1-33所示。

图 1-33　查询编辑器窗口

**04** 在查询编辑器窗口中输入下面的Transact-SQL语句，如图1-34所示。

```
CREATE  DATABASE  test_db                              --数据库名称为test_db
ON
  (
    NAME = test_db,                                    --数据库主数据文件名称为test
    FILENAME = 'C:\SQL Server 2022\test_db.mdf',       --主数据文件的存储位置
    SIZE = 6,                                          --数据文件大小，默认单位为MB
    MAXSIZE = 10,                                      --最大增长空间，单位为MB
    FILEGROWTH = 1                                     --文件每次的增长大小，单位为MB
  )
  LOG ON                                              --创建日志文件
(
  NAME = test_log,
  FILENAME = 'C:\SQL Server 2022\test_db_log',
  SIZE = 1MB,
  MAXSIZE = 2MB,
  FILEGROWTH = 1
  )
GO
```

**05** 输入完成之后，选择【文件】→【SQLQuery1.sql另存为(A)】菜单命令，保存该.sql文件，另外用户也可以单击工具栏上的【保存】按钮或者直接按【Ctrl+S】组合键保存，如图1-35所示。

**06** 打开【另存文件为】对话框，设置完保存的路径和文件名后，单击【保存】按钮，如图1-36所示。

**07** .sql文件保存成功之后，单击工具栏中的【执行】按钮 ，或者直接按F5键，将会执行.sql文件中的代码，执行之后，在消息窗口中将提示命令已成功执行，同时在"C:\ SQL Server 2022\"目录下创建两个文件，其名称分别为test_db.mdf和test_db_log，如图1-37所示。

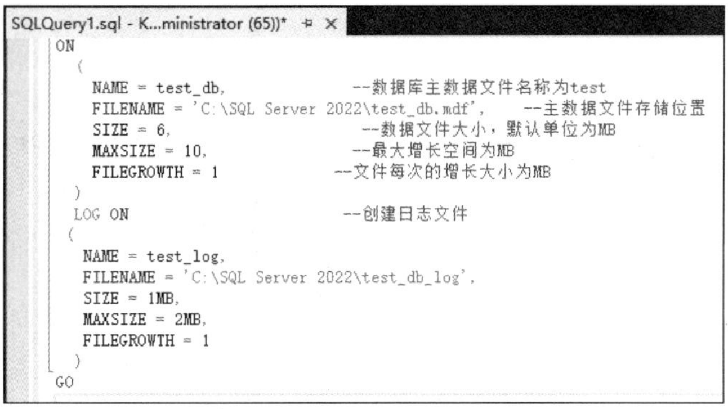

图 1-34　输入相关语句

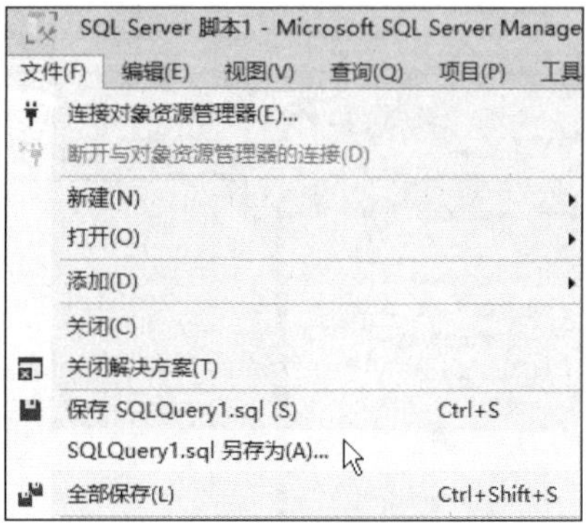

图 1-35　保存该.sql 文件

图 1-36　【另存文件为】对话框

图 1-37　查看创建的数据库文件

> 提示　在执行这段代码的时候必须保证"C:\SQL Server 2022\"目录存在，否则代码执行过程会出错。

# 第 2 章

# 数据库的操作

数据的操作只有在创建了数据库（Database，DB）和数据表之后才能进行。本章将介绍数据库的基本操作。通过本章的学习，读者将掌握SQL Server 2022中数据库的组成、SQL Server中的系统数据库，以及如何创建和管理数据库。

## 2.1 数据库的组成

对于数据库的概念，没有一个完全固定的定义，随着数据库历史的发展，定义的内容也有很大的差异，其中一种比较普遍的观点认为，数据库是一个长期存储在计算机内的、有组织的、可共享的、统一管理的数据集合。它是一个按数据结构来存储和管理数据的计算机软件系统。即数据库包含两层含义：

（1）保管数据的"仓库"。
（2）数据管理的方法和技术。

随着计算机网络的普及与发展，SQL Server等远程数据库也得到了普遍的应用。
SQL Server数据库的存储结构分为逻辑存储结构和物理存储结构。

- 逻辑存储结构：说明数据库是由哪些性质的信息所组成的。SQL Server 的数据库不仅仅用于数据的存储，所有与数据处理操作相关的信息都存储在数据库中。
- 物理存储结构：讨论数据库文件在磁盘中是如何存储的。数据库在磁盘上是以文件为单位存储的，由数据库文件和事务日志文件组成，一个数据库至少应该包含一个数据库文件和一个事务日志文件。

SQL Server数据库管理系统中的数据库文件，是由数据库文件和日志文件组成的，数据文件以盘区为单位存储在存储器中。

### 2.1.1 数据库文件

数据库文件是指数据库中用来存放数据库数据和数据库对象的文件，一个数据库可以有一个或多个数据库文件，一个数据库文件只能属于一个数据库。当有多个数据库文件时，有一个文件被定义为主数据库文件，它用来存储数据库的启动信息和部分或者全部数据，一个数据库只能有一个主数据库文件。数据文件则划分为不同的页面和区域，页是SQL Server存储数据的基本单位。

主数据文件是数据库的起点，指向数据库文件的其他部分，每个数据库都有一个主数据文件，其扩展名为.mdf。

次数据文件包含除主数据文件外的所有数据文件，一个数据库可以没有次数据文件，也可能有多个次数据文件，扩展名为.ndf。

### 2.1.2 日志文件

SQL Server的日志文件是由一系列日志记录组成的，日志文件中记录了存储数据库的更新情况等事务日志信息。用户对数据库进行的插入、删除和更新等操作，都会记录在日志文件中。当数据库发生损坏时，可以根据日志文件来分析出错的原因，或者数据丢失时，可以使用事务日志文件来恢复数据。每一个数据库至少必须拥有一个事务日志文件，而且允许拥有多个事务日志文件。

SQL Server 2022不强制使用.mdf、.ndf或者.ldf作为文件的扩展名，但建议使用这些扩展名帮助标识文件的用途。SQL Server 2022中某个数据库中的所有文件的位置都记录在master数据库和该数据库的主数据文件中。

## 2.2  系统数据库

SQL Server服务器安装完成之后，打开SSMS工具，在【对象资源管理器】→【数据库】→【系统数据库】节点下可以看到几个已经存在的数据库，这些数据库在SQL Server安装到系统中之后就创建好了，本节将分别介绍这几个系统数据库的作用。

### 2.2.1 master数据库

master是SQL Server 2022中最重要的数据库，是整个数据库服务器的核心。用户不能直接修改该数据库，如果损坏了master数据库，那么整个SQL Server服务器将不能工作。该数据库中包含所有用户的登录信息、用户所在的组、所有系统的配置选项、服务器中本地数据库的名称和信息、SQL Server的初始化方式等内容。作为一个数据库管理员，应该定期备份master数据库。

### 2.2.2 model数据库

model数据库是SQL Server 2022中创建数据库的模板。如果用户希望创建的数据库的初始化文件大小相同，则可以在model数据库中保存文件大小的信息。希望所有的数据库中都有一个相同的数据表，同样也可以将该数据表保存在model数据库中。因为将来创建的数据库以model数据库中的数据为模板，因此在修改model数据库之前要考虑到，任何对model数据库中数据的修改都将影响所有使用模板创建的数据库。

### 2.2.3　msdb数据库

msdb提供运行SQL Server Agent工作的信息。SQL Server Agent是SQL Server中的一个Windows服务，该服务用来运行制定的计划任务。计划任务是在SQL Server中定义的一个程序，该程序不需要干预即可自动开始执行。与tempdb和model数据库一样，读者在使用SQL Server时不要直接修改msdb数据库，SQL Server中的其他程序会自动使用该数据库。例如，当用户对数据进行存储或者备份的时候，msdb数据库会记录与执行这些任务相关的一些信息。

### 2.2.4　tempdb数据库

tempdb是SQL Server中的一个临时数据库，用于存放临时对象或中间结果，SQL Server关闭后，该数据库中的内容会被清空，每次重新启动服务器之后，tempdb数据库都将被重建。

# 2.3　创建数据库

数据库的创建过程实际上就是数据库的逻辑设计到物理实现的过程。在SQL Server中创建数据库有两种方法：在SQL Server管理器（SSMS）中使用对象资源管理器创建和使用Transact-SQL代码创建。这两种方法在创建数据库的时候有各自的优缺点，可以根据自己的喜好灵活选择使用不同的方法，对于不熟悉Transact-SQL语句命令的用户来说，可以使用SQL Server管理器提供的生成向导来创建。下面将向各位读者介绍这两种方法的创建过程。

### 2.3.1　使用对象资源管理器创建数据库

在使用对象资源管理器创建数据库之前，首先要启动SSMS，然后使用账户登录数据库服务器。SQL Server安装成功之后，默认情况下数据库服务器会随着系统自动启动；如果没有启动，则用户在连接时，服务器也会自动启动。

在创建数据库时，用户要提供与数据库有关的信息，如数据库名称、数据存储方式、数据库大小、数据库的存储路径以及包含数据库存储信息的文件名称。下面介绍创建过程。

**01** 在左侧的【对象资源管理器】窗口中右击【数据库】节点文件夹，在弹出的快捷菜单中选择【新建数据库】菜单命令，如图2-1所示。

**02** 打开【新建数据库】窗口，在该窗口中左侧的【选择页】中有3个选项，默认选择的是【常规】选项，右侧列出了【常规】选项卡中数据库的创建参数，输入数据库名称和初始大小等参数，如图2-2所示。

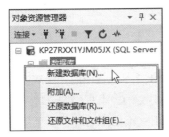
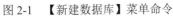

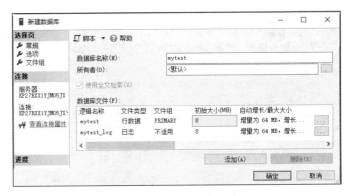

图 2-1　【新建数据库】菜单命令　　　　　　图 2-2　【新建数据库】窗口

- 数据库名称：mytest 为输入的数据库名称。
- 所有者：这里可以指定任何一个拥有创建数据库权限的账户。此处为默认账户（default），即当前登录 SQL Server 的账户。用户也可以修改此处的值，如果使用 Windows 系统身份验证登录，这里的值将会是系统用户 ID；如果使用 SQL Server 身份验证登录，这里的值将会是连接到服务器的 ID。
- 使用全文索引：如果想让数据库具有搜索特定内容的字段，则需要选择此选项。
- 逻辑名称：引用文件时使用的文件的名称。
- 文件类型：表示该文件存放的内容，行数据表示这是一个数据库文件，其中存储了数据库中的数据；日志文件中记录的是用户对数据进行的操作。
- 文件组：为数据库中的文件指定文件组，可以指定的值有 PRIMARY 和 SECOND，数据库中必须有一个主文件组（PRIMARY）。
- 初始大小：该列下的两个值分别表示数据库文件的初始大小为 8MB，日志文件的初始大小为 8MB。
- 自动增长最大大小：当数据库文件超过初始大小时，文件大小增加的速度，这里数据库文件每次增加 1MB，日志文件每次增加的大小为初始大小的 10%。默认情况下，在增长时不限制文件的增长极限，即不限制文件增长，这样可以不必担心数据库的维护，但在数据库出现问题时磁盘空间可能会被完全占满。因此，在应用时，要根据需要设置一个合理的文件增长的最大值。
- 路径：数据库文件和日志文件的保存位置，默认的路径值为 C:\Program Files\Microsoft SQL Server\MSSQL15.MSSQLSERVER\MSSQL\DATA。如果要修改路径，单击路径右边带省略号的按钮，打开一个【定位文件夹】对话框，读者选择想要保存数据的路径之后，单击【确定】按钮返回。
- 文件名：将滚动条向右拉到最后，该值用来存储数据库中数据的物理文件名称，默认情况下，SQL Server 使用数据库名称加上 _Data 后缀来创建物理文件名，例如这里是 mytest_Data。
- 添加按钮：添加多个数据文件或者日志文件，在单击【添加】按钮之后，将新增一行，在新增行的【文件类型】列的下拉列表中可以选择文件类型，分别是【行数据】或者【日志】。
- 删除按钮：删除指定的数据文件和日志文件。用鼠标选定想要删除的行，然后单击【删除】按钮，注意主数据文件不能被删除。

> 提示　文件类型为【日志】的行与【行数据】的行所包含的信息基本相同，对于日志文件，
> 【文件名】列的值是通过在数据库名称后面加_log后缀而得到的，并且不能修改【文件组】列的值。
> 数据库名称中不能包含以下 Windows 不允许使用的非法字符：
> "＂" "1" "*" "/" "?" ":" "\" "<" ">" "-"。

**03** 在【选择页】列表中选择【选项】选项，【选项】选项卡可以设置的内容如图2-3所示。

图 2-3　【选项】选项卡

- 恢复模式，包含以下选项。

  - 完整：允许发生错误时恢复数据库，在发生错误时，可以即时地使用事务日志恢复
    数据库。
  - 大容量日志：当执行操作的数据量比较大时，只记录该操作事件，并不记录插入的
    细节。例如，向数据库插入上万条记录数据，此时只记录了该插入操作，而对于每
    一行插入的内容并不记录。这种方式可以在执行某些操作时提高系统性能，但是当
    服务器出现问题时，只能恢复到最后一次备份的日志中的内容。
  - 简单：每次备份数据库时清楚事务日志，该选项表示根据最后一次对数据库的备份
    进行恢复。

- 兼容性级别。兼容性级别用于设置是否允许建立一个兼容早期版本的数据库，如要兼容早
  期版本的 SQL Server，则新版本中的一些功能将不能使用。
- 其他选项。其他选项中还有许多其他可设置参数，这里直接使用默认值即可，在 SQL Server
  的学习过程中，读者会逐步理解这些值的作用。

**04** 在【文件组】选项卡中，可以设置或添加数据库文件和文件组的属性，例如是否为只读、是
否有默认值，如图2-4所示。

图 2-4 【文件组】选项卡

**05** 设置完上面的参数后，单击【确定】按钮，开始创建数据库的工作，SQL Server 2022在执行创建过程中将对数据库进行检验，如果存在一个名称相同的数据库，则创建操作失败，并提示错误信息，创建成功之后，回到SSMS窗口中，在【对象资源管理器】窗口可以看到新创建的名称为mytest的数据库，如图2-5所示。

图 2-5 创建的数据库

## 2.3.2 使用Transact-SQL创建数据库

企业管理器（SSMS）是一个非常实用、方便的图形用户界面（Graphical User Interface，GUI）管理工具，实际上前面创建数据库的操作，SSMS执行的就是Transact-SQL语言脚本，根据设定的各个选项的值在脚本中执行创建操作的过程。接下来将向读者介绍实现创建数据库对象的Transact-SQL语句。在SQL Server中创建一个新数据库，以及存储该数据库文件的基本Transact-SQL语句，语法格式如下：

```
CREATE DATABASE database_name
[ ON
    [ PRIMARY ] [<filespec> [ ,...n ]]
]
```

```
[ LOG ON
[<filespec> [ ,...n ]]
];

<filespec>::=
(
    NAME = logical_file_name
    [ , NEWNAME = new_logical_name ]
    [ , FILENAME = {'os_file_name' | 'filestream_path' } ]
    [ , SIZE = size [ KB | MB | GB | TB ] ]
    [ , MAXSIZE = { max_size [ KB | MB | GB | TB ] | UNLIMITED } ]
    [ , FILEGROWTH = growth_increment [ KB | MB | GB | TB| % ] ]
);
```

上述语句分析如下。

- database_name: 数据库名称，不能与 SQL Server 中现有的数据库实例名称相冲突，最多可以包含 128 个字符。
- ON: 指定显式定义用来存储数据库中数据的磁盘文件。
- PRIMARY: 指定关联的<filespec>列表定义的主文件，在主文件组<filespec>项中指定的第一个文件将生成主文件，一个数据库只能有一个主文件。如果没有指定 PRIMARY，那么 CREATE DATABASE 语句中列出的第一个文件将成为主文件。
- LOG ON: 指定用来存储数据库日志的日志文件。LOG ON 后跟以逗号分隔的用以定义日志文件的<filespec>项列表。如果没有指定 LOG ON，将自动创建一个日志文件，其大小为该数据库的所有数据文件大小总和的 25%或 512 KB，取两者之中的较大者。
- NAME: 指定文件的逻辑名称。指定 FILENAME 时，需要使用 NAME，除非指定 FOR ATTACH 子句之一。无法将 FILESTREAM 文件组命名为 PRIMARY。
- FILENAME: 指定创建文件时由操作系统使用的路径和文件名，执行 CREATE DATABASE 语句前，指定路径必须存在。
- SIZE: 指定数据库文件的初始大小，如果没有为主文件提供 size，则数据库引擎将使用 model 数据库中的主文件的大小。
- MAXSIZE max_size: 指定文件可增大到的最大大小。可以使用 KB、MB、GB 和 TB 做后缀，默认值为 MB。max_size 是整数值。如果不指定 max_size，则文件将不断增长直至磁盘被占满。UNLIMITED 表示文件一直增长到磁盘被占满。
- FILEGROWTH: 指定文件的自动增量。文件的 FILEGROWTH 设置不能超过 MAXSIZE 设置。该值可以 MB、KB、GB、TB 或百分比（%）为单位指定，默认值为 MB。如果指定%，则增量大小为发生增长时文件大小的指定百分比。值为 0 时表明自动增长被设置为关闭，不允许增加空间。

【例2.1】创建一个数据库sample_db，该数据库的主数据文件逻辑名为sample_db，物理文件名称为sample.mdf，初始大小为5MB，最大尺寸为30MB，增长速度为5%；数据库日志文件的逻辑名称为sample_log，保存日志的物理文件名称为sample.ldf，初始大小为1MB，最大尺寸为8MB，增长速度为128KB。具体操作步骤如下：

**01** 启动SSMS，选择【文件】→【新建】→【使用当前连接的查询】菜单命令，如图2-6所示。

图2-6 【使用当前连接的查询】菜单命令

**02** 在【查询编辑器】窗口中打开一个空的.sql文件，将下面的Transact-SQL语句输入空白文档中，如图2-7所示。

```
CREATE DATABASE [sample_db] ON  PRIMARY
(
NAME = 'sample_db',
FILENAME = 'C:\SQL Server 2022\sample.mdf',
SIZE = 5120KB ,
MAXSIZE =30MB,
FILEGROWTH = 5%
)
LOG ON
(
NAME = 'sample_log',
FILENAME = 'C:\SQL Server 2022\sample_log.ldf',
SIZE = 1024KB ,
MAXSIZE = 8192KB ,
FILEGROWTH = 10%
)
GO
```

**03** 输入完成之后，单击【执行】命令 ![执行(X)]，命令执行成功之后，刷新SQL Server 2022中的数据库节点，可以在子节点中看到新创建的名称为sample_db的数据库，如图2-8所示。

图2-7 输入相应的语句          图2-8 新创建的 sample_db 数据库

提示　如果刷新SQL Server 2022中的数据库节点后，仍然看不到新建的数据库，可以重新连接对象资源管理器，即可看到新建的数据库。

**04** 选择新建的数据库后右击，在弹出的快捷菜单中选择【属性】菜单命令，打开【数据库属性】窗口，选择【文件】选项，即可查看数据库的相关信息。可以看到，这里各个参数值与Transact-SQL代码中指定的值完全相同，说明使用Transact-SQL代码创建数据库成功，如图2-9所示。

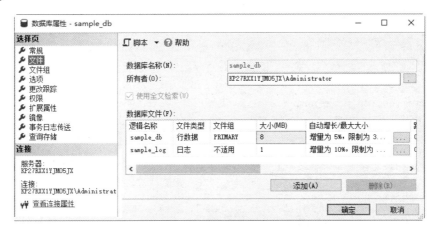

图 2-9　【数据库属性】窗口

# 2.4　管理数据库

数据库的管理主要包括修改数据库、查看数据库信息、数据库更名和删除数据库。本节将介绍SQL Server中数据库管理的内容。

## 2.4.1　修改数据库

数据库创建以后，可能会发现有些属性不符合实际要求，这就需要对数据库的某些属性进行修改。当然，可以重新建立一个数据库，但是这样的操作比较烦琐。可以在SSMS的对象资源管理器中对数据库的属性进行修改，来更改创建时的某些设置和创建时无法设置的属性，也可以使用ALTER DATABASE语句来修改数据库。

### 1. 使用对象资源管理器对数据库进行修改

在对象资源管理器中对数据库进行修改的步骤如下：

打开【数据库】节点，右击需要修改的数据库名称，在弹出的快捷菜单中选择【属性】命令，打开指定数据库的【数据库属性】窗口，该窗口与在SSMS中创建数据库时打开的窗口相似，不过这里多了几个选项，分别是：更改跟踪、权限、扩展属性、镜像和事务日志传送，读者可以根据需要分别对不同的选项卡中的内容进行设置。

### 2. 使用ALTER DATABASE语句进行修改

ALTER DATABASE语句可以进行以下修改：增加或删除数据文件、改变数据文件或日志文件的大小和增长方式以及增加或者删除日志文件和文件组。ALTER DATABASE语句的基本语法格式

```
ALTER DATABASE database_name
{
  MODIFY NAME = new_database_name
 | ADD FILE <filespec> [ ,...n ] [ TO FILEGROUP { filegroup_name } ]
 | ADD LOG FILE <filespec> [ ,...n ]
 | REMOVE FILE logical_file_name
 | MODIFY FILE <filespec>
}
<filespec>::=
(
  NAME = logical_file_name
  [ , NEWNAME = new_logical_name ]
  [ , FILENAME = {'os_file_name' | 'filestream_path' } ]
  [ , SIZE = size [ KB | MB | GB | TB ] ]
  [ , MAXSIZE = { max_size [ KB | MB | GB | TB ] | UNLIMITED } ]
  [ , FILEGROWTH = growth_increment [ KB | MB | GB | TB| % ] ]
  [ , OFFLINE ]
);
```

上述语句分析如下。

- database_name：要修改的数据库的名称。
- MODIFY NAME：指定新的数据库名称。
- ADD FILE：向数据库中添加文件。
- TO FILEGROUP { filegroup_name }：将指定文件添加到文件组。filegroup_name 为文件组名称。
- ADD LOG FILE：将要添加的日志文件添加到指定的数据库。
- REMOVE FILE logical_file_name：从 SQL Server 的实例中删除逻辑文件并删除物理文件。除非文件为空，否则无法删除文件。logical_file_name 是在 SQL Server 中引用文件时所用的逻辑名称。
- MODIFY FILE：指定应修改的文件。一次只能更改一个<filespec>属性。必须在<filespec>中指定 NAME，以标识要修改的文件。如果指定了 SIZE，那么新大小必须比文件当前大小要大。

## 2.4.2　修改数据库容量

在2.4.1节中创建了一个名称为sample_db的数据库，数据文件的初始大小为5MB。这里修改该数据库的数据文件大小。

### 1. 在对象资源管理器中修改sample_db数据库数据文件的初始大小

选择需要修改的数据库并右击，在弹出的快捷菜单中选择【属性】菜单命令，打开【数据库

属性】窗口，单击sample_db行的【大小】列下的文本框，重新输入一个值，这里输入15。也可以单击旁边的两个小箭头按钮，增大或者减小值，修改完成之后，单击【确定】按钮，这样就成功修改了sample_db数据库中数据文件的大小，如图2-10所示。读者可以重新打开sample_db数据库的属性窗口，查看修改结果。

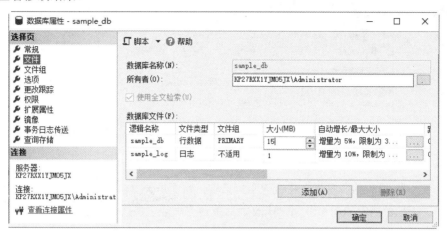

图 2-10　修改数据库大小后的结果

**2. 使用Transact-SQL语句修改sample_db数据库数据文件的初始大小**

【例2.2】将sample_db数据库中的主数据文件的初始大小修改为15MB，输入语句如下：

```
ALTER DATABASE sample_db
MODIFY FILE
(
    NAME=sample_db,
    SIZE=15MB
);
GO
```

代码执行成功之后，sample_db的初始大小将被修改为15MB。

> 📎➕提示　修改数据文件的初始大小时，指定的SIZE大小必须大于或等于当前大小，如果小于，代码将不能执行。

### 2.4.3　增加数据库容量

增加数据库容量可以增加数据增长的最大限制，可以在对象资源管理器中修改，也可以使用Transact-SQL语句修改，下面分别介绍这两种方法。

**1. 在对象资源管理器中修改sample_db数据库数据文件的最大文件大小**

具体操作步骤如下：

**01** 在sample_db数据库的属性窗口中，选择左侧的【文件】选项，在sample_db行中，单击【自动增长/最大大小】列下面的带省略号的按钮，如图2-11所示。

图 2-11　sample_db 的属性窗口

02　弹出【更改sample_db的自动增长设置】对话框，在【最大文件大小】下的"限制为"文本框输入40，增加数据库的增长限制，修改之后单击【确定】按钮，如图2-12所示。

图 2-12　【更改 sample_db 的自动增长设置】对话框

03　返回【数据库属性】窗口，即可看到修改后的结果，单击【确定】按钮完成修改，如图2-13所示。

图 2-13　成功修改自动增长

## 2. 使用Transact-SQL语句增加数据库容量

【例2.3】增加sample_db数据库容量，输入语句如下：

```
ALTER DATABASE sample_db
MODIFY FILE
(
   NAME=sample_db,
   MAXSIZE=50MB
);
GO
```

选择【文件】→【新建】→【使用当前连接查询】，在打开的查询编辑器中输入上面的代码，输入完成之后单击【执行】按钮，代码执行成功之后，sample_db的增长最大限制值增加到50MB。

### 2.4.4　缩减数据库容量

缩减数据库容量可以减小数据增长的最大限制，修改方法与增加数据库容量的方法相同，这里也可以使用两种方式，分别介绍如下。

#### 1. 在对象资源管理器中修改sample_db数据库中数据文件的最大文件大小

与2.4.3节的操作过程一样，打开【更改sample_db的自动增长设置】对话框，在最大文件大小下的"限制为"文本框中输入一个比当前值小的数值，以缩减数据库的增长限制，修改之后，单击【确定】按钮返回，在返回的【数据库属性】窗口中再次单击【确定】按钮。

#### 2. 使用Transact-SQL语句缩减数据库容量

【例2.4】缩减sample_db数据库容量，输入语句如下：

```
ALTER DATABASE sample_db
MODIFY FILE
(
   NAME=sample_db,
   MAXSIZE=25MB
);
GO
```

代码执行成功之后，sample_db的增长最大限制值缩减为25MB。

### 2.4.5　查看数据库信息

SQL Server中可以使用多种方式查看数据库信息，例如使用目录视图、函数、存储过程等。

#### 1. 使用目录视图

可以使用如下目录视图查看数据库的基本信息：

- 使用 sys.database_files 查看有关数据库文件的信息。
- 使用 sys.filegroups 查看有关数据库组的信息。
- 使用 sys.master_files 查看数据库文件的基本信息和状态信息。

- 使用 sys.databases 数据库和文件目录视图查看有关数据库的基本信息。

### 2. 使用函数

如果要查看指定数据库中的指定选项信息，则可以使用DATABASEPROPERTYEX()函数，该函数每次只返回一个选项的信息。

【例2.5】要查看mytest数据库的状态信息，输入语句如下：

```
USE mytest
GO
SELECT DATABASEPROPERTYEX('mytest', 'Status')
AS 'mytest数据库状态'
```

执行语句之后的结果如图2-14所示。

### 3. 使用系统存储过程

除上述目录视图和函数外，还可以使用存储过程sp_spaceused显示数据库使用和保留的空间，执行代码后结果如图2-15所示。

图 2-14　查看数据库 Status 状态信息

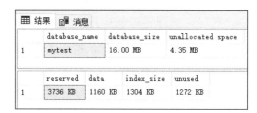

图 2-15　使用存储过程 sp_spaceused

sp_helpdb存储过程可以查看所有数据库的基本信息，执行代码后结果如图2-16所示。

| | name | db_size | owner | dbid | created | status | compatibility_level |
|---|---|---|---|---|---|---|---|
| 1 | master | 8.19 MB | sa | 1 | 04 8 2003 | Status=ONLINE, Updateability=READ_WRITE, UserAc... | 160 |
| 2 | model | 16.00 MB | sa | 3 | 04 8 2003 | Status=ONLINE, Updateability=READ_WRITE, UserAc... | 160 |
| 3 | msdb | 24.13 MB | sa | 4 | 10 8 2022 | Status=ONLINE, Updateability=READ_WRITE, UserAc... | 160 |
| 4 | mytest | 16.00 MB | KP27RXX1YJMO5JX\Administrator | 6 | 10 31 2023 | Status=ONLINE, Updateability=READ_WRITE, UserAc... | 160 |
| 5 | sample_db | 16.00 MB | KP27RXX1YJMO5JX\Administrator | 7 | 10 30 2023 | Status=ONLINE, Updateability=READ_WRITE, UserAc... | 160 |
| 6 | tempdb | 40.00 MB | sa | 2 | 10 30 2023 | Status=ONLINE, Updateability=READ_WRITE, UserAc... | 160 |
| 7 | test_db | 9.00 MB | KP27RXX1YJMO5JX\Administrator | 5 | 10 30 2023 | Status=ONLINE, Updateability=READ_WRITE, UserAc... | 160 |

图 2-16　使用存储过程 sp_helpdb

## 2.4.6　数据库更名

数据库更名即修改数据库的名称，例如这里将sample_db数据库的名称修改为sample_db2。

### 1. 使用对象资源管理器修改数据库名称

具体操作步骤如下：

**01** 在sample_db数据库节点上右击，在弹出的快捷菜单中选择【重命名】菜单命令，如图2-17所示。

**02** 在显示的文本框中输入新的数据库名称sample_db2，如图2-18所示。

图 2-17 选择【重命名】菜单命令            图 2-18 修改数据库名称

03 输入完成之后，按Enter键确认或者在对象资源管理器中的空白处单击，即可修改名称成功。

### 2. 使用Transact-SQL语句修改数据库名称

使用ALTER DATABASE语句可以修改数据库名称，其语法格式如下：

```
ALTER DATABASE old_database_name
 MODIFY NAME = new_database_name
```

【例2.6】将数据库sample_db2的名称修改为sample_db，输入语句如下：

```
ALTER DATABASE sample_db2
   MODIFY NAME = sample_db;
GO
```

代码执行成功之后，sample_db2数据库的名称被修改为sample_db，刷新数据库节点，可以看到修改后的新的数据库名称。

## 2.4.7 删除数据库

当数据库不再需要时，为了节省磁盘空间，可以将它们从系统中删除，这里同样有两种方法。

### 1. 使用对象资源管理器删除数据库

具体操作步骤如下：

01 例如删除数据库mytest，在对象资源管理器中，右击需要删除的数据库，从弹出的快捷菜单中选择【删除】菜单命令或直接按键盘上的Delete键，如图2-19所示。

02 打开【删除对象】窗口，用来确认要删除的目标数据库对象，在该窗口中也可以根据需要选择【删除数据库备份和还原历史记录信息】和【关闭现有连接】，单击【确定】按钮，之后将执行数据库的删除操作，如图2-20所示。

> 提示 删除数据库时一定要慎重，因为系统无法轻易恢复被删除的数据，除非做过数据库的备份。每次删除时，只能删除一个数据库。

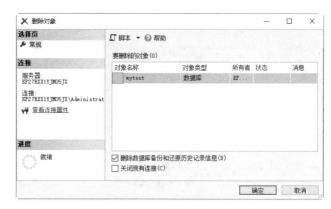

图 2-19　【删除】菜单命令　　　　　　　　图 2-20　【删除对象】窗口

### 2. 使用Transact-SQL语句删除数据库

在Transact-SQL中使用DROP语句删除数据库，DROP语句可以从SQL Server中一次删除一个或多个数据库。该语句的用法比较简单，基本语法格式如下：

```
DROP DATABASE database_name[, ...n];
```

【例2.7】删除sample_db数据库，输入语句如下：

```
DROP DATABASE sample_db;
```

代码执行成功之后，sample_db数据库将被删除。

> **提示**　　并不是所有的数据库在任何时候都可以被删除，只有处于正常状态下的数据库才能使用DROP语句删除。当数据库处于以下状态时不能被删除：数据库正在使用、数据库正在恢复以及数据库包含用于复制的对象。

# 第 3 章
# 数据表的操作

在数据库中，数据表是数据库中最重要、最基本的操作对象，是数据存储的基本单位。数据表被定义为列的集合，数据在表中是按照行和列的格式来存储的。每一行代表一条唯一的记录，每一列代表记录中的一个域。

本章将介绍 SQL Server 2022 中的数据库对象，并详细介绍数据表的基本操作，主要内容包括创建数据表、修改表字段、修改表约束、查看表结构、删除表以及向数据表中插入记录、删除记录和修改记录。用户通过本章的学习，能够熟练掌握数据表的基本概念，理解约束、默认和规则的含义并且学会运用；能够在图形界面模式使用图形化管理工具使用 Transact-SQL 熟练地完成有关数据表的常用操作。

## 3.1 SQL Server 2022数据库对象

数据库对象是数据库的组成部分，数据表、视图、索引、存储过程以及触发器等都是数据库对象。

数据库的主要对象是数据表，数据表是一系列二维数组的集合，它用于存储各种各样的信息。数据库中的表与日常工作中使用的表格类似，由纵向的列和横向的行组成。列由同类的信息组成，每列又称为一个字段，每列的标题称为字段名，都有相应的描述信息，如数据类型、数据宽度等；一行数据称为一条记录，是数据的组织单位，包括若干信息项。表是由若干记录组成的，没有记录的表称为空表。每个表通常有一个主关键字，用于唯一确定一个记录。

例如，一个有关作者信息的名为authors的表中，每列包含的是所有作者的某个特定类型的信息，比如姓名，而每行则包含某个特定作者的所有信息，如编号、姓名、性别、专业，这些信息构成一条记录，如表3-1所示。

视图表面来看与表几乎一样，也具有一组命名的字段和数据项，但它其实上是一个虚构的表，它是通过查询数据库中表的数据后产生的，它限制了用户能看到和修改的数据。因此，可以用视图来控制用户对数据的访问，以简化数据的显示。在视图中用户可以使用SELECT语句查询数据，以及使用INSERT、UPDATE和DELETE语句修改记录。

表3-1　authors表结构与记录

字段（属性，列）

| 字段名 | 编　　号 | 姓　　名 | 性　　别 | 专　　业 |
|---|---|---|---|---|
| （记录，行） | 100 | 张三 | f | 计算机 |
| | 101 | 李芬 | m | 会计 |
| | 102 | 岳阳 | f | 园林 |

索引是对数据库表中一列或多列的值进行排序的一种结构，它提供了快速访问数据的途径。索引是对数据库表中一列或多列的值进行排序的一种结构，使用索引不仅可以提高数据库中特定数据的查询速度，并且能保证索引所指的列中的数据不重复。

存储过程是为完成特定的功能而汇集在一起的一条或者多条SQL语句的集合，是经编译后存储在数据库中的SQL程序。

触发器和存储过程一样，都是用户定义的SQL命令的集合。触发器是由事件来触发某个操作的，这些事件包括INSERT、UPDATAE和DELETE语句。如果定义了触发程序，当数据库执行这些语句的时候就会激活触发器执行相应的操作。触发程序是与表有关的命名数据库对象，当表上出现特定事件时，将激活该对象。

# 3.2　创建数据表

SQL Server 2022是一个关系数据库，关系数据库中的数据表之间存在一定的关联关系。关系数据库提供了3种数据完整性规则：实体完整性规则、参照完整性规则和用户定义完整性规则。其中，实体完整性规则和参照完整性规则是关系模型必须满足的约束条件。

实体完整性是指每条记录的主键组成部分不能为空值，也就是必须得有一个确定的值。现实世界中的实体是可区分的，即它们具有某种唯一性标识。映射到关系模型中也就是记录是可区分的，区分记录靠的就是主键。如果主键为空，则记录不可区分，进而与之相对应的现实世界中的实体也是不可区分的，与现实矛盾。

## 1. 约束方法：唯一约束、主键约束和标识列

参照完整性：一个表的外键可以为空值。如果不为空值，则每一个外键值必须等于相关联的另外那张表中主键的某个值。

## 2. 约束方法：外键约束

用户定义完整性：这是设计者为了保证表中某些行或者列的数据满足具体应用需求而自定义的一些规则。关系模型提供定义和检验这类完整性的机制，以便使用统一的系统方法处理，而不必由应用程序承担这一功能。

### 3. 约束方法：检查约束、存储过程和触发器

SQL Server创建表的过程就是规定数据列的属性的过程，同时也是实施数据完整性约束的过程。

创建数据表需要确定表的列名、数据类型、是否允许为空，还需要确定主键、必要的默认值、标识列和检查约束。

表是用来存储数据和操作数据的逻辑结构，用来组织和存储数据，关系数据库中的所有数据都表现为表的形式，数据表由行和列组成，对数据库的操作基本上就是对数据表的操作。SQL Server中的数据表分为临时表和永久表，临时表存储在tempdb系统数据库中，当不再使用或者退出SQL Server时，临时表会自动删除；而永久表一旦创建之后，除非用户删除，否则将一直存放在数据库文件中。SQL Server 2022提供了两种创建数据表的方法：一种是通过对象资源管理器创建，另一种是通过Transact-SQL语句创建。下面分别介绍这两种方法。

## 3.2.1　数据类型

数据类型是一种属性，用于指定对象可保存的数据的类型，SQL Server 2022支持多种数据类型，包括字符类型、数值类型以及日期时间类型等。数据类型相当于一个容器，容器的大小决定了装的东西的多少，将数据分为不同的类型可以节省磁盘空间和资源。

SQL Server还能自动限制每个数据类型的取值范围，例如定义了一个数据类型为int的字段，如果插入数据时插入的值的大小在smallint或者tinyint范围内，SQL Server会自动将类型转换为smallint或tinyint，这样一来，在存储数据时，占用的存储空间只有int数据类型的1/2或者1/4。

SQL Server数据库管理系统中的数据类型可以分为两类，分别是系统默认的数据类型和用户自定义的数据类型。下面分别介绍这两大类数据类型。

### 1. 系统默认的数据类型

SQL Server 2022提供的系统数据类型有以下九大类，共25种。SQL Server会自动限制每个系统数据类型的值的范围，当插入数据库中的值超过了数据类型允许的范围时，SQL Server就会报错。

1）整数数据类型

整数数据类型是常用的数据类型之一，主要用于存储数值，可以直接进行数据运算而不必使用函数转换。

（1）bigint

每个bigint存储在8字节中，其中一个二进制位表示符号，其他63个二进制位表示长度和大小，可以表示$-2^{63} \sim 2^{63}-1$范围内的所有整数。

（2）int

int或者integer，每个int存储在4字节中，其中一个二进制位表示符号，其他31个二进制位表示长度和大小，可以表示$-2^{31} \sim 2^{31}-1$范围内的所有整数。

（3）smallint

每个smallint类型的数据占用了2字节的存储空间，其中一个二进制位表示整数值的正负号，其他15个二进制位表示长度和大小，可以表示$-2^{15} \sim 2^{15}-1$范围内的所有整数。

（4）tinyint

每个tinyint类型的数据占用了1字节的存储空间，可以表示0~255范围内的所有整数。

2）浮点数据类型

浮点数据类型用于存储十进制小数，表示浮点数值数据的大致数值数据类型。浮点数据为近似值；浮点数据类型的数据在SQL Server中采用只入不舍的方式进行存储，即当且仅当要舍入的数是一个非零数时，对其保留数字部分的最低有效位上的数值加1，并进行必要的进位。

（1）real

real可以存储正的或者负的十进制数值，它的存储范围为−3.40E+38~−1.18E−38、0以及1.18E−38~3.40E + 38。每个real类型的数据占用4字节的存储空间。

（2）float [( n )]

在float [( n )]中，n用于存储float数值尾数的位数（以科学记数法表示），因此可以确定精度和存储大小。如果指定了n，则它必须是介于1和53之间的某个值。n的默认值为53。

其取值范围为−1.79E+308~−2.23E−308、0以及2.23E−308~1.79E+308。如果不指定数据类型float的长度，则它占用8字节的存储空间。float数据类型可以写成float(n)的形式，n指定float数据的精度，n为1~53的整数值。当n取1~24时，实际上是定义了一个real类型的数据，系统用4字节存储它；当n取25~53时，系统认为其是float类型，用8字节存储它。

（3）decimal[ (p[ , s )]和numeric[ (p[ , s] )]

decimal[ (p[ , s] )]和numeric[ (p[ , s] )]是带固定精度和小数位数的数值数据类型。使用最大精度时，有效值取值范围为$-10^{38}+1$~$10^{38}-1$。numeric在功能上等价于decimal。

- p（精度）指定了最多可以存储的十进制数字的总位数，包括小数点左边和右边的位数。该精度必须是1和最大精度38之间的值。默认精度为18。
- s（小数位数）指定小数点右边可以存储的十进制数字的最大位数。小数位数必须是0和p之间的值。仅在指定精度后才可以指定小数位数。由于默认的小数位数为0，因此$0 \leq s \leq p$。最大存储大小基于精度而变化。例如，decimal(10,5)表示共有10位数，其中整数5位，小数5位。

3）字符数据类型

字符数据类型也是SQL Server中最常用的数据类型之一，用来存储各种字母、数字符号和特殊符号。在使用字符数据类型时，需要在其前后加上英文单引号或者双引号。

（1）char(n)

当用char数据类型存储数据时，每个字符和符号占用1字节的存储空间。n表示所有字符所占的存储空间，n的取值为1~8000。若不指定n值，则系统默认n的值为1。若输入数据的字符串长度小于n，则系统自动在其后添加空格来填满设定好的空间；若输入的数据过长，则会截掉其超出部分。

（2）varchar(n|max)

在varchar(n|max)中，n为存储字符的最大长度，其取值范围为1~8000，但可根据实际存储的字符数改变存储空间，max表示最大存储大小是$2^{31}-1$字节。存储大小是输入数据的实际长度加2字节。

所输入数据的长度可以为0个字符。例如varchar(20)，则对应的变量最多只能存储20个字符，不够20个字符时按实际大小存储。

（3）nchar(n)

nchar(n)用于存储n个字符的固定长度的Unicode字符数据。n值必须在1和4000之间（含），如果没有在数据定义或变量声明语句中指定n，则默认长度为1。此数据类型采用Unicode标准字符集，因此每一个存储单位占2字节，可将全世界文字囊括在内。

（4）nvarchar(n|max)

与varchar相似，nvarchar用于存储可变长度Unicode字符数据。n值必须在1和4000之间（含），如果没有在数据定义或变量声明语句中指定n，则默认长度为1。max指示最大存储大小为$2^{31}-1$字节。存储大小是所输入字符个数的两倍加2字节。所输入数据的长度可以为0个字符。

4）日期和时间数据类型

（1）date

date用于存储用字符串表示的日期数据，可以表示0001-01-01到9999-12-31（公元元年1月1日到公元9999年12月31日）之间的任意日期值。其数据格式为YYYY-MM-DD。

- YYYY：表示年份的四位数字，其取值范围为 0001~9999。
- MM：表示指定年份中的月份的两位数字，其取值范围为 01~12。
- DD：表示指定月份中的某一天的两位数字，其取值范围为 01~31(最高值取决于具体月份)。

该类型数据占用3字节的空间。

（2）time

time用于以字符串形式记录一天中的某个时间，其取值范围为00:00:00.0000000~23:59:59.9999999，数据格式为hh:mm:ss[.nnnnnnn]。

- hh：表示小时的两位数字，其取值范围为 0~23。
- mm：表示分钟的两位数字，其取值范围为 0~59。
- ss：表示秒的两位数字，其取值范围为 0~59。
- n*是 0 到 7 位数字，其取值范围为 0~9999999，表示秒的小数部分。

time值在存储时占用5字节的空间。

（3）datetime

datetime用于存储时间和日期数据，从1753年1月1日到9999年12月31日，默认值为1900-01-01 00:00:00，当插入数据或在其他地方使用时，需用单引号或双引号引起来，可以使用"/" "-"和"."作为分隔符。该类型数据占用8字节的空间。

（4）datetime2

datetime2是datetime类型的扩展，其取值范围更大，默认的小数精度更高，并具有可选的用户定义的精度。默认格式是YYYY-MM-DD  hh:mm:ss[.fractional  seconds]，日期存取范围是0001-01-01~9999-12-31（公元元年1月1日到公元9999年12月31日）。

（5）smalldatetime

smalldatetime类型与datetime类型相似，只是其存取的范围是从1900年1月1日到2079年6月6日，当日期时间值精度较小时，可以使用smalldatetime，该类型数据占用4字节的空间。

（6）datetimeoffset

datetimeoffset用于定义一个日期，该日期采用24小时制的一天时间相组合，并可识别时区，默认格式是YYYY-MM-DD hh:mm:ss[.nnnnnnn] [{+|-}hh:mm]：

- hh：两位数，其取值范围为−14~+14。
- mm：两位数，其取值范围为 00~59。

这里hh是时区偏移量，该类型数据中保存的是世界标准时间（Coordinated UniverSal Time，UTC）值。例如，要存储北京时间2011年11月11日12点整，存储时该值将是2011-11-11 12:00:00+08:00，因为北京处于东八区，比UTC早8个小时。存储该类型数据时默认占用10字节大小的固定存储空间。

### 5）文本和图形数据类型

（1）text

text用于存储文本数据，服务器代码页中长度可变的非Unicode数据，最大长度为$2^{31}-1$（2 147 483 647）个字节。当服务器代码页使用双字节字符时，容量仍是2 147 483 647字节。

（2）ntext

ntext 类型与 text 类型的作用相同，为长度可变的 Unicode 数据，其最大长度为$2^{30}-1$（1 073 741 823）个字符，存储大小是所输入字符个数的两倍（以字节为单位）。

（3）image

image用于存储长度可变的二进制数据，长度范围为0~$2^{31}-1$字节，用于存储照片、目录图片或者图画，容量也是2 147 483 647字节，由系统根据数据的长度自动分配空间。存储该字段的数据一般不能使用INSERT语句直接输入。

> **技巧** 在Microsoft SQL Server的未来版本中，将删除text、ntext和image 数据类型。尽量避免在新的开发工作中使用这些数据类型，并考虑修改当前使用这些数据类型的应用程序。这些数据类型可改用nvarchar(max)、 varchar(max)和varbinary(max)。

### 6）货币数据类型

（1）money

money用于存储货币值，其取值范围在正负922 337 213 685 477.580 8之间。在money数据类型中，整数部分包含19个数字，小数部分包含4位数字，因此money数据类型的精度是19，存储时占用8字节存储空间。

（2）smallmoney

smallmoney类型与money类型相似，其取值范围在正负214 748.346 8之间，smallmoney存储时占用4字节存储空间。输入数据时，在前面加上一个货币符号，如人民币为¥或其他定义的货币符号。

7）位数据类型

bit称为位数据类型，值只取0或1，长度为1字节。bit值经常当作逻辑值用于判断TRUE（1）和FALSE（0），输入非零值时系统将其换为1。

8）二进制数据类型

（1）binary(n)

binary(n)用于存储长度为n字节的固定长度的二进制数据，其中n的取值范围为1~8000。binary(n)的存储大小为n字节。在输入binary值时，必须在前面带0x，可以使用0~9和A~F表示二进制值，例如输入0xAA5代表AA5，如果输入数据长度大于定义的长度，则超出的部分会被截断。

（2）varbinary(n|max)

varbinary(n|max)用于存储可变长度的二进制数据。n的取值范围为1~8000。max指示最大存储大小为$2^{31}-1$字节。存储大小为所输入数据的实际长度+2字节。

在定义的范围内，不论输入的时间长度是多少，binary类型的数据都占用相同的存储空间，即定义时空间；而对于varbinary类型的数据，在存储时根据实际值的长度使用存储空间。

9）其他数据类型

（1）rowversion

每个数据库都有一个计数器，当对数据库中包含rowversion列的表执行插入或更新操作时，该计数器值就会增加。此计数器是数据库行版本。一个表只能有一个rowversion列。每次修改或插入包含rowversion列的行时，就会在rowversion列中插入经过增量的数据库行版本值。

rowversion是公开数据库中自动生成的唯一二进制数字的数据类型。rowversion通常用作给表行加版本戳的机制，存储大小为8字节。rowversion数据类型只是递增的数字，不保留日期或时间。

（2）timestamp

timestamp是时间戳数据类型，timestamp是rowversion的同义词，提供数据库范围内的唯一值，用于反映数据修改的相对顺序，是一个单调上升的计数器，此列的值被自动更新。

在CREATE TABLE或ALTER TABLE语句中，不必为timestamp数据类型指定列名，例如：

```
CREATE TABLE ExampleTable (PriKey int PRIMARY KEY, timestamp);
```

此时，SQL Server数据库引擎将生成timestamp列名，但rowversion不具有这样的行为。在使用rowversion时必须指定列名，例如：

```
CREATE TABLE ExampleTable2 (PriKey int PRIMARY KEY, VerCol rowversion) ;
```

> 提示　微软将在后续版本的SQL Server中删除timestamp语法的功能。因此，在新的开发工作中应该避免使用该功能，并修改当前还在使用该功能的应用程序。

（3）uniqueidentifier

16字节GUID（Globally Unique Identifier，全球唯一标识符）是SQL Server根据网络适配器地址和主机CPU时钟产生的唯一号码，其中，每个位都是0~9或a~f范围内的十六进制数字。例如6F9619FF-8B86-D011-B42D-00C04FC964FF，此号码可以通过调用newid()函数获得，全世界各地的计算机经由此函数产生的数字不会相同。

（4）cursor

cursor是游标数据类型，该类型类似于数据表，其保存的数据中包含行和列值，但是没有索引，游标用来建立一个数据的数据集，每次处理一行数据。

（5）sql_variant

sql_variant用于存储除文本、图形数据和timestamp数据外的其他任何合法的SQL Server数据，可以方便SQL Server的开发工作。

（6）table

table用于存储对表或者视图处理后的结果集。这种新的数据类型使得变量可以存储一个表，从而使函数或过程返回查询结果更加方便、快捷。

（7）xml

xml用于存储XML数据，可以在列中或者XML类型的变量中存储XML实例，存储的XML数据类型实例大小不能超过2 GB。

**2．用户自定义的数据类型**

SQL Server允许用户自定义数据类型，用户自定义数据类型是建立在SQL Server系统数据类型基础上的，自定义的数据类型使得数据库开发人员能够根据需要定义符合自己开发需求的数据类型。自定义数据类型虽然使用比较方便，但是需要大量的性能开销，所以使用时要谨慎。当用户定义一种数据类型时，需要指定该类型的名称、所基于的系统数据类型以及是否允许为空等。SQL  Server为用户提供了两种方法来创建自定义数据类型。下面将分别介绍这两种定义数据类型的方法。

1）使用对象资源管理器创建用户定义数据类型

首先连接到SQL Server服务器，自定义数据类型与具体的数据库相关，因此在对象资源管理器中创建新数据类型之前，需要选择要创建的数据类型所在的数据库，这里按照第2章介绍的创建数据库的方法，创建一个名称为test的数据库，使用系统默认的参数即可。

创建用户自定义数据类型的具体操作步骤如下：

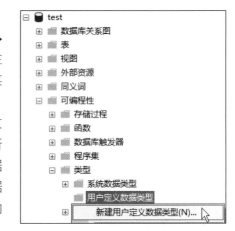

图 3-1　【新建用户定义数据类型】命令

**01** 创建成功之后，依次打开【test】→【可编程性】→【类型】节点，右击【用户定义数据类型】节点，在弹出的快捷菜单中选择【新建用户定义数据类型】菜单命令，如图3-1所示。

**02** 打开【新建用户定义数据类型】窗口，在【名称】文本框中输入需要定义的数据类型的名称，这里输入新数据类型的名称为address，表示存储一个地址数据值，在【数据类型】下拉列表框中选择char系统数据类型，【长度】指定为8000，如果用户希望该类型的字段值为空的话，可以选择【允许NULL值】复选框，其他参数不做更改，如图3-2所示。

图 3-2　【新建用户定义数据类型】窗口

[03] 单击【确认】按钮，完成用户定义数据类型的创建，即可看
到新创建的自定义数据类型，如图3-3所示。

2）使用存储过程创建用户定义数据类型

除使用图形界面创建自定义数据类型外，SQL Server 2022中
的系统存储过程sp_addtype也可以为用户提供使用Transact-SQL
语句创建自定义数据类型的方法，其语法形式如下：

图 3-3　新创建的自定义数据类型

```
sp_addtype [@typename=] type,
[@phystype=] system_data_type
[, [@nulltype=] 'null_type']
```

其中，各参数的含义如下。

- type：用于指定用户定义的数据类型的名称。
- system_data_type：用于指定相应的系统提供的数据类型的名称及定义。注意，未能使用
timestamp数据类型，当所使用的系统数据类型有额外说明时，需要用引号将其引起来。
- null_type：用于指定用户自定义的数据类型的null属性，其值可以为null、not null或nonull。
用户自定义的数据类型的名称在数据库中应该是唯一的。

【例3.1】自定义一个地址HomeAddress数据类型，输入语句如下：

```
sp_addtype HomeAddress,'varchar(128)','not null'
```

新建一个使用当前连接进行的查询，在打开的查询
编辑器中输入上面的语句，输入完成之后单击【执行】
按钮，即可完成用户定义数据类型的创建。执行完成之
后，刷新【用户定义数据类型】节点，将会看到新增的
数据类型，如图3-4所示。

图 3-4　新建的用户定义数据类型

删除用户自定义数据类型的方法也有两种。第一种是在对象资源管理器中右击想要删除的数
据类型，在弹出的快捷菜单中选择【删除】菜单命令，如图3-5所示。打开【删除对象】窗口，单
击【确定】按钮即可，如图3-6所示。

图 3-5　选择【删除】菜单命令

图 3-6　【删除对象】窗口

另一种方法就是使用系统存储过程sp_droptype来删除，语法格式如下：

```
sp_droptype type
```

type为用户定义的数据类型，例如这里删除address，Transact-SQL语句如下：

```
sp_droptype address
```

> 提示　数据库中正在使用的用户定义数据类型不能被删除。

### 3.2.2　使用对象资源管理器创建表

对象资源管理器提供的创建表的方法可以让用户轻而易举地完成表的创建，具体操作步骤如下：

图 3-7　选择【新建表】菜单命令

01 启动SQL Server Management Studio，在【对象资源管理器】中，展开【数据库】节点下面的【test】数据库。右击【表】节点，在弹出的快捷菜单中选择【新建表】菜单命令，如图3-7所示。

02 打开【表设计】窗口，在该窗口中创建表中各个字段的字段名和数据类型，这里定义一个名称为member的表，其结构如下：

```
member
(
    id            INT,
    FirstName     VARCHAR(50),
    LastName      VARCHAR(50),
    birth         DATETIME,
    info          VARCHAR(255)  NULL
);
```

根据member表结构，分别指定各个字段的名称和数据类型，如图3-8所示。

03 表设计完成之后，单击【保存】或者【关闭】按钮，在弹出的【选择名称】对话框中输入表名称member，单击【确定】按钮，完成表的创建，如图3-9所示。

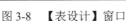

图 3-8　【表设计】窗口　　　　　　　　　　图 3-9　【选择名称】对话框

**04** 单击【对象资源管理器】窗口中的【刷新】按钮，即可看到新增加的表，如图3-10所示。

图 3-10　新增加的表

## 3.2.3　使用Transact-SQL创建表

在Transact-SQL中，使用CREATE TABLE语句创建数据表，该语句非常灵活，其基本语法格式如下：

```
CREATE TABLE  [database_name. [ schema_name ].] table_name
[column_name  <data_type>
[ NULL | NOT NULL ] | [ DEFAULT constant_expression ] | [ ROWGUIDCOL ]
{ PRIMARY KEY | UNIQUE } [CLUSTERED | NONCLUSTERED]
 [ ASC | DESC ]
] [ ,...n ]
```

其中，各参数说明如下。

- database_name：指定要在其中创建表的数据库名称，若不指定数据库名称，则默认使用当前数据库。
- schema_name：指定新表所属架构的名称，若此项为空，则默认为新表的创建者所在的当前架构。
- table_name：指定创建的数据表的名称。
- column_name：指定数据表中的各个列的名称，列名称必须唯一。
- data_type：指定字段列的数据类型，可以是系统数据类型，也可以是用户定义数据类型。
- NULL | NOT NULL：表示确定列中是否允许使用空值。
- DEFAULT：用于指定列的默认值。

- ROWGUIDCOL: 指示新列是行 GUID 列。对于每个表，只能将其中的一个 uniqueidentifier 列指定为 ROWDCOL 列。
- PRIMARY KEY: 主键约束，通过唯一索引对给定的一列或多列强制添加实体完整性约束。每个表只能创建一个 PRIMARY KEY 约束。PRIMARY KEY 约束中的所有列都必须定义为 NOT NULL。
- UNIQUE: 唯一性约束，该约束通过唯一索引为一个或多个指定列提供实体完整性。一个表可以有多个 UNIQUE 约束。
- CLUSTERED | NONCLUSTERED: 表示为 PRIMARY KEY 或 UNIQUE 约束创建聚集索引还是非聚集索引。PRIMARY KEY 约束默认为 CLUSTERED，UNIQUE 约束默认为 NONCLUSTERED。在 CREATE TABLE 语句中，可只为一个约束指定 CLUSTERED。如果在为 UNIQUE 约束指定 CLUSTERED 的同时又指定了 RIMARY KEY 约束，则 PRIMARY KEY 将默认为 NONCLUSTERED。
- [ ASC | DESC ]: 指定加入表约束中的一列或多列的排序顺序，ASC 为升序排列，DESC 为降序排列，默认值为 ASC。

介绍完Transact-SQL中创建数据表的语句，下面举例说明。

【例3.2】使用Transact-SQL语句创建数据表authors，输入语句如下：

```
CREATE TABLE authors
(
  auth_id     int  PRIMARY KEY,                --数据表主键
  auth_name  VARCHAR(20) NOT NULL unique,       --作者名称，不能为空
  auth_gender tinyint NOT NULL DEFAULT(1)       --作者性别：男（1），女（0）
);
```

新建一个当前连接查询，在查询编辑器中输入上面的代码。执行成功之后，刷新数据库列表可以看到新建的名称为authors的数据表，如图3-11所示。

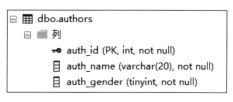

图 3-11    新增加的表

# 3.3   管理数据表

数据表创建完成之后，可以根据需要改变表中已经定义的许多选项。用户除可以对字段进行增加、删除和修改，以及更改表的名称和所属架构外，还可以删除和修改表中的约束，创建或修改完成之后可以查看表结构。表不需要时可以删除。本节将介绍这些管理数据表的操作。

### 3.3.1 修改表字段

修改表字段包含增加一个新字段、删除一个表中原有的字段以及修改字段的数据类型。SQL Server 2022提供了两种修改表字段的方法,分别是使用对象资源管理器和使用Transact-SQL语句修改数据表。

#### 1. 增加字段

增加字段的常见方法有以下两种。

**1)使用对象资源管理器增加字段**

例如,在authors数据表中,增加一个新的字段,名称为auth_phone,数据类型为varchar(24),允许空值,在authors表上右击,在弹出的快捷菜单中选择【设计】菜单命令,如图3-12所示。

与前面介绍的创建数据表的过程相同,在弹出的表设计窗口中,添加新字段auth_phone,并设置字段数据类型为varchar(24),允许空值,如图3-13所示。

图 3-12 选择【设计】菜单命令

图 3-13 增加字段 auth_phone

修改完成之后,保存结果,增加新字段成功。

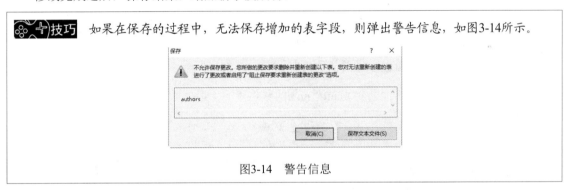

图3-14 警告信息

解决方案的具体操作步骤如下:

01 选择【工具】→【选项】菜单命令,如图3-15所示。

02 打开【选项】对话框,选择【设计器】选项,在右侧面板中取消【阻止保存要求重新创建表的更改】复选框,单击【确定】按钮即可,如图3-16所示。

**2)使用 Transact-SQL 语句添加字段**

在Transact-SQL中使用ALTER TABLE语句在数据表中增加字段,基本语法格式如下:

图 3-15 选择【选项】菜单命令

图 3-16　【选项】对话框

```
ALTER TABLE [ database_name. schema_name . ] table_name
{
ADD  column_name type_name
[ NULL | NOT NULL ] | [ DEFAULT constant_expression ] | [ ROWGUIDCOL ]
{ PRIMARY KEY | UNIQUE } [CLUSTERED | NONCLUSTERED]
}
```

其中，各参数含义如下。

- table_name: 新增加的字段的数据表名称。
- column_name: 新增加的字段的名称。
- type_name: 新增加的字段的数据类型。

其他参数的含义，用户可以参考前面的内容。

【例3.3】在authors表中添加名称为auth_note的新字段，字段的数据类型为varchar(100)，允许空值，输入语句如下：

```
ALTER TABLE authors ADD auth_note  VARCHAR(100)  NULL
```

新建一个当前连接查询，在查询编辑器中输入上面的代码并执行，执行之后，用户可以重新打开authors的表设计窗口，可以看到，现在的表结构如图3-17所示。

从图3-17可以看到，成功添加了一个新的字段，数据类型为varchar(100)，【允许Null值】选项也处于选中状态。

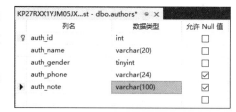

图 3-17　添加字段 auth_note

### 2. 修改字段

修改字段的常见方法有以下两种。

1）使用对象资源管理器修改字段

修改字段可以改变字段的属性，例如字段的数据类型、是否允许空值等。修改数据类型时，在数据表设计窗口中，选择要修改的字段名称，选择该行的【数据类型】，在下拉列表框中选择更改后的数据类型；选中或取消【允许Null值】列的选项卡即可。例如，将auth_phone字段的数据类型由varchar(24)修改为varchar(50)，不允许空值，结果如图3-18所示。

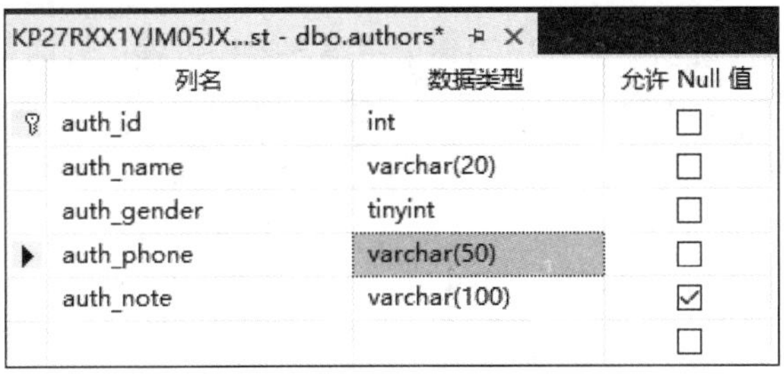

图 3-18　修改字段

2）使用 Transact-SQL 语句在数据表中修改字段

在Transact-SQL中，使用ALTER TABLE语句在数据表中修改字段，基本语法格式如下：

```
ALTER TABLE [ database_name. schema_name . ] table_name
{
ALTER COLUMN column_name  new_type_name
 [ NULL | NOT NULL ] | [ DEFAULT constant_expression ] | [ ROWGUIDCOL ]
{ PRIMARY KEY | UNIQUE } [CLUSTERED | NONCLUSTERED]
}
```

其中，各参数的含义如下。

- table_name：要修改的字段的数据表名称。
- column_name：要修改的字段的名称。
- new_type_name：要修改的字段的新数据类型。

其他参数的含义，用户可以参考前面的内容。

【例3.4】在authors表中修改名称为auth_phone的字段，将数据类型改为varchar(15)，输入语句如下：

```
ALTER TABLE authors ALTER COLUMN auth_phone  VARCHAR(15)
GO
```

新建一个当前连接查询，在查询编辑器中输入上面的代码并执行，执行之后，用户可以重新打开authors的表设计窗口，可以看到，现在的表结构如图3-19所示。

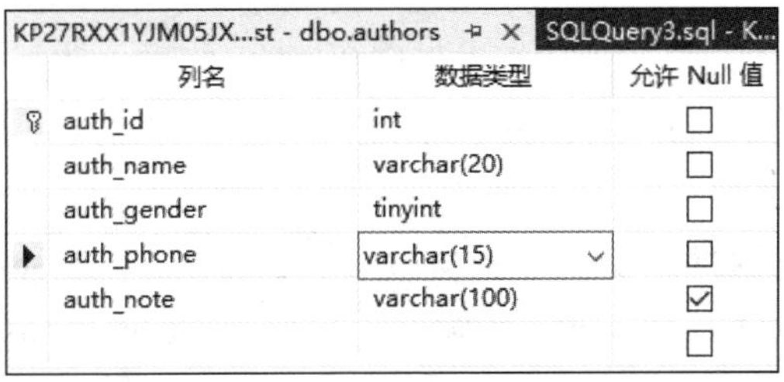

图 3-19　authors 表结构

### 3. 删除字段

删除字段的常用方法有以下两种。

#### 1）使用对象资源管理器删除字段

在表设计窗口中，每次可以删除表中的一个字段，操作过程比较简单，与前面增加表字段相似，打开表设计窗口之后，选中要删除的字段，右击，在弹出的快捷菜单中选择【删除列】菜单命令。例如，这里删除authors表中的auth_phone字段，如图3-20所示。删除字段操作成功后，结果如图3-21所示。

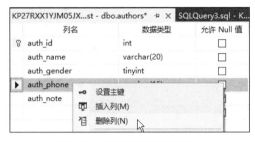

图 3-20　【删除列】菜单命令　　　　　　图 3-21　删除字段后的效果

#### 2）使用 Transact-SQL 语句删除数据表中的字段

在Transact-SQL中使用ALTER TABLE语句删除数据表中的字段，基本语法格式如下：

```
ALTER TABLE [ database_name. schema_name . ] table_name
{
    DROP COLUMN column_name
}
```

其中，各参数的含义如下。

- table_name: 要删除的字段所在数据表的名称。
- column_name: 要删除的字段的名称。

【例3.5】删除authors表中的auth_phone字段，输入语句如下：

```
ALTER TABLE authors  DROP  COLUMN auth_phone
```

在查询编辑器中输入上面的代码并执行，执行成功之后，auth_phone字段将被删除。

## 3.3.2　修改表约束

约束是用来保证数据库完整性的一种方法，在设计表时，需要定义列的有效值并通过限制字段中的数据、记录中的数据和表之间的数据来保证数据的完整性。约束是独立于表结构的，它作为数据库定义的一部分在创建表时声明，可以通过对象资源管理器或者ALTER  TABLE语句添加或删除。

SQL Server 2022中有5种约束，分别是主键约束（primary key constraint）、唯一性约束（unique constraint）、检查约束（check constraint）、默认约束（default constraint）和外键约束（foreign key constraint）。

### 1. 主键约束

主键约束可以在表中定义一个主键值，它可以唯一确定表中的每一条记录，也是最重要的一种约束。每个表中只能有一个PRIMARY KEY约束，并且PRIMARY KEY约束的列不能接受空值。如果主键约束定义在不止一列上，则一列中的值可以重复，但在主键约束的定义中，所有列的组合值必须唯一。

### 2. 唯一性约束

唯一性约束（UNIQUE）确保在非主键列中不输入重复的值，用于指定一个或者多个列的组合值具有唯一性，以防止在列中输入重复的值，可以对一个表定义多个UNIQUE约束，但只能定义一个PRIMARY KEY约束。UNIQUE约束允许NULL值，但是当和参与UNIQUE约束的任何值一起使用时，每列只允许有一个空值。

因此，当表中已经有一个主键值时，就可以使用唯一性约束。当使用唯一性约束时，需要考虑以下几个因素：

（1）使用唯一性约束的字段允许为空值。
（2）一个表中可以允许有多个唯一性约束。
（3）可以把唯一性约束定义在多个字段上。
（4）唯一性约束用于强制在指定字段上创建一个唯一性索引。
（5）默认情况下，创建的索引类型为非聚集索引。

### 3. 检查约束

检查约束对输入列或者整个表中的值设置检查条件，以限制输入值，保证数据库数据的完整性。检查约束通过数据的逻辑表达式确定有效值。例如，定义一个age（年龄）字段，可以通过创建CHECK约束条件，将age列中值的取值范围限制为0～150。这将防止输入的年龄值超出正常的年龄范围。可以通过任何基于逻辑运算符返回TRUE或FALSE的逻辑（布尔）表达式创建 CHECK 约束。对于上面的示例，逻辑表达式为：age >= 0 AND age <= 150。

当使用检查约束时，应考虑和注意以下几点：

（1）一个列级检查约束只能与限制的字段有关，一个表级检查约束只能与限制的表中的字段有关。
（2）一个表中可以定义多个检查约束。
（3）每个CREATE TABLE语句中的每个字段只能定义一个检查约束。
（4）若在多个字段上定义检查约束，则必须将检查约束定义为表级约束。
（5）当执行INSERT语句或者UPDATE语句时，检查约束将验证数据。
（6）检查约束中不能包含子查询。

### 4. 默认约束

默认约束指定在插入操作中没有提供输入值时，系统将自动指定插入值，即使该值是NULL。当必须向表中加载一行数据但不知道某一列的值，或该值尚不存在时，可以使用默认约束。默认约束可以包括常量、函数、不带变元的内建函数或者空值。使用默认约束时，应注意以下几点：

（1）每个字段只能定义一个默认约束。

（2）如果定义的默认值长于其对应字段的允许长度，则输入表中的默认值将被截断。

（3）不能加入带有IDENTITY属性或者数据类型为timestamp的字段上。

（4）如果字段定义为用户定义的数据类型，而且有一个默认值绑定到这个数据类型上，则不允许该字段有默认约束。

### 5. 外键约束

外键约束用于强制参照完整性，提供单个字段或者多个字段的参照完整性。在定义时，该约束参考同一个表或者另一个表中的主键约束字段或者唯一性约束字段,而且外键表中的字段数目和每个字段指定的数据类型都必须和REFERENCES表中的字段相匹配。当使用外键约束时，应考虑以下几个因素：

（1）外键约束提供了字段参照完整性。

（2）外键从句中的字段数目和每个字段指定的数据类型都必须和REFERENCES从句中的字段相匹配。

（3）外键约束不能自动创建索引，需要用户手动创建。

（4）用户想要修改外键约束的数据，必须只使用REFERENCES从句，不能使用外键子句。

（5）一个表中最多可以有31个外键约束。

（6）在临时表中，不能使用外键约束。

（7）主键和外键的数据类型必须严格匹配。

在讲解了5种约束之后，接下来将对增加和删除约束分别进行介绍。

### 1. 增加约束

增加约束有两种方法，分别是使用对象资源管理器和Transact-SQL语句来增加约束。这里以member表为例，介绍增加PRIMARY KEY和UNIQUE约束的过程。

1）使用对象资源管理器

使用对象资源管理器创建PRIMARY KEY约束，对test数据库中的member表中的id字段建立PRIMARY KEY，具体操作步骤如下：

**01** 在【对象资源管理器】窗口中选择member表节点右击，在弹出的快捷菜单中选择【设计】菜单命令，打开表设计窗口。在表设计窗口中选择【id】字段对应的行，右击并在弹出的快捷菜单中选择【设置主键】菜单命令，如图3-22所示。

图 3-22　选择【设置主键】菜单命令

**02** 设置完成之后，id所在行会有一个钥匙图标，表示这是【主键】列，如图3-23所示。

**03** 如果主键由多列组成，可以选中某一列的同时，按Ctrl键选择多行，然后右击，在弹出的快捷菜单中选择【主键】菜单命令，即可将多列设为主键，如图3-24所示。

图 3-23　设置【主键】列

图 3-24　设置多列为主键

使用对象资源管理创建UNIQUE约束，具体操作步骤如下：

**01** 在【对象资源管理器】窗口中选择member表节点并右击，在弹出的快捷菜单中选择【设计】菜单命令，打开表设计窗口。右击唯一性约束的行FirstName，在弹出的快捷菜单中选择【索引/键】菜单命令，如图3-25所示。

**02** 打开【索引/键】对话框，在该窗口中显示刚才通过表设计窗口添加了一个名称为PK_member的主键约束，如图3-26所示。

**03** 单击【添加】按钮，添加一个新的唯一性约束，然后单击【列】右侧的按钮⋯，如图3-27所示。

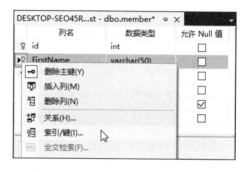

图 3-25　选择【索引/键】菜单命令

图 3-26　【索引/键】对话框 1

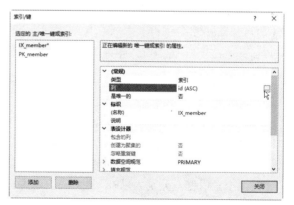

图 3-27　添加约束

**04** 打开【索引列】对话框，在【列名】中列出了member表中所有的字段，选择添加唯一性约束的字段FirstName，排序顺序使用升序，然后单击【确定】按钮，如图3-28所示。

**05** 返回【索引/键】对话框，即可看到修改后的索引，在【名称】文本框中输入新的名称为firstname1，设置完成之后，单击【关闭】按钮，如图3-29所示。

图 3-28　【索引列】对话框　　　　　　图 3-29　【索引/键】对话框 2

2）使用 Transact-SQL 语句添加 PRIMARY KEY 约束和 UNIQUE 约束

在Transact-SQL语句中，可以在创建表的同时添加约束，其基本语法格式如下：

```
CREATE TABLE table_name
column_name datatype
[CONSTRAINT constraint_name] [NOT] NULL PRIMARY KEY | UNIQUE
```

constraint_name为用户定义的要创建的约束的名称。

【例3.6】定义表table_emp，并将表中的e_id字段设为主键列，输入语句如下：

```
CREATE TABLE table_emp
(
    e_id      CHAR(18) PRIMARY KEY,
    e_name    VARCHAR(25) NOT NULL,
    e_deptId  INT,
    e_phone   VARCHAR(15) CONSTRAINT uq_phone UNIQUE
);
```

执行完成之后，刷新test数据库中的表，可以看到新建立的名称为table_emp的数据表，查看该表的设计窗口，如图3-30所示。

从图3-30中可以看到，Transact-SQL语句成功地在e_id字段建立了一个主键约束，用户可以选择工具栏上的【管理索引和键】命令，在【索引和键】窗口中可以看到

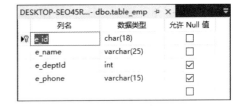

图 3-30　创建带主键约束的表 table_emp

表中的两个索引键，分别为以PK_开头的表示主键约束的键和以UQ_开头的表示唯一性约束的键，以及这两个键所在的表字段信息。

**2. 删除约束**

当不再需要使用约束的时候，可以将其删除，删除约束的方法有两种，分别是使用对象资源管理器删除和在修改表时使用Transact-SQL语句删除。

1）使用对象资源管理器删除 PRIMARY KEY 和 UNIQUE 约束

在对象资源管理器中删除主键约束或者唯一性约束，步骤如下：

[01] 打开table_emp数据表的表结构设计窗口。

[02] 单击工具栏上的【管理索引和键】按钮或者右击，选择【索引/键】菜单命令，打开【索引/键】窗口。

[03] 选择要删除的索引或键，单击【删除】按钮。用户在这里可以选择删除table_emp表中的主键索引或者是唯一性索引约束。

[04] 删除完成之后，单击【关闭】按钮，删除约束操作成功。

2）使用 ALTER TABLE 语句删除 PRIMARY KEY 和 UNIQUE 约束

ALTER TABLE语句用来对数据表进行操作，可以在修改数据表的时候删除表中的约束，其删除约束的基本语法格式如下：

```
ALTER TABLE table_name
DROP CONSTRAINT constraint_name [,...n]
```

- table_name：约束所在的数据表名称。
- constraint_name：需要删除的约束名称，n 在这里表示可以同时删除多个不同名称的约束。

【例3.7】删除member表中的主键约束和唯一性约束，Transact-SQL语句如下：

```
ALTER TABLE member DROP CONSTRAINT PK_member, UQ_firstname
```

PK_member和UQ_firstname分别为member表中两种约束的名称，用户可以在【索引/键】窗口中查看表中的所有索引和键的名称。

### 3.3.3　查看表中的有关信息

数据表创建之后，可能用户需要查看表的有关信息，比如表的结构、表的属性、表中存储的数据以及与其他数据对象之间的依赖关系等。

#### 1. 查看表的结构

打开数据库test，在需要查看的表上右击，在弹出的快捷菜单中选择【设计】菜单命令，打开表设计窗口，在使用对象资源管理器创建数据表时，用户已经在前面的内容中看到过这个窗口，该窗口中显示了表定义中各个字段的名称、数据类型、是否允许空值以及主键唯一性约束等信息。另外，用户可以修改该页中的属性，最后单击【保存】按钮保存修改的操作即可。

#### 2. 查看表的相关信息

在需要查看的表member上右击，并在弹出的快捷菜单中选择【属性】菜单命令，打开【表属性】窗口，在【常规】选项卡中显示了该表所在数据库名称、当前连接到服务器的用户名称，表的创建时间和架构等属性这里显示的属性不能修改。

#### 3. 查看表中存储的数据

在member表上右击，在弹出的快捷菜单中选择【编辑前200行】菜单命令，将显示member表中的前200条记录，并允许用户编辑这些数据。

#### 4. 查看表与其他数据对象的依赖关系

在要查看的表上右击，在弹出的快捷菜单中选择【查看依赖关系】菜单命令，打开【对象依赖关系】窗口，该窗口显示了该表和其他数据对象的依赖关系。如果某个存储过程中使用了该表，该表的主键被其他表的外键约束所依赖或者该表依赖其他数据对象，这里会列出相关的信息，如图3-31所示。

图 3-31　【对象依赖关系】窗口

### 3.3.4　删除表

当数据表不再使用时，可以将其删除。删除数据表有两种方法，分别是使用对象资源管理器和使用DROP TABLE语句删除。

#### 1. 使用对象资源管理器删除数据表

在对象资源管理器中，展开指定的数据库和表，右击需要删除的表，从弹出的快捷菜单中选择【删除】菜单命令，在弹出的【删除对象】窗口中单击【确定】按钮，即可删除表，如图3-32所示。

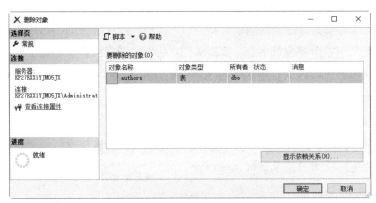

图 3-32　【删除对象】窗口

技巧　当有对象依赖于该表时，该表不能被删除。单击【显示依赖关系】按钮，可以查看依赖于该表和该表依赖的对象。

## 2. 使用DROP TABLE语句删除数据表

在Transact-SQL语言中，可以使用DROP TABLE语句删除指定的数据表，基本语法格式如下：

```
DROP TABLE table_name
```

table_name是等待删除的表名称。

【例3.8】删除test数据库中的authors表，输入语句如下：

```
USE test
GO
DROP TABLE authors
```

# 第 4 章

# Transact-SQL语言基础

Transact-SQL 语言是结构化查询语言的增强版本，与多种 ANSI SQL 标准兼容，而且在标准的基础上还进行了许多扩展。Transact-SQL 代码是 SQL Server 的核心，使用 Transact-SQL 可以实现关系数据库中的数据查询、操作和添加功能。本章将详细介绍 Transact-SQL 语言的基础，包括什么是 Transact-SQL、Transact-SQL 中的常量和变量、运算符和表达式以及如何在 Transact-SQL 中使用通配符和注释。

## 4.1 Transact-SQL概述

在前面的章节中，其实已经使用了Transact-SQL语言，只是没有系统地对该语言进行介绍。事实上，不管应用程序的用户界面如何，与SQL Server 实例通信的所有应用程序都通过将Transact-SQL 语句发送到服务器进行通信。

对数据库进行查询和修改操作的语言叫作SQL，其含义是结构化查询语言（Structured Query Language）。SQL有许多不同的类型，有3个主要的标准：①ANSI（American National Standards Institute，美国国家标准协会）SQL；②对ANSI SQL修改后在1992年采纳的标准，称为SQL92或SQL2；③最近的SQL99标准。SQL99标准从SQL2扩充而来并增加了对象关系特征和许多其他新功能。其次，各大数据库厂商提供了不同版本的SQL。这些版本的SQL支持原始的ANSI标准，而且在很大程度上支持新推出的SQL92标准。

Transact-SQL语言是SQL的一种实现形式，它包含标准的SQL语言部分。标准的SQL语句几乎完全可以在Transact-SQL语言中执行，因为包含这些标准的SQL语言来编写应用程序和脚本，所以提高了它们的可移植性。Transact-SQL语言在具有SQL的主要特点的同时，还增加了变量、运算符、函数、流程控制和注释等语言因素，使得Transact-SQL的功能更加强大。另外，在标准的ANSI SQL99外，Transact-SQL语言根据需要又增加了一些非标准的SQL语言。在有些情况下，使用非标准的SQL语言可以简化一些操作步骤。

## 4.1.1　什么是Transact-SQL

Transact-SQL是Microsoft公司在关系数据库管理系统SQL Server中的SQL3标准的实现，是微软对SQL的扩展。在SQL Server中，所有与服务器实例的通信都是通过发送Transact-SQL语句到服务器来实现的。根据其完成的具体功能，可以将Transact-SQL语句分为四大类，分别为数据操作语句、数据定义语句、数据控制语句和一些附加的语言元素。

数据操作语句：

```
SELECT, INSERT, DELETE, UPDATE
```

数据定义语句：

```
CREATE TABLE, DROP TABLE, ALTER TABLE, CREATE VIEW, DROP VIEW, CREATE INDEX, DROP
INDEX, CREATE PROCEDURE, ALTER PROCEDURE, DROP PROCEDURE, CREATE TRIGGER, ALTER
TRIGGER, DROP TRIGGER
```

数据控制语句：

```
GRANT, DENY, REVOKE
```

附加的语言元素：

```
BEGIN TRANSACTION/COMMIT, ROLLBACK, SET TRANSACTION, DECLARE OPEN, FETCH, CLOSE,
EXECUTE
```

## 4.1.2　Transact-SQL语法的约定

表4-1列出了Transact-SQL参考的语法关系图中使用的约定，并进行了说明。

表4-1　语法约定

| 约　　定 | 说　　明 |
|---|---|
| 大写 | Transact-SQL关键字 |
| 斜体 | 用户提供的Transact-SQL语法的参数 |
| 粗体 | 数据库名、表名、列名、索引名、存储过程、实用工具、数据类型名以及必须按所显示的原样输入的文本 |
| 下画线 | 指示当语句中省略了带下画线的值的子句时，应用的默认值 |
| \|（竖线） | 分隔括号或大括号中的语法项。只能使用其中一项 |
| [ ]（方括号） | 可选语法项。不要输入方括号 |
| { }（花括号） | 必选语法项。不要输入花括号 |
| [,...n] | 指示前面的项可以重复n次。各项之间以逗号分隔 |
| [...n] | 指示前面的项可以重复n次。每一项由空格分隔 |
| ; | Transact-SQL语句终止符。虽然在此版本的SQL Server中大部分语句不需要分号，但将来的版本中需要 |
| <label> ::= | 语法块的名称。此约定用于对可在语句中的多个位置使用的过长语法段或语法单元进行分组和标记。可使用语法块的每个位置，由括在尖括号内的标签指示：<标签> |

除非另外指定，否则所有对数据库对象名的Transact-SQL引用将由4部分名称组成，格式如下：

```
server_name .[database_name].[schema_name].object_name
| database_name.[schema_name].object_name
| schema_name.object_name
| object_name
```

- server_name：指定链接的服务器名称或远程服务器名称。
- database_name：表示如果对象驻留在 SQL Server 的本地实例中，则指定 SQL Server 数据库的名称。如果对象在链接服务器中，则 database_name 将指定 OLE DB 目录。
- schema_name：表示如果对象在 SQL Server 数据库中，则指定包含对象的架构的名称。如果对象在链接服务器中，则 schema_name 将指定 OLE DB 架构名称。
- object_name：表示对象的名称。

引用某个特定对象时，不一定要指定服务器、数据库和架构供SQL Server数据库引擎标识该对象。但是，如果找不到对象，就会返回错误消息。

除使用时完全限定引用时的4个部分外，在引用时若要省略中间节点，则需要使用句点来指示这些位置。表4-2显示了引用对象名的有效格式。

表4-2　引用对象名的有效格式

| 引用对象名的格式 | 说　　明 |
| --- | --- |
| server . database . schema . object | 4个部分的名称 |
| server . database .. object | 省略架构名称 |
| server .. schema . object | 省略数据库名称 |
| server ... object | 省略数据库和架构名称 |
| database . schema . object | 省略服务器名 |
| database .. object | 省略服务器和架构名称 |
| schema . object | 省略服务器和数据库名称 |
| object | 省略服务器、数据库和架构名称 |

许多代码示例用字母N作为Unicode字符串常量的前缀。如果没有N前缀，则字符串被转换为数据库的默认代码页。此默认代码页可能不识别某些字符。

# 4.2　如何给标识符起名

为了提供完善的数据库管理机制，SQL Server设计了严格的对象命名规则。在创建或引用数据库实例，如表、索引、约束等时，必须遵守SQL Server的命名规则，否则可能发生一些难以预测和难以检测的错误。

### 1. 标识符分类

SQL Server的所有对象，包括服务器、数据库及数据对象，如表、视图、列、索引、触发器、存储过程、规则、默认值和约束等都可以有一个标志符，对于绝大多数对象来说，标识符是必不可少的，但对于某些对象来说，是否规定标志符是可以选择的。对象的标志符一般在创建对象时定义，作为引用对象的工具使用。

SQL Server一共定义了两种类型的标识符：规则标识符和界定标识符。

### 2. 规则标识符

规则标识符严格遵守标识符有关的规定，所以在Transact-SQL中凡是规则标识符都不必使用界定符，对于不符合标识符格式的标识符要使用界定符[]或单引号''。

### 3. 界定标识符

界定标识符是那些使用了[]和''等界定符号来进行位置限定的标识符，使用界定标识符既可以遵守标识符命名规则，也可以不遵守标识符命名规则。

### 4. 标识符规则

标识符的首字符必须是以下两种情况之一：

第一种情况：所有在Unicode 2.0标准规定的字符，包括26个英文字母a～z和A~Z，以及其他一些语言字符，如汉字。例如，可以给一个表命名为"员工基本情况"。

第二种情况："_""@"或"#"。

标识符首字符后的字符可以是下面3种情况之一：

第一种情况：所有在Unicode 2.0标准规定的字符，包括26个英文字母a～z和A~Z，以及其他一些语言字符，如汉字。

第二种情况："_""@"或"#"。

第三种情况：0、1、2、3、4、5、6、7、8、9。

标识符不允许是Transact-SQL的保留字：Transact-SQL不区分大小写，所以无论是保留字的大写还是小写都不允许使用。

标识符内部不允许有空格或特殊字符：某些以特殊符号开头的标识符在SQL Server中具有特定的含义。例如以"@"开头的标识符表示这是一个局部变量或是一个函数的参数，以"#"开头的标识符表示这是一个临时表或存储过程，以"##"开头的标识符表示这是一个全局的临时数据库对象。Transact-SQL的全局变量以标识符"@@"开头，为避免与这些全局变量混淆，建议不要使用"@@"作为标识符的开头。

无论是界定标识符还是规则标识符都最多只能容纳128个字符，对于本地的临时表最多可以有116个字符。

### 5. 对象命名规则

SQL Server数据库管理系统中的数据库对象名称由1～128个字符组成，不区分大小写。在一个数据库中创建了一个数据库对象后，数据库对象的前面应该有服务器名、数据库名、包含对象的架构名和对象名4个部分。

### 6. 实例的命名规则

在SQL Server数据库管理系统中，默认实例的名字采用计算机名，实例的名字一般由计算机名和实例名两部分组成。

正确掌握数据库的命名和引用方式是用好SQL Server数据库管理系统的前提，也便于用户理解SQL Server数据库管理系统中的其他内容。

# 4.3　常　　量

常量也称为文字值或标量值，是表示一个特定数据值的符号。常量的格式取决于它所表示的值的数据类型。一个常量通常有一种数据类型和长度，这二者取决于常量格式。根据数据类型的不同，常量可以分为如下几类：数字常量、字符串常量、日期和时间常量以及符号常量。本节将介绍这些常量的表示方法。

## 4.3.1　数字常量

数字常量包括有符号和无符号的整数、定点数和浮点小数。

integer常量由没有用引号引起来，并且不包含小数点的数字字符串来表示。integer常量必须全部为数字，它们不能包含小数。

```
1894
2
```

decimal常量由没有用引号引起来，并且包含小数点的数字字符串来表示。

```
1894.1204
2.0
```

float和real常量使用科学记数法来表示。

```
101.5E5
0.5E-2
```

若要指示一个数是正数还是负数，则可以对数值常量应用+或－一元运算符。这将创建一个表示有符号数字值的表达式。如果没有应用+或－一元运算符，数值常量将使用正数。

money常量以前缀为可选的小数点和可选的货币符号的数字字符串来表示。money常量不使用引号引起来。

```
$12
¥542023.14
```

### 4.3.2　字符串常量

#### 1. 字符串常量

字符串常量引在单引号内并包含字母、数字字符（a~z、A~Z和0~9）以及特殊字符，如感叹号（!）、@符和数字号（#）。将为字符串常量分配当前数据库的默认排序规则，除非使用COLLATE子句为其指定了排序规则。用户输入的字符串通过计算机的代码页计算，如有必要，将被转换为数据库的默认代码页。

```
'Cincinnati'
'O''Brien'
'Process X is 50% complete.'
'The level for job_id: %d should be between %d and %d.'
"O'Brien"
```

#### 2. Unicode 字符串

Unicode字符串的格式与普通字符串相似，但它前面有一个N标识符（N代表SQL92标准中的区域语言）。N前缀必须是大写字母。例如，'Michél' 是字符串常量，而N'Michél'则是Unicode常量。Unicode常量被解释为Unicode数据，并且不使用代码页进行计算。Unicode常量有排序规则，该排序规则主要用于控制比较和区分大小写。为Unicode常量分配当前数据库的默认排序规则，除非使用COLLATE子句为其指定了排序规则。对于字符数据，存储Unicode数据时，每个字符使用2字节，而不是每个字符使用1字节。

### 4.3.3　日期和时间常量

日期和时间常量使用特定格式的字符日期值来表示，并用单引号引起来。

```
'December 5, 1985'
'5 December, 1985'
'851205'
'12/5/85'
```

### 4.3.4　符号常量

#### 1. 分隔符

在Transact-SQL中，双引号有两层意思。除引用字符串外，双引号还能够用来做分隔符，也就是所谓的分隔标识符（Delimited Identifier）。分隔标识符是标识的一种特殊类型，通常将保留当作标识符并且用数据库对象的名称命名空间。

> **提示**　单引号和双引号的区别在于前者适用于SQL92标准。这种标准用于区分常规和分隔标识符。关键的两点就是分隔标识符是用双引号引出的，而且还区分大小写（Transact-SQL还支持用方括号代替双引号）。双引号只用于分隔字符串。一般来说，分隔标识符说明了标识符的规格。分隔标识符还可能在标识符名中包含不合规定的字符，如空格。

在Transact-SQL中，双引号是用来定义SET语句的QUOTED_IDENTIFIER选项的。如果这一选项设为ON（即默认值），那么双引号中的标识符就被定义为分隔标识符。在这种情况下，双引号就不能用于分隔字符串。

> **技巧** 说明一个Transact-SQL语句的注释有两种方法。一种方法是使用一对字符/**/，注释就是对附着在里面的内容进行说明。这种情况下，注释内容可能扩展成很多行。另一种方法是使用字符"--"（两个连字符），表示当前行剩下的就是注释（两个连字符符合ANSI SQL标准，而/和/是Transact-SQL的扩展名。

### 2. 标识符

在Transact-SQL中，标识符用于识别数据库对象，如数据库、表和索引。它们通过字符串表示出来，这些字符串的长度可以达到128个字符，还包含字母、数字或者下面的字符："_""@""#"和"$"。每个名称都必须以一个字母或者以下字符中的一个开头："_""@"或"#"。以"#"开头的表名或存储程序名表示一个临时对象，而以"@"开头的标识符则表示一个变量。就像之前提到的，这些规则并不适用于分隔标识符，分隔标识符可以将这些字符包含在内或者以其中的任意字符开头（而不是分隔符自己）。

# 4.4　变　量

变量可以保存查询之后的结果，可以在查询语句中使用变量，也可以将变量中的值插入数据表中，在Transact-SQL中变量的使用非常灵活方便，可以在任何Transact-SQL语句集合中声明使用，根据其生命周期，可以分为全局变量和局部变量。

## 4.4.1　全局变量

全局变量是SQL Server系统提供的内部使用的变量，其作用范围并不局限于某一程序，而是任何程序均可以随时调用。全局变量通常存储一些SQL Server的配置设定值和统计数据。用户可以在程序中用全局变量来测试系统的设定值或者Transact-SQL命令执行后的状态值。在使用全局变量时应注意以下几点：

- 全局变量不是由用户的程序定义的，它们是在服务器级定义的。
- 用户只能使用预先定义的全局变量，而不能修改全局变量。
- 引用全局变量时，必须以标记符"@@"开头。

> **提示** 局部变量的名称不能与全局变量的名称相同，否则会在应用程序中出现不可预测的结果。

SQL Server 2022中常用的全局变量及其含义如下：

- @@CONNECTIONS: 返回 SQL Server 自上次启动以来尝试的连接数，无论连接是成功还是失败。
- @@CPU_BUSY: 返回 SQL Server 自上次启动后的工作时间。其结果以 CPU 时间增量或"滴答数"表示，此值为所有 CPU 时间的累积，因此，可能会超出实际占用的时间。乘以@@TIMETICKS 即可转换为微秒。
- @@CURSOR_ROWS: 返回连接上打开的上一个游标中的当前限定行的数目。为了提高性能，SQL Server 可异步填充大型键集和静态游标。可调用@@CURSOR_ROWS 以确定当其被调用时检索了游标符合条件的行数。
- @@DATEFIRST: 针对会话返回 SET DATEFIRST 的当前值。
- @@DBTS: 返回当前数据库的当前 Timestamp 数据类型的值。这一时间戳值在数据库中必须是唯一的。
- @@ERROR: 返回执行的上一个 Transact-SQL 语句的错误号。
- @@FETCH_STATUS: 返回针对连接当前打开的任何游标，发出的上一条游标 FETCH 语句的状态。
- @@FETCH_STATUS: 返回针对连接当前打开的任何游标，发出的上一条游标 FETCH 语句的状态。
- @@IDENTITY: 返回插入表的 IDENTITY 列的最后一个值。
- @@IDLE: 返回 SQL Server 自上次启动后的空闲时间。结果以 CPU 时间增量或"时钟周期"表示，并且是所有 CPU 的累积，因此该值可能超过实际经过的时间。乘以@@TIMETICKS 即可转换为微秒。
- @@IO_BUSY: 返回自从 SQL Server 最近一次启动以来，SQL Server 已经用于执行输入和输出操作的时间。其结果是 CPU 时间增量（时钟周期），并且是所有 CPU 的累积值，所以，它可能超过实际消逝的时间。乘以@@TIMETICKS 即可转换为微秒。
- @@LANGID: 返回当前使用的语言的本地语言标识符（IDentifier，ID）。
- @@LANGUAGE: 返回当前所用语言的名称。
- @@LOCK_TIMEOUT: 返回当前会话的当前锁定超时设置（毫秒）。
- @@MAX_CONNECTIONS: 返回 SQL Server 实例允许同时进行的最大用户连接数。返回的数值不一定是当前配置的数值。
- @@MAX_PRECISION: 按照服务器中的当前设置，返回 decimal 和 numeric 数据类型所用的精度级别。默认情况下，最大精度返回 38。
- @@NESTLEVEL: 返回对本地服务器上执行的当前存储过程的嵌套级别（初始值为 0）。
- @@OPTIONS: 返回有关当前 SET 选项的信息。
- @@PACK_RECEIVED: 返回 SQL Server 自上次启动后从网络读取的输入数据包个数。
- @@PACK_SENT: 返回 SQL Server 自上次启动后写入网络的输出数据包个数。
- @@PACKET_ERRORS: 返回自上次启动 SQL Server 后，在 SQL Server 连接上发生的网络数据包错误数。
- @@ROWCOUNT: 返回上一次语句影响的数据行的行数。

- @@PROCID：返回 Transact-SQL 当前模块的对象标识符（ID）。Transact-SQL 模块可以是存储过程、用户定义函数或触发器。不能在 CLR 模块或进程内的数据访问接口中指定 @@PROCID。
- @@SERVERNAME：返回运行 SQL Server 的本地服务器的名称。
- @@SERVICENAME：返回 SQL Server 正在其下运行的注册表项的名称。若当前实例为默认实例，则@@SERVICENAME 返回 MSSQLSERVER；若当前实例是命名实例，则该函数返回该实例名。
- @@SPID：返回当前用户进程的会话 ID。
- @@TEXTSIZE：返回 SET 语句的 TEXTSIZE 选项的当前值，它指定 SELECT 语句返回的 text 或 image 数据类型的最大长度，其单位为字节。
- @@TIMETICKS：返回每个时钟周期的微秒数。
- @@TOTAL_ERRORS：返回自上次启动 SQL Server 之后，SQL Server 所遇到的磁盘写入错误数。
- @@TOTAL_READ：返回 SQL Server 自上次启动后，由 SQL Server 读取（非缓存读取）的磁盘的数目。
- @@TOTAL_WRITE：返回自上次启动 SQL Server 以来，SQL Server 所执行的磁盘写入数。
- @@TRANCOUNT：返回当前连接的活动事务数。
- @@VERSION：返回当前安装的日期、版本和处理器类型。

【例4.1】查看当前SQL Server的版本信息和服务器名称，输入语句如下：

```
SELECT @@VERSION AS 'SQL Server版本', @@SERVERNAME AS '服务器名称'
```

使用Windows身份验证登录SQL Server服务器之后，新建立一个使用当前连接的查询，输入上面的语句，单击【执行】按钮，执行结果如图4-1所示。

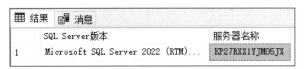

图 4-1　查看全局变量值

### 4.4.2　局部变量

局部变量是一个能够拥有特定数据类型的对象，它的作用范围仅限在程序内部。在批处理和脚本中，变量有如下用途：作为计数器计算循环执行的次数或控制循环执行的次数、保存数据值供控制流语句测试以及保存由存储过程代码返回的数据值或者函数返回值。局部变量被引用时要在其名称前加上标志"@"，而且必须先用DECLARE命令声明后才可以使用。定义局部变量的语法形式如下：

```
DECLARE {@local-variable data-type} [...n]
```

- 参数@local-variable 用于指定局部变量的名称，变量名必须以符号"@"开头，且必须符合 SQL Server 的命名规则。

- 参数 data-type 用于设置局部变量的数据类型及其大小。data-type 可以是任何由系统提供的或用户定义的数据类型。但是，局部变量不能是 text、ntext 或 image 数据类型。

【例4.2】使用DECLARE 语句创建int数据类型的名为@mycounter的局部变量，输入语句如下：

```
DECLARE @MyCounter int;
```

若要声明多个局部变量，则在定义的第一个局部变量后使用一个逗号，然后指定下一个局部变量名称和数据类型。

【例4.3】创建3个名为@Name、@Phone和@Address的局部变量，并将每个变量都初始化为NULL，输入语句如下：

```
DECLARE @Name varchar(30), @Phone varchar(20), @Address char(2);
```

使用DECLARE命令声明并创建局部变量之后，会将其初始值设为NULL，如果想要设置局部变量的值，则必须使用SELECT命令或者SET命令。其语法形式为：

```
SET {@local-variable=expression} 或者SELECT {@local-variable=expression } [, ...n]
```

其中，@local-variable是给其赋值并声明的局部变量。expression是任何有效的SQL Server表 达式。

【例4.4】使用SELECT语句为@MyCount变量赋值，然后输出@MyCount变量的值，输入语句如下：

```
DECLARE @MyCount INT SELECT @MyCount =100 SELECT @MyCount
GO
```

其执行结果如图4-2所示。

图 4-2  执行结果

【例4.5】通过查询语句给变量赋值，输入语句如下：

```
DECLARE @rows int SET @rows=(SELECT COUNT(*) FROM Member) SELECT @rows
GO
```

该语句查询出了member表中的总记录数，并将其保存在rows局部变量中。

【例4.6】在SELECT查询语句中，使用由SET 赋值的局部变量，输入语句如下：

```
USE test
GO
DECLARE @memberType varchar(100)
SET @memberType ='VIP'
SELECT RTRIM(FirstName)+' '+RTRIM(LastName) AS Name, @memberType
FROM member
GO
```

### 4.4.3  批处理和脚本

批处理是同时从应用程序发送到SQL Server并得以执行的一组单条或多条Transact-SQL语句。这些语句为了达到一个整体的目标而同时执行。GO命令表示批处理的结束。如果Transact-SQL脚本中没有GO命令，那么它将被作为单个批处理来执行。

　　SQL Server将批处理中的语句作为一个整体，编译为一个执行计划，因此批处理中的语句是一起提交给服务器的，可以节省系统开销。

　　批处理中的语句如果在编译时出现错误，则不能产生执行计划，批处理中的任何一个语句都不会执行。批处理运行时出现错误将有如下影响：

- 大多数运行时错误将停止执行批处理中的当前语句和它之后的语句。
- 某些运行时错误（如违反约束）仅停止执行当前语句，而继续执行批处理中的其他所有语句。
- 在遇到运行时错误的语句之前执行的语句不受影响。唯一例外的情况是批处理位于事务中并且因错误导致事务回滚。在这种情况下，所有在运行时错误之前执行的未提交数据修改都将回滚。

　　批处理使用时有如下限制规则：

- CREATE DEFAULT、CREATE FUNCTION、CREATE PROCEDURE、CREATE RULE、CREATE SCHEMA、CREATE TRIGGER 和 CREATE VIEW 语句不能在批处理中与其他语句组合使用。批处理必须以 CREATE 语句开始。所有跟在该批处理后的其他语句将被解释为第一个 CREATE 语句定义的一部分。
- 不能在同一个批处理中更改表，然后引用新列。
- 如果 EXECUTE 语句是批处理中的第一句，则不需要 EXECUTE 关键字。如果 EXECUTE 语句不是批处理中的第一条语句，则需要 EXECUTE 关键字。

　　脚本是存储在文件中的一系列Transact-SQL 语句。Transact-SQL 脚本包含一个或多个批处理。Transact-SQL脚本主要有以下用途：

- 在服务器上保存用来创建和填充数据库的步骤的永久副本，作为一种备份机制。
- 必要时将语句从一台计算机传输到另一台计算机。
- 通过让新员工发现代码中的问题、了解代码或更改代码从而快速对其进行培训。

　　脚本可以看作一个单元，以文本文件的形式存储在系统中，在脚本中可以使用系统函数和局部变量，例如一个脚本中包含如下代码：

```
USE test_db
GO
DECLARE @mycount int
CREATE TABLE person
(
  id    INT NOT NULL PRIMARY KEY,
  name  VARCHAR(40) NOT NULL DEFAULT '',
  age   INT NOT NULL DEFAULT 0,
  info  VARCHAR(50) NULL
);
INSERT INTO person (id ,name, age ) VALUES (1,'Green', 21);
INSERT INTO person (age ,name, id , info) VALUES (22, 'Suse', 2, 'dancer');
SET @mycount =(SELECT COUNT(*) FROM person)
GO
```

该脚本中使用了6条语句，分别包含USE语句、局部变量的定义、CREATE语句、INSERT语句、SELECT语句以及SET赋值语句，所有的这些语句在一起完成了person数据表的创建、插入数据以及统计插入的记录总数的工作。

USE语句用来设置当前使用的数据库，可以看到，因为使用了USE语句，所以在执行INSERT和SELECT语句时，它们将在指定的数据库（test_db）中进行操作。

# 4.5　运算符和表达式

运算符是一些符号，它们能够用于执行算术运算、字符串连接、赋值以及在字段、常量和变量之间进行比较。在SQL Server 2022中，运算符主要有以下六大类：算术运算符、赋值运算符、比较运算符、逻辑运算符、连接运算符以及按位运算符。表达式在SQL Server 2022中也有非常重要的作用，SQL语言中的许多重要操作也都需要使用表达式来完成。本节将介绍各类运算符的用法和有关表达式的详细信息。

## 4.5.1　算术运算符

算术运算符可以在两个表达式上执行数学运算，这两个表达式可以是任何数值数据类型。Transact-SQL中的算术运算符如表4-3所示。

表4-3　Transact-SQL中的算术运算符

| 运　算　符 | 作　　用 |
| --- | --- |
| + | 加法运算 |
| − | 减法运算 |
| * | 乘法运算 |
| / | 除法运算，返回商 |
| % | 求余运算，返回余数 |

加法运算符和减法运算符也可以对datetime和smalldatetime类型的数据执行算术运算。求余运算即返回一个除法运算的整数余数，例如表达式14%3的结果等于2。

## 4.5.2　比较运算符

比较运算符用来比较两个表达式的大小，表达式可以是字符、数字或日期数据，其比较结果是布尔值。

比较运算符用于测试两个表达式是否相同。除text、ntext或image数据类型的表达式外，比较运算符可以用于所有的表达式。表4-4列出了Transact-SQL中的比较运算符。

表4-4　Transact-SQL中的比较运算符

| 运　算　符 | 含　义 |
| --- | --- |
| = | 等于 |
| > | 大于 |
| < | 小于 |
| >= | 大于或等于 |
| <= | 小于或等于 |
| <> | 不等于 |
| != | 不等于（非ISO标准） |
| !< | 不小于（非ISO标准） |
| !> | 不大于（非ISO标准） |

### 4.5.3　逻辑运算符

逻辑运算符可以把多个逻辑表达式连接起来测试，以获得其真实情况，返回带有TRUE、FALSE或UNKNOWN值的Boolean数据类型。Transact-SQL中包含如下逻辑运算符：

- ALL：如果一组的比较都为 TRUE，那么就为 TRUE。
- AND：如果两个布尔表达式都为 TRUE，那么就为 TRUE。
- ANY：如果一组的比较中任何一个为 TRUE，那么就为 TRUE。
- BETWEEN：如果操作数在某个范围之内，那么就为 TRUE。
- EXISTS：如果子查询包含一些行，那么就为 TRUE。
- IN：如果操作数等于表达式列表中的一个，那么就为 TRUE。
- LIKE：如果操作数与一种模式相匹配，那么就为 TRUE。
- NOT：对任何其他布尔运算符的值取反。
- OR：如果两个布尔表达式中的一个为 TRUE，那么就为 TRUE。
- SOME：如果在一组比较中有些为 TRUE，那么就为 TRUE。

### 4.5.4　连接运算符

加号（+）是字符串串联运算符，可以将两个或两个以上的字符串合并成一个字符串。其他所有字符串操作都使用字符串函数（如SUBSTRING）进行处理。

连接运算符被解释成空字符串的情况有两种：默认情况下，对于varchar数据类型的数据，在INSERT或赋值语句中，空的字符串将被解释为空字符串；在串联varchar、char或text数据类型的数据时，空的字符串被解释为空字符串，例如'abc' + '' + 'def'被存储为'abcdef'。

### 4.5.5　按位运算符

按位运算符在两个表达式之间执行位操作，这两个表达式可以为整数数据类型类别中的任何数据类型。Transact-SQL中的按位运算符如表4-5所示。

表4-5　按位运算符

| 运　算　符 | 含　义 |
| --- | --- |
| & | 位与 |
| \| | 位或 |
| ^ | 位异或 |
| ~ | 返回数字的非 |

### 4.5.6　运算符的优先级

当一个复杂的表达式有多个运算符时，运算符优先级决定执行运算的先后次序。执行的顺序可能严重地影响所得到的值。

运算符的优先级如表4-6所示。在较低级别的运算符之前，先对较高级别的运算符求值，表4-6按运算符从高到低的顺序列出了SQL Server中的运算符优先级。

表4-6　SQL Server中的运算符优先级

| 级　别 | 运　算　符 |
| --- | --- |
| 1 | ~（位非） |
| 2 | *（乘）、/（除）、%（取模） |
| 3 | +（正）、－（负）、+（加）、+（连接）、－（减）、&（位与）、^（位异或）、\|（位或） |
| 4 | =、>、<、>=、<=、<>、!=、!>、!<（比较运算符） |
| 5 | NOT |
| 6 | AND |
| 7 | ALL、ANY、BETWEEN、IN、LIKE、OR、SOME |
| 8 | =（赋值） |

当一个表达式中的两个运算符有相同的运算符优先级时，将按照它们在表达式中的位置对其从左到右进行求值。当然，在无法确定优先级的情况下，可以使用圆括号"（）"来改变优先级，并且这样会使计算过程更加清晰。

### 4.5.7　什么是表达式

表达式是指用运算符和圆括号把变量、常量和函数等运算成分连接起来的有意义的式子，即使是单个常量、变量和函数也可以看作一个表达式。表达式有多方面的用途，如执行计算、提供查询记录条件等。

### 4.5.8　Transact-SQL表达式的分类

根据连接表达式的运算符进行分类，可以将表达式分为算术表达式、比较表达式、逻辑表达式、按位表达式和混合表达式等；根据表达式的作用进行分类，可以将表达式分为字段名表达式、目标表达式和条件表达式。

### 1. 字段名表达式

字段名表达式可以是单一的字段名或几个字段的组合，还可以是由字段、作用于字段的集合函数和常量的任意算术运算符（+、−、*、/）组成的运算表达式，主要包括数值表达式、字符表达式、逻辑表达式和日期表达式4种。

### 2. 目标表达式

目标表达式有以下4种构成方式。

（1）*：表示选择相应基表和视图的所有字段。

（2）<表名>.*：表示选择指定的基表和视图的所有字段。

（3）集函数()：表示在相应的表中按集函数操作和运算。

（4）[<表名>.]字段名表达式[, [<表名>.]<字段名表达式>]...：表示按字段名表达式在多个指定的表中选择。

### 3. 条件表达式

常用的条件表达式有以下6种。

（1）比较大小：应用比较运算符构成表达式，主要的比较运算符有=、>、>=、<、<=、!=、<>、!>（不大于）、!<（不小于）、NOT（与比较运算符相同，对条件求非）。

（2）指定范围：（NOT）BETWEEN...AND...运算符查找字段值在或者不在指定范围内的记录。BETWEEN后面指定范围的最小值，AND后面指定范围的最大值。

（3）集合（NOT）IN：查询字段值属于或者不属于指定集合内的记录。

（4）字符匹配：（NOT）LIKE '<匹配字符串>'[ESCAPE '<换码字符>'] 查找字段值满足<匹配字符串>中指定的匹配条件的记录。<匹配字符串>可以是一个完整的字符串，也可以包含通配符"_"和"%"，"_"代表任意单个字符，"%"代表任意长度的字符串。

（5）空值IS（NOT）NULL：查找字段值为空（不为空）的记录。NULL不能用来表示无形值、默认值、不可用值以及取最低值或取最高值。SQL规定，在含有运算符"+""−""*""/"的算术表达式中，若有一个值是空值，则该算术表达式的值也是空值；任何一个含有NULL比较操作结果的取值都为FALSE。

（6）多重条件AND和OR：AND表达式用来查找字段值同时满足AND相连接的查询条件的记录。OR表达式用来查询字段值满足OR连接的查询条件中任意一个的记录。AND运算符的优先级高于OR运算符。

# 4.6　Transact-SQL利器——通配符

在查询时，有时无法指定一个明确的查询条件，此时可以使用SQL通配符，通配符用来代替一个或多个字符，在使用通配符时，要与LIKE运算符一起使用。Transact-SQL中常用的通配符如表4-7所示。

表4-7　Transact-SQL中的通配符

| 通　配　符 | 说　　明 | 例　　子 | 匹配值示例 |
|---|---|---|---|
| % | 匹配任意长度的字符，甚至包括零字符 | 'f%n'匹配字符n前面有任意个字符f | fn、fan、faan、abcn |
| _ | 匹配任意单个字符 | 'b_'匹配以b开头，长度为两个字符的值 | ba、by、bx、bp |
| [字符集合] | 匹配字符集合中的任何一个字符 | '[xz]' 匹配x或者z | dizzy、zebra、x-ray、extra |
| [^]或[!] | 匹配不在括号中的任何字符 | '[^abc]'匹配任何不包含a、b或c的字符串 | desk、fox、f8ke |

# 4.7　Transact-SQL语言中的注释

注释中包含对SQL代码的解释说明性文字，这些文字可以插入单独行中、嵌套在 Transact-SQL 命令行的结尾或嵌套在Transact-SQL语句中。服务器不会执行注释。对SQL代码添加注释可以增强代码的可读性和清晰度，而在团队开发时，使用注释能够加强同伴之间的沟通，提高工作效率。

SQL中的注释分为两种：单行注释和多行注释。下面分别说明。

## 1．单行注释

单行注释以两个连字符"--"开始，作用范围是从注释符号开始到一行结束。例如：

```
--CREATE TABLE temp
--( id INT PRIMAYR KEY, hobby VARCHAR(100) NULL)
```

这段代码表示创建一个数据表，但是因为加了注释符号"--"，所以这段代码是不会被执行的。

```
--查找表中的所有记录
SELECT * FROM member WHERE id=1
```

这段代码中的第二行将被SQL解释器执行，而第一行作为第二行语句的解释说明性文字，不会被执行。

## 2．多行注释

多行注释作用于某一代码块，这种注释使用/**/表示，使用这种注释时，编译器将忽略从/*开始的后面的所有内容，直到遇到*/为止。例如：

```
/*CREATE TABLE temp
--( id INT PRIMAYR KEY, hobby VARCHAR(100) NULL)*/
```

这段代码被当作注释内容，不会被解释器执行。

# 第 **5** 章

# 轻松掌握Transact-SQL语句

Transact-SQL 是标准 SQL 的增强版，是应用程序与 SQL Server 沟通的主要语言。本章将以 Transact-SQL 语言为基础，详细介绍 Transact-SQL 中的以下几种语句：数据定义语句、数据操作语句、数据控制语句、其他基本语句、流程控制语句和批处理语句。

## 5.1 数据定义语言

数据定义语言（Data Definition Language，DDL）是用于描述数据库中要存储的现实世界实体的语言。作为数据库管理系统的一部分，DDL用于定义数据库的所有特性和属性，例如行布局、字段定义、文件位置，常见的数据定义语句有CREATE DATABASE、CREATE TABLE、CREATE VIEW、DROP VIEW、ALTER TABLE等。本节将分别介绍各种数据定义语句。

### 5.1.1 CREATE的应用

作为数据库操作语言中非常重要的部分，CREATE用于创建数据库、数据表以及约束等。下面将详细介绍CREATE的具体应用。

#### 1. 创建数据库

创建数据库是在系统磁盘上划分一块区域用于数据的存储和管理，创建数据库时需要指定数据库的名称、文件名称、数据文件大小、初始大小、是否自动增长等内容。SQL Server中可以使用CREATE DATABASE语句，或者通过对象资源管理器创建数据库。这里主要介绍CREATE DATABASE的用法。CREAETE DATABASE语句的基本语法格式如下：

```
CREATE DATABASE database_name
[ ON [ PRIMARY ]
NAME = logical_file_name
    [ , NEWNAME = new_logical_name ]
    [ , FILENAME = {'os_file_name' | 'filestream_path' } ]
```

```
    [ , SIZE = size [ KB | MB | GB | TB ] ]
    [ , MAXSIZE = { max_size [ KB | MB | GB | TB ] | UNLIMITED } ]
    [ , FILEGROWTH = growth_increment [ KB | MB | GB | TB| % ] ]
] [ ,...n ]
```

- database_name: 数据库名称，不能与 SQL Server 中现有的数据库实例名称相冲突，最多可以包含 128 个字符。
- ON: 指定显式定义用来存储数据库中数据的磁盘文件。
- PRIMARY: 指定关联的<filespec>列表定义的主文件，在主文件组的<filespec>项中指定的第一个文件将生成主文件，一个数据库只能有一个主文件。如果没有指定 PRIMARY，那么 CREATE DATABASE 语句中列出的第一个文件将成为主文件。
- LOG ON: 指定用来存储数据库日志的日志文件。LOG ON 后跟以逗号分隔的用以定义日志文件的<filespec>项列表。如果没有指定 LOG ON，将自动创建一个日志文件，其大小为该数据库的所有数据文件大小总和的 25%或 512KB，取两者之中的较大者。
- NAME: 指定文件的逻辑名称，引用文件时在 SQL Server 中使用的逻辑名称。
- FILENAME: 指定创建文件时由操作系统使用的路径和文件名，执行 CREATE DATABASE 语句前，指定路径必须存在。
- SIZE: 指定数据库文件的初始大小，如果没有为主文件提供 size，数据库引擎将使用 model 数据库中的主文件的大小。
- MAXSIZE: 指定文件可增大到的最大大小，可以使用 KB、MB、GB 和 TB 做后缀，默认值为 MB。max_size 是整数值。如果不指定 max_size，则文件将不断增长直至磁盘被占满。UNLIMITED 表示文件一直增长到磁盘充满。
- FILEGROWTH: 指定文件的自动增量。文件的 FILEGROWTH 设置不能超过 MAXSIZE 设置。该值可以 MB、KB、GB、TB 或百分比（%）为单位指定。默认单位为 MB。如果指定%，则增量大小为发生增长时文件大小的指定百分比。值为 0 时表明自动增长被设置为关闭，不允许增加空间。

【例5.1】创建名称为test_db数据库，输入语句如下：

```
CREATE DATABASE test_db ON  PRIMARY
(
NAME = test_db_data1,                          --数据库逻辑文件名称
FILENAME ='C:\SQL Server 2022\test_db_data.mdf',   --主数据文件的存储位置
SIZE = 5120KB ,                                --主数据文件大小
MAXSIZE =20,                                   --主数据文件最大增长空间为20MB
FILEGROWTH =1                                  --文件增长大小设置为1MB
)
```

这段代码创建了一个名称为test_db的数据库，设定数据库的主数据文件名称为test_db_data1，主数据文件大小为5MB，增长大小为1MB。注意，这段代码没有指定创建事务日志文件，但是系统默认会创建一个数据库名称加上_log的日志文件，该日志文件的大小为系统默认值2MB，增量为10%，因为没有设置增长限制，所以事务日志文件的最大增长空间将是指定磁盘上的所有剩余可用空间。

### 2．创建数据表

在创建完数据库之后，接下来的工作是创建数据表。所谓创建数据表，指的是在已经创建好的数据库中建立新表。创建数据表的过程是规定数据列的属性的过程，同时也是实施数据完整性约束的过程。创建数据表使用CREATE TABLE语句，CREATE TABLE语句的基本语法格式如下：

```
CREATE TABLE [database_name.[ schema_name ].] table_name
{column_name <data_type>
[ NULL | NOT NULL ] | [ DEFAULT constant_expression ] | [ ROWGUIDCOL ]
{ PRIMARY KEY | UNIQUE } [CLUSTERED | NONCLUSTERED]
 [ ASC | DESC ]
}[ ,...n ]
```

- database_name：要在其中创建表的数据库名称，若不指定数据库名称，则默认使用当前数据库。
- schema_name：新表所属架构的名称，若此项为空，则默认新表的创建者在当前架构。
- table_name：创建的数据表的名称。
- column_name：数据表中的各个列的名称，列名称必须唯一。
- data_type：指定字段列的数据类型，可以是系统数据类型，也可以是用户定义数据类型。
- NULL | NOT NULL：确定列中是否允许使用空值。
- DEFAULT：用于指定列的默认值。
- ROWGUIDCOL：指示新列是行 GUID 列。对于每个表，只能将其中的一个 uniqueidentifier 列指定为 ROWGUIDCOL 列。
- PRIMARY KEY：主键约束，通过唯一索引对给定的一列或多列强制创建实体完整性约束。每个表只能创建一个 PRIMARY KEY 约束。PRIMARY KEY 约束中定义的所有列都必须定义为 NOT NULL。
- UNIQUE：唯一性约束，该约束通过唯一索引为一个或多个指定列提供实体完整性。一个表可以有多个 UNIQUE 约束。
- CLUSTERED | NONCLUSTERED：指示为 PRIMARY KEY 或 UNIQUE 约束创建聚集索引还是非聚集索引。PRIMARY KEY 约束默认为 CLUSTERED，UNIQUE 约束默认为 NONCLUSTERED。在 CREATE TABLE 语句中，可只为一个约束指定 CLUSTERED。如果在为 UNIQUE 约束指定 CLUSTERED 的同时又指定了 RIMARY KEY 约束，则 PRIMARY KEY 将默认为 NONCLUSTERED。
- [ ASC | DESC ]：指定加入表约束中的一列或多列的排序顺序，ASC 为升序排列，DESC 为降序排列，默认值为 ASC。

【例5.2】在test_db数据库中创建员工表tb_emp1，结构如表5-1所示。

表5-1　tb_emp1表结构

| 字段名称 | 数据类型 | 备　　注 |
| --- | --- | --- |
| id | INT(11) | 员工编号 |
| name | VARCHAR(25) | 员工名称 |

（续表）

| 字段名称 | 数据类型 | 备　　注 |
|---|---|---|
| deptId | CHAR(2) | 所在部门编号 |
| salary | SMALLMONEY | 工资 |

输入语句如下：

```
USE test_db
CREATE TABLE tb_emp1
(
    id      INT PRIMARY KEY,
    name    VARCHAR(25) NOT NULL,
    deptId  CHAR(2) NOT NULL,
    salary  SMALLMONEY NULL
);
```

这段代码将在test_db数据库中添加一个名称为tb_emp1的数据表。读者可以打开表的设计窗口，看到该表的结构，如图5-1所示。

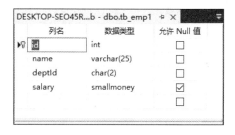

### 5.1.2　DROP的功能

既然能够创建数据库和数据表，那么也能将其删除，DROP语句可以轻松地删除数据库和表。下面介绍如何使用DROP语句。

图 5-1　tb_emp1 表结构

#### 1. 删除数据表

删除数据表是将数据库中已经存在的表从数据库中删除。注意，删除表的同时，表的定义和表中的数据、索引和视图也会被删除，因此，在删除操作前，最好对表中的数据做个备份，以免造成无法挽回的后果（如果要删除的表是其他表的参照表，此表将无法删除，需要先删除表中的外键约束或者将其他表删除）。删除表的语法格式如下：

```
DROP TABLE table_name
```

table_name为要删除的数据表的名称。

【例5.3】删除test_db数据库中的table_emp表，输入语句如下：

```
USE test_db
GO
DROP TABLE dbo.table_emp
```

#### 2. 删除数据库

删除数据库是将已经存在的数据库从磁盘空间中清除，清除之后，数据库中的所有数据也将一同被删除，删除数据库的基本语法格式为：

```
DROP DATABASE database_name
```

database_name为要删除的数据库的名称。

【例5.4】删除test_db数据库，输入语句如下：

```
DROP DATABASE test_db
```

## 5.1.3  ALTER的功能

当数据库结构无法满足需求或者存储空间已经填满时，可以使用ALTER语句对数据库和数据表进行修改。下面将介绍如何使用ALTER语句修改数据库和数据表。

### 1. 修改数据库

修改数据库可以使用ALTER DATABASE语句，其基本语法格式如下：

```
ALTER DATABASE database_name
{
  ADD FILE <filespec> [ ,...n ]  [ TO FILEGROUP { filegroup_name } ]
 | ADD LOG FILE <filespec> [ ,...n ]
 | REMOVE FILE logical_file_name
 | MODIFY FILE <filespec>
| MODIFY NAME = new_database_name
| ADD FILEGROUP filegroup_name
| REMOVE FILEGROUP filegroup_name
| MODIFY FILEGROUP filegroup_name
}
<filespec>::=
(
NAME = logical_file_name
[ , NEWNAME = new_logical_name ]
[ , FILENAME = {'os_file_name' | 'filestream_path' } ]
 [ , SIZE = size [ KB | MB | GB | TB ] ]
[ , MAXSIZE = { max_size [ KB | MB | GB | TB ] | UNLIMITED } ]
[ , FILEGROWTH = growth_increment [ KB | MB | GB | TB| % ] ]
[ , OFFLINE ]
)
```

- database_name：要修改的数据库的名称。
- ADD FILE...TO FILEGROUP：添加新数据库文件到指定的文件组中。
- ADD LOG FILE：添加日志文件。
- REMOVE FILE：从 SQL Server 的实例中删除逻辑文件说明并删除物理文件。除非文件为空，否则无法删除文件。
- MODIFY FILE：指定应修改的文件。一次只能更改一个<filespec>属性。必须在<filespec>中指定 NAME，以标识要修改的文件。如果指定了 SIZE，那么新大小必须比文件当前大小要大。
- MODIFY NAME：使用指定的名称重命名数据库。
- ADD FILEGROUP：向数据库中添加文件组。
- REMOVE FILEGROUP：从数据库中删除文件组。除非文件组为空，否则无法将其删除。

- MODIFY FILEGROUP：通过将状态设置为 READ_ONLY 或 READ_WRITE，将文件组设置为数据库的默认文件组或者更改文件组名称来修改文件组。

【例5.5】将test_db数据库的名称修改为company，输入语句如下：

```
ALTER DATABASE test_db MODIFY NAME=company
```

### 2. 修改表

修改表结构可以在已经定义的表中增加新的字段列或删除多余的字段。实现这些操作可以使用ALTER TABLE语句，其基本语法格式如下：

```
ALTER TABLE [ database_name . [ schema_name ] . ] table_name
{
ALTER
{
[COLUMN  column_name type_name  [column_constraints] ] [,...n]
}
| ADD
{
[ column_name1 typename [column_constraints],[table_constraint] ] [, ...n]
}
| DROP
{
[COLUMN column_name1] [, ...n]
}
}
```

- ALTER：修改字段属性。
- ADD：表示向表中添加新的字段列，后面可以跟多个字段的定义信息，多个字段之间使用逗号隔开。
- DROP：删除表中的字段，可以同时删除多个字段，多个字段之间使用逗号分隔开。

【例5.6】在更改过名称的company数据库中，向tb_emp1数据表中添加名称为birth的字段列，数据类型为date，要求非空，输入语句如下：

```
USE company
GO
ALTER TABLE tb_emp1 ADD  birth DATE NOT NULL
```

【例5.7】删除tb_emp1表中的birth字段列，输入语句如下：

```
USE company
GO
ALTER TABLE tb_emp1 DROP COLUMN birth
```

# 5.2 数据操作语言

数据操作语言（Data Manipulation Language，DML）可以用来帮助用户查询数据库及操作已有数据库中数据的语句，包括数据插入语句、数据更改语句、数据删除语句和数据查询语句等。本节将介绍这些内容。

## 5.2.1 数据的插入——INSERT

向已创建的数据表中插入记录，可以一次插入一条记录，也可以一次插入多条记录。插入表中的记录中的值必须符合各个字段值的数据类型及相应的约束。INSERT语句的基本语法格式如下：

```
INSERT INTO table_name ( column_list )
VALUES (value_list);
```

- table_name：指定要插入数据的表名。
- column_list：指定要插入数据的列。
- value_list：指定每个列对应插入的数据。

> **提示** 使用该语句时，字段列和数据值的数量必须相同，value_list中的这些值可以是DEFAULT、NULL或者表达式。其中，DEFAULT表示插入该列在定义时的默认值，NULL表示插入空值，表达式将插入表达式计算之后的结果。

在演示插入操作之前，将数据库的名称company重新修改为test_db，语句如下：

```
ALTER DATABASE company MODIFY NAME= test_db
```

准备一张数据表，这里定义名称为teacher的表，可以在test_db数据库中创建该数据表，创建表的语句如下：

```
CREATE  TABLE  teacher
(
  id INT  NOT NULL PRIMARY KEY,
  name VARCHAR(20) NOT NULL ,
  birthday DATE ,
  sex VARCHAR(4) ,
  cellphone VARCHAR(18)
);
```

执行操作后刷新表节点，即可看到新添加的teacher表。

【例5.8】向teacher表中插入一条新记录，输入语句如下：

```
INSERT INTO teacher VALUES(1, '张三', '1978-02-14', '男', '0018611')  --插入一条记录
SELECT * FROM teacher
```

执行语句后，结果如图5-2所示。

插入操作成功，可以从teacher表中查询出一条记录。

【例5.9】向teacher表中插入多条新记录，Transact-SQL代码如下：

```
SELECT * FROM teacher
INSERT INTO teacher
VALUES (2, '李四', '1978-11-21','女', '0018624') ,
(3, '王五','1976-12-05','男', '0018678') ,
(4, '赵纤','1980-6-5','女', '0018699') ;
SELECT * FROM teacher
```

执行结果如图5-3所示。

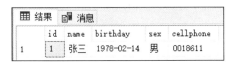

图 5-2　向 teacher 表中插入一条记录　　　　　图 5-3　向 teacher 表中插入多条记录

对比插入前后的查询结果，可以看到现在表中已经多了3条记录，插入操作成功。

## 5.2.2　数据的更改——UPDATE

表中有数据之后，接下来可以对数据进行更新操作，SQL Server使用UPDATE语句更新表中的记录，可以更新特定的行或者同时更新所有的行。UPDATE语句的基本语法结构如下：

```
UPDATE table_name
SET column_name1 = value1,column_name2=value2,...,column_nameN=valueN
WHERE search_condition
```

column_name1,column_name2,...,column_nameN 为 指 定 更 新 的 字 段 的 名 称 ；value1,value2,...,valueN为相对应的指定字段的更新值；condition指定更新的记录需要满足的条件。更新多个列时，每个"列=值"对之间用逗号隔开，最后一列之后不需要逗号。

### 1. 指定条件修改

【例5.10】在teacher表中，更新id值为2的记录，将birthday字段值改为'1980-08-08'，将cellphone字段值改为'0018600'，输入语句如下：

```
SELECT * FROM teacher WHERE id =1;
UPDATE teacher
SET birthday = '1980-08-08',cellphone='0018600' WHERE id = 1;
SELECT * FROM teacher WHERE id =1;
```

对比执行前后的结果如图5-4所示。

对比前后的查询结果，可以看到，更新指定记录成功。

### 2. 修改表中的所有记录

【例5.11】在teacher表中，将所有老师的电话都修改为'01008611'，输入语句如下：

```
SELECT * FROM teacher;
UPDATE teacher SET cellphone='01008611';
SELECT * FROM teacher;
```

代码执行后的结果如图5-5所示。

图 5-4　指定条件修改记录　　　　图 5-5　同时修改 teacher 表中所有记录的 cellphone 字段

由结果可以看到，现在表中所有记录的cellphone字段都有相同的值，修改操作成功。

## 5.2.3　数据的删除——DELETE

数据的删除将删除表中的部分或全部记录，删除时可以指定删除条件从而删除一条或多条记录。如果不指定删除条件，DELETE语句将删除表中所有的记录，清空数据表。DELETE语句的基本语法格式如下：

```
DELETE FROM table_name
[WHERE condition]
```

- table_name 为执行删除操作的数据表。
- WHERE 子句指定删除的记录要满足的条件。
- condition 为条件表达式。

### 1. 按指定条件删除一条或多条记录

【例5.12】删除teacher表中id等于1的记录，输入语句如下：

```
DELETE FROM teacher WHERE id=1;
SELECT * FROM teacher WHERE id=1;
```

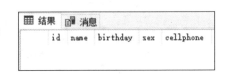

图 5-6　按指定条件删除一条记录

执行结果如图5-6所示。

由结果可以看到，代码执行之后，SELECT语句的查询结果为空，删除记录成功。

### 2. 删除表中的所有记录

使用不带WHERE子句的DELETE语句可以删除表中的所有记录。

【例5.13】删除teacher表中的所有记录，输入语句如下：

```
SELECT * FROM teacher;
DELETE  FROM teacher;
SELECT * FROM teacher;
```

执行结果如图5-7所示。

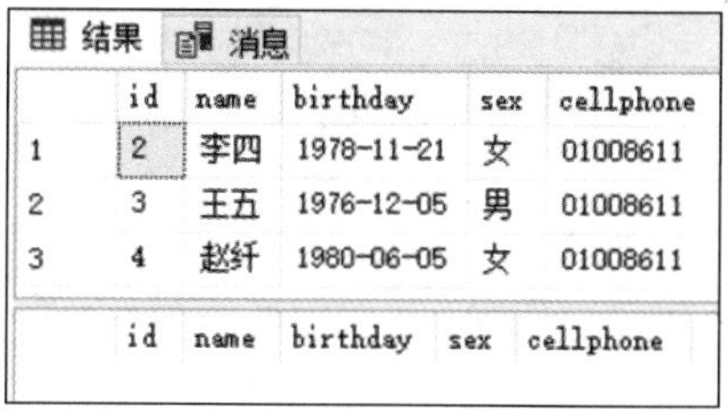

结果　消息

| | id | name | birthday | sex | cellphone |
|---|---|---|---|---|---|
| 1 | 2 | 李四 | 1978-11-21 | 女 | 01008611 |
| 2 | 3 | 王五 | 1976-12-05 | 男 | 01008611 |
| 3 | 4 | 赵纤 | 1980-06-05 | 女 | 01008611 |

| id | name | birthday | sex | cellphone |
|---|---|---|---|---|

图 5-7　删除表中的所有记录

对比删除前后的查询结果，可以看到，执行DELETE语句之后，表中的记录被全部删除，所以第二条SELECT语句的查询结果为空。

## 5.2.4　数据的查询——SELECT

对于数据库管理系统来说，数据查询是执行频率最高的操作，也是数据库中非常重要的部分。Transact-SQL中使用SELECT语句进行数据查询，SELECT语句的基本语法结构如下：

```
SELECT [ALL | DISTINCT] {* | <字段列表>}
FROM  table_name | view_name
[WHERE <condition>]
[GROUP BY <字段名>] [HAVING <expression> ]
[ORDER BY <字段名>] [ASC | DESC]
```

- ALL：指定在结果集中可以包含重复行。
- DISTINCT：指定在结果集中只能包含唯一行。对于 DISTINCT 关键字来说，NULL 值是相等的。
- {* | <字段列表>}：包含星号通配符和字段列表，“*”表示查询所有的字段，“字段列表”表示查询指定的字段，字段列至少包含一个字段名称，如果要查询多个字段，多个字段之间用逗号隔开，最后一个字段后不要加逗号。
- FROM table_name | view_name：表示查询数据的来源。table_name 表示从数据表中查询数据，view_name 表示从视图中查询。对于表和视图，在查询时均可指定单个或者多个。
- WHERE <condition>：指定查询结果需要满足的条件。
- GROUP BY <字段名>：该子句告诉 SQL Server 显示查询出来的数据时，按照指定的字段分组。
- [ORDER BY <字段名>]：该子句告诉 SQL Server 按什么样的顺序显示查询出来的数据，可以进行的排序有升序（ASC）和降序（DESC）。

为了演示本节介绍的内容，可以在指定的数据库中建立下面的数据表，并插入数据。

```
CREATE TABLE stu_info
(
  s_id     INT PRIMARY KEY,
  s_name  VARCHAR(40),
  s_score  INT,
```

```
    s_sex   CHAR(2) ,
    s_age   VARCHAR(90)
);
INSERT INTO stu_info
VALUES(1,'许三',98,'男',18),
(2,'张靓',70, '女',19),
(3,'王宝',25, '男',18),
(4,'马华',10, '男',20),
(5,'李岩',65, '女',18),
(6,'刘杰',88, '男',19);
```

执行语句后，查看stu_info表的数据，结果如图5-8所示。

图 5-8　创建 stu_info 表

### 1. 基本SELECT查询

【例5.14】查询stu_info表中的所有学生信息，输入语句如下：

```
SELECT * FROM stu_info;
```

执行结果如图5-9所示。

可以看到，使用星号（*）通配符时，将返回所有列，列按照定义表时的顺序显示。

### 2. 查询记录中的指定字段

有时并不需要数据表中的所有字段的值，此时可以指定需要查询的字段名称，这样不仅显示的结果更清晰，而且能提高查询的效率。

【例5.15】查询stu_info数据表中的学生的姓名和成绩，输入语句如下：

```
SELECT s_name, s_score FROM stu_info;
```

代码执行结果如图5-10所示。

| | s_id | s_name | s_score | s_sex | s_age |
|---|---|---|---|---|---|
| 1 | 1 | 许三 | 98 | 男 | 18 |
| 2 | 2 | 张靓 | 70 | 女 | 19 |
| 3 | 3 | 王宝 | 25 | 男 | 18 |
| 4 | 4 | 马华 | 10 | 男 | 20 |
| 5 | 5 | 李岩 | 65 | 女 | 18 |
| 6 | 6 | 刘杰 | 88 | 男 | 19 |

图 5-9　查询 stu_info 表中的所有学生信息　图 5-10　查询 stu_info 数据表中的学生的姓名和成绩字段

### 3. 在查询结果中使用表达式

【例5.16】不修改数据表，查询并显示所有学生的成绩降低5分后的结果，输入语句如下：

```
SELECT s_name, s_score, s_score -5 AS new_score FROM
stu_info;
```

代码执行结果如图5-11所示。

这里s_score-5表达式后面使用了AS关键字，该关键字表示为表达式列指定一个用于显示的字段名称，这里AS为一个可选参数，也可以不使用。

图 5-11　在查询结果中使用表达式

提示　这里的s_score-5表达式中的减号为英文状态下输入的符号，如果在中文状态下输入，运行将会报错。

### 4. 显示部分查询结果

当数据表中包含大量的数据时，可以通过指定显示记录数限制返回的结果集中的行数，方法是在SELECT语句中使用TOP关键字，其语法格式如下：

```
SELECT TOP [n | PERCENT] FROM table_name;
```

TOP后面有两个可选参数，n表示从查询结果集返回指定的n行，PERCENT表示从结果集中返回指定的百分比数目的行。

【例5.17】查询stu_info中所有的记录，但只显示前3条，输入语句如下：

```
SELECT TOP 3 * FROM stu_info;
```

代码执行结果如图5-12所示。

### 5. 带限定条件的查询

数据库中如果包含大量的数据，根据特殊要求，可能只需查询表中的指定数据，即对数据进行过滤。在SELECT 语句中通过WHERE子句对数据进行过滤。

【例5.18】查询stu_info表中所有性别为'男'的学生的信息，输入语句如下：

```
SELECT * FROM stu_info WHERE s_sex='男';
```

代码执行结果如图5-13所示。

图 5-12　返回 stu_info 表中的前 3 条记录

图 5-13　带限定条件的查询

85

由返回结果可以看到，返回了4条记录，这些记录有一个共同的特点，就是其s_sex字段值都为'男'。

相反地，可以使用关键字NOT来查询与条件范围相反的记录。

【例5.19】查询stu_info表中所有性别不为'男'的学生的信息，输入语句如下：

```
SELECT * FROM stu_info WHERE NOT  s_sex='男';
```

代码执行结果如图5-14所示。

可以看到，在返回的结果集中，所有记录的s_sex字段值非'男'，即查询女同学的信息。当然，这里只是为了说明NOT运算符的使用方法，读者也可以在WHERE子句中直接指定查询条件为s_sex='女'。

### 6. 带AND的多条件查询

使用SELECT查询时，可以增加查询的限制条件，这样可以使查询的结果更加精确。SQL Server在WHERE子句中使用AND操作符，限定必须满足所有查询条件的记录才会被返回。可以使用AND连接两个甚至多个查询条件，多个条件表达式之间用AND分开。

【例5.20】查询stu_info表中性别为'男'并且成绩大于80的学生信息，输入语句如下：

```
SELECT * FROM stu_info WHERE s_sex='男' AND s_score > 80;
```

代码执行结果如图5-15所示。

| | s_id | s_name | s_score | s_sex | s_age |
|---|---|---|---|---|---|
| 1 | 2 | 张靓 | 70 | 女 | 19 |
| 2 | 5 | 李岩 | 65 | 女 | 18 |

图 5-14　NOT 限定条件查询

| | s_id | s_name | s_score | s_sex | s_age |
|---|---|---|---|---|---|
| 1 | 1 | 许三 | 98 | 男 | 18 |
| 2 | 6 | 刘杰 | 88 | 男 | 19 |

图 5-15　带 AND 运算符的查询

返回查询结果中所有记录的s_sex字段值为'男'，其成绩都满足大于80，同时满足这里的查询条件。

### 7. 带OR的多条件查询

与AND相反，在WHERE声明中使用OR操作符，表示只需要满足其中一个条件的记录即可返回。OR也可以连接两个甚至多个查询条件，多个条件表达式之间用OR分开。

【例5.21】查询stu_info表中成绩高于80分或者年龄大于18岁的学生信息，输入语句如下：

```
SELECT * FROM stu_info WHERE s_score > 80 OR s_age>18;
```

代码执行结果如图5-16所示。

由返回结果可以看到，第1条和第4条记录满足WHERE子句中的第一个大于80分的条件，第2条和第3条记录虽然其s_score字段值不满足大于80分的条件，但是其s_age年龄字段满足WHERE子句中第二个年龄大于18岁的条件，因此也是符合查询条件的。

| | s_id | s_name | s_score | s_sex | s_age |
|---|---|---|---|---|---|
| 1 | 1 | 许三 | 98 | 男 | 18 |
| 2 | 2 | 张靓 | 70 | 女 | 19 |
| 3 | 4 | 马华 | 10 | 男 | 20 |
| 4 | 6 | 刘杰 | 88 | 男 | 19 |

图 5-16　带 OR 运算符的多条件查询

### 8. 使用LIKE运算符进行匹配查询

前面介绍的各种查询条件中，限定条件是确定的，但是有些时候，不能明确地指定查询的限定条件，此时可以使用LIKE运算符进行模式匹配查询，在查询时可以使用如表5-2所示的通配符。

表5-2　各种通配符的含义

| 通　配　符 | 说　明 |
| --- | --- |
| % | 包含零个或多个字符的任意字符串 |
| _（下画线） | 任意单个字符 |
| [ ] | 指定范围（[a~f]）或集合（[abcdef]）中的任意单个字符 |
| [^] | 不属于指定范围（[a~f]）或集合（[abcdef]）的任意单个字符 |

【例5.22】在stu_info数据表中，查询所有姓'马'的学生信息，输入语句如下：

```
SELECT * FROM stu_info WHERE s_name LIKE '马%'
```

代码执行结果如图5-17所示。

数据表中只有一条记录的s_name字段值以字符'马'开头，符合匹配字符串'马%'。

【例5.23】查询stu_info表中所有姓"张"、姓"王"、姓"李"的学生信息，输入语句如下：

```
SELECT * FROM stu_info WHERE s_name LIKE '[张王李]%'
```

代码执行结果如图5-18所示。

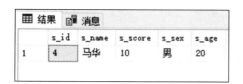

图 5-17　查询所有姓名以"马"开头的同学的记录

图 5-18　查询所有姓名以"张""王"或"李"开头的同学的记录

由返回结果可以看到，这里返回的3条记录的s_name字段值分别是以张、王或者李这3个姓中的某一个开头的，只要是以这3个姓开头的，不管后面还有多少个字符都是满足LIKE运算符中的匹配条件的。

### 9. 使用BETWEEN AND进行查询

BETWEEN AND运算符可以对查询值限定一个查询区间。

【例5.24】查询stu_info表中成绩大于50且小于90的学生信息，输入语句如下：

```
SELECT * FROM stu_info WHERE s_score BETWEEN 50 AND 90;
```

代码执行结果如图5-19所示。

由返回结果可以看到，这里3条记录的s_score字段的值都大于50且小于90，满足查询条件。

### 10. 对查询结果进行排序

在说明SELECT语句的语法时介绍了ORDER BY子句，使用该子句可以根据指定字段的值对查询的结果进行排序，并且可以指定排序方式（降序或者升序）。

**【例5.25】** 查询stu_info表中的所有学生信息，并按照成绩由高到低的顺序进行排序，输入语句如下：

```
SELECT * FROM stu_info ORDER BY s_score DESC;
```

代码执行结果如图5-20所示。

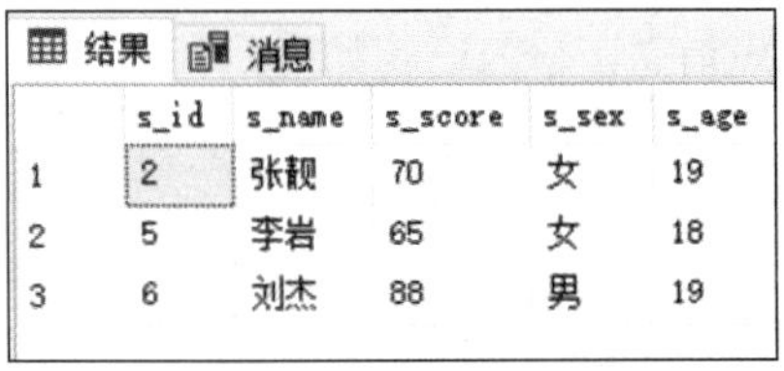

结果 消息

| | s_id | s_name | s_score | s_sex | s_age |
|---|---|---|---|---|---|
| 1 | 2 | 张靓 | 70 | 女 | 19 |
| 2 | 5 | 李岩 | 65 | 女 | 18 |
| 3 | 6 | 刘杰 | 88 | 男 | 19 |

图 5-19　使用 BETWEEN AND 运算符查询

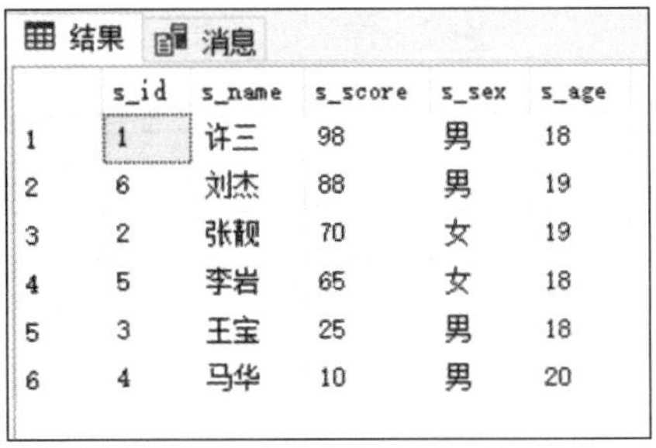

结果 消息

| | s_id | s_name | s_score | s_sex | s_age |
|---|---|---|---|---|---|
| 1 | 1 | 许三 | 98 | 男 | 18 |
| 2 | 6 | 刘杰 | 88 | 男 | 19 |
| 3 | 2 | 张靓 | 70 | 女 | 19 |
| 4 | 5 | 李岩 | 65 | 女 | 18 |
| 5 | 3 | 王宝 | 25 | 男 | 18 |
| 6 | 4 | 马华 | 10 | 男 | 20 |

图 5-20　对查询结果排序

查询结果中返回了stu_info表的所有记录，这些记录根据s_score字段的值进行了一个降序排列。ORDER BY子句也可以对查询结果进行升序排列，升序排列是默认的排序方式，在使用ORDER BY子句进行升序排列时，可以使用ASC关键字，也可以省略该关键字。读者可以对比这里的结果自己编写升序排列的代码。

# 5.3　数据控制语言

数据控制语言（Data Control Language，DCL）用来设置、更改用户或角色权限，包括GRANT、DENY、REVOKE等语句。

GRANT语句用来授予用户权限，REVOKE语句可用于删除已授予的权限，DENY语句可用于防止主体通过GRANT获得特定权限。默认状态下，只有sysadmin、dbcreater、db_owner、db_securityadmin等成员有权执行数据控制语句。

## 5.3.1　授予权限操作——GRANT

SQL Server服务器通过权限表来控制用户对数据库的访问。在数据库中添加一个新用户之后，该用户可以查询系统表的权限，而不具有操作数据库对象的任何权限。

GRANT语句可以授予对数据库对象的操作权限，这些数据库对象包括表、视图、存储过程、聚合函数等，允许执行的权限包括查询、更新、删除等。下面来看一个例题。

【例5.26】对名称为guest的用户进行授权，允许其对stu_info数据表执行更新和删除的操作，输入语句如下：

```
GRANT UPDATE,DELETE ON stu_info TO guest WITH GRANT OPTION
```

- UPDATE 和 DELETE 为允许被授予的操作权限。
- stu_info 为权限执行对象。
- guest 为被授予权限的用户名称。
- WITH GRANT OPTION 表示该用户还可以向其他用户授予其自身所拥有的权限。

这里只是对GRANT语句有了大概的了解，在后面的章节会详细介绍该语句的用法。

## 5.3.2　拒绝权限操作——DENY

出于某些安全性的考虑，可能不太希望让一些人来查看特定的表，此时可以使用DENY语句来禁止对指定表的查询操作，DENY可以被管理员用来禁止某个用户对一个对象的所有访问权限。

【例5.27】禁止guest用户对stu_info表的操作更新权限，输入语句如下：

```
DENY UPDATE ON stu_info TO guest CASCADE;
```

## 5.3.3　收回权限操作——REVOKE

既然可以授予用户权限，同样可以收回用户的权限，如收回用户的查询、更新或者删除权限。在Transact-SQL中可以使用REVOKE语句来实现收回权限的操作。

【例5.28】收回guest用户对stu_info表的删除权限，输入语句如下：

```
REVOKE DELETE ON stu_info FROM guest;
```

# 5.4　其他基本语句

Transact-SQL中除前面介绍的重要的数据定义、数据操作和数据控制语句外，还提供了其他的基本语句，以此来丰富Transact-SQL语句的功能。本节将介绍数据声明、数据赋值和数据输出语句。

## 5.4.1　数据声明——DECLARE

数据声明语句可以声明局部变量、游标变量、函数和存储过程等，除非在声明中提供值，否则声明之后所有变量将初始化为NULL。可以使用SET或SELECT语句对声明的变量赋值。DECLARE语句声明变量的基本语法格式如下：

```
DECLARE
{{ @local_variable [AS] data_type } | [ = value ] }[,...n]
```

- @ local_variable：变量的名称。变量名必须以@符号开头。

- data_type: 系统提供数据类型或用户定义的表类型或别名数据类型。变量的数据类型不能是 text、ntext 或 image。AS 指定变量的数据类型，为可选关键字。
- = value: 声明的同时为变量赋值。值可以是常量或表达式，但它必须与变量声明类型匹配，或者可隐式转换为该类型。

【例5.29】声明两个局部变量，名称为username和pwd，并为这两个变量赋值，输入语句如下：

```
DECLARE @username VARCHAR(20)
DECLARE @pwd VARCHAR(20)
SET    @username = 'newadmin'
SELECT @pwd = 'newpwd'
SELECT '用户名：'+@username +'  密码：'+@pwd
```

这里定义了两个变量，其中保存了用户名和验证密码，输出结果如图5-21所示。

代码中第一个SELECT语句用来对定义的局部变量@pwd赋值，第二个SELECT语句显示局部变量的值。

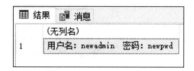

图 5-21　使用 DECLARE 声明局部变量

### 5.4.2　数据赋值——SET

SET命令用于对局部变量进行赋值，也可以用于执行SQL命令时设定SQL Server中的系统处理选项。SET赋值语句的语法格式如下：

```
SET {@local_variable = value | expression}
SET 选项 {ON | OFF}
```

第一条SET语句表示对局部变量赋值，value是一个具体的值，expression是一个表达式；第二条语句表示对执行SQL命令时的选项赋值，ON表示打开选项功能，OFF表示关闭选项功能。

SET语句可以同时对一个或多个局部变量赋值。

SELECT语句也可以为变量赋值，其语法格式与SET语句格式相似。

```
SELECT {@local_variable = value | expression}
```

> **提示**　在SELECT赋值语句中，当expression为字段名时，SELECT语句可以使用其查询功能返回多个值，但是变量保存的是最后一个值；如果SELECT语句没有返回值，则变量值不变。

【例5.30】查询stu_info表中的学生成绩，并将其保存到局部变量stuScore中，输入语句如下：

```
DECLARE @stuScore INT
SELECT s_score FROM stu_info
SELECT @stuScore = s_score FROM stu_info
SELECT @stuScore AS Lastscore
```

代码执行结果如图5-22所示。

由图5-22可以看到，SELECT语句查询的结果中最后一条记录的s_score字段值为88，给stuScore赋值之后，其显示值为88。

图 5-22　使用 SELECT 语句为
变量赋值

### 5.4.3　数据输出——PRINT

PRINT语句可以向客户端返回用户定义的信息,可以显示局部或全局变量的字符串值。其语法格式如下:

```
PRINT msg_str | @local_variable | string_expr
```

- msg_str: 一个字符串或 Unicode 字符串常量。
- @local_variable: 任何有效的字符数据类型的变量。它的数据类型必须为 char 或 varchar,或者必须能够隐式转换为这些数据类型。
- string_expr: 字符串的表达式,可包括串联的文字值、函数和变量。

【例5.31】定义字符串变量name和整数变量age,使用PRINT输出变量和字符串表达式值,输入语句如下:

```
DECLARE @name VARCHAR(10)='小明'
DECLARE @age INT = 21
PRINT '姓名    年龄'
PRINT @name+'    '+CONVERT(VARCHAR(20), @age)
```

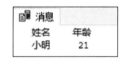

图 5-23　使用 PRINT 输出变量结果

代码执行结果如图5-23所示。

代码中第3行输出字符串常量值,第4行PRINT的输出参数为一个字符串串联表达式。

# 5.5　流程控制语句

到现在为止,介绍的Transact-SQL代码都是按照从上到下的顺序执行的,但是通过Transact-SQL中的流程控制语句,可以根据业务的需要改变代码的执行顺序,Transact-SQL中可以用来编写流程控制模块的语句有BEGIN...END语句、IF...ELSE语句、CASE语句、WHILE语句、GOTO语句、BREAKE语句、WAITFOR语句和RETURN语句。本节将分别介绍各种不同控制语句的用法。

### 5.5.1　BEGIN...END语句

语句块是多条Transact-SQL语句组成的代码段,从而可以执行一组Transact-SQL语句。BEGIN和END是控制流语言的关键字。BEGIN...END语句块通常包含在其他控制流程中,用来完成不同流程中有差异的代码功能。例如,对于IF...ELSE语句或执行重复语句的WHILE语句,如果不是有语句块,这些语句中只能包含一条语句,但是实际的情况可能需要复杂的处理过程。BEGIN...END语句块允许嵌套。

【例5.32】定义局部变量@count,如果@count值小于10,则执行WHILE循环操作中的语句块,输入语句如下:

```
DECLARE @count INT;
SELECT @count=0;
```

```
WHILE @count < 10
BEGIN
    PRINT 'count = ' + CONVERT(VARCHAR(8), @count)
    SELECT @count= @count +1
END
PRINT 'loop over count = ' + CONVERT(VARCHAR(8), @count);
```

代码执行结果如图5-24所示。

这段代码执行了一个循环过程，当局部变量@count值小于10的时候，执行WHILE循环内的PRINT语句打印输出当前@count变量的值，对@count执行加1操作之后回到WHILE语句，开始重复执行BEGIN...END语句块中的内容，直到@count的值大于或等于10，此时WHILE后面的表达式不成立，将不再执行循环。最后打印输出当前的@count值，结果为10。

图 5-24　BEGIN...END 语句块

### 5.5.2　IF...ELSE语句

IF...ELSE语句用于在执行一组代码之前进行条件判断，根据判断的结果执行不同的代码。IF...ELSE语句用于对布尔表达式进行判断，如果布尔表达式返回TRUE，则执行IF关键字后面的语句块；如果布尔表达式返回FALSE，则执行ELSE关键字后面的语句块。其语法格式如下：

```
IF Boolean_expression
{ sql_statement | statement_block }
[ ELSE
{ sql_statement | statement_block } ]
```

Boolean_expression是一个表达式，表达式计算的结果为逻辑真值（TRUE）或假值（FALSE）。当条件成立时，执行某段程序；当条件不成立时，执行另一段程序。IF...ELSE语句可以嵌套使用。

【例5.33】IF...ELSE流程控制语句的使用，输入语句如下：

```
DECLARE @age INT;
SELECT @age=40
IF  @age <30
    PRINT 'This is a young man!'
ELSE
    PRINT 'This is an old man!'
```

代码执行结果如图5-25所示。

由结果可以看到，变量@age值为40，大于30，因此表达式@age<30不成立，返回结果为逻辑假值（FALSE），所以执行第6行的PRINT语句，输出结果为字符串"This is an old man!"。

图 5-25　IF...ELSE 流程控制语句

### 5.5.3　CASE语句

CASE是多条件分支语句，相比IF...ELSE语句，CASE语句进行分支流程控制可以使代码更加清晰，易于理解。CASE语句也根据表达式逻辑值的真假来决定执行的代码流程，CASE语句有以两种格式。

### 1. 格式1

```
CASE input_expression
    WHEN when_expression1 THEN result_expression1
    WHEN when_expression2 THEN result_expression2
    [ ...n ]
    [    ELSE else_result_expression   ]
END
```

在第一种格式中，CASE语句在执行时，将CASE后的表达式的值与各WHEN子句的表达式值相比较，如果相等，则执行THEN后面的表达式或语句，然后跳出CASE语句；否则，返回ELSE后面的表达式。

**【例5.34】**使用CASE语句根据学生姓名来判断各个学生在班级的职位，输入语句如下：

```
USE test_db
SELECT s_id,s_name,
CASE s_name
   WHEN '马华' THEN '班长'
   WHEN '许三' THEN '学习委员'
   WHEN '刘杰' THEN '体育委员'
   ELSE '无'
END
AS '职位'
FROM stu_info
```

代码执行结果如图5-26所示。

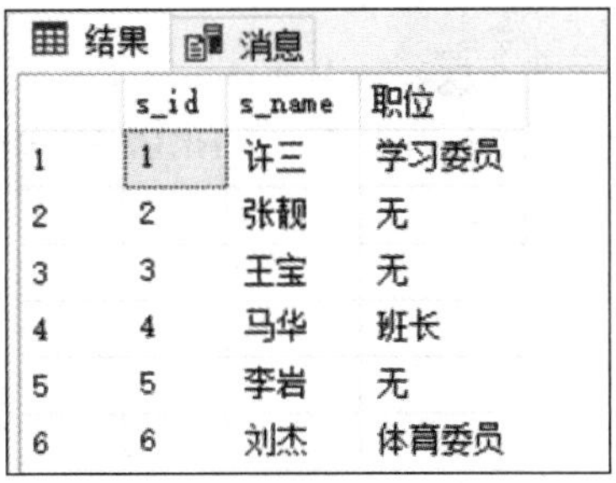


| | s_id | s_name | 职位 |
|---|---|---|---|
| 1 | 1 | 许三 | 学习委员 |
| 2 | 2 | 张靓 | 无 |
| 3 | 3 | 王宝 | 无 |
| 4 | 4 | 马华 | 班长 |
| 5 | 5 | 李岩 | 无 |
| 6 | 6 | 刘杰 | 体育委员 |

图 5-26　使用 CASE 语句对学生职位进行判断

### 2. 格式2

```
CASE
    WHEN Boolean_expression1 THEN result_expression1
    WHEN Boolean_expression2 THEN result_expression2
    [ ...n ]
    [    ELSE else_result_expression      ]
END
```

在格式2中，CASE关键字后面没有表达式，多个WHEN子句中的表达式依次执行，如果表达式结果为真，则执行相应THEN关键字后面的表达式或语句，执行完毕之后跳出CASE语句。如果所有WHEN语句都为FALSE，则执行ELSE子句中的语句。

【例5.35】使用CASE语句对考试成绩进行评定，输入语句如下：

```
SELECT s_id,s_name,s_score,
CASE
    WHEN s_score > 90 THEN '优秀'
    WHEN s_score > 80 THEN '良好'
    WHEN s_score > 70 THEN '一般'
    WHEN s_score > 60 THEN '及格'
    ELSE '不及格'
END
AS '评价'
FROM stu_info
```

代码执行结果如图5-27所示。

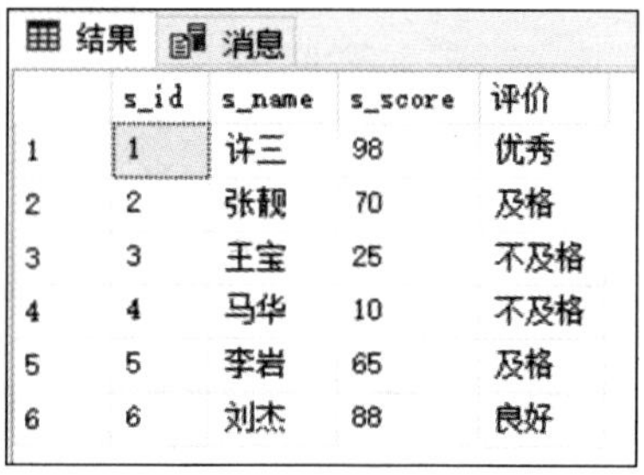

| | s_id | s_name | s_score | 评价 |
|---|---|---|---|---|
| 1 | 1 | 许三 | 98 | 优秀 |
| 2 | 2 | 张靓 | 70 | 及格 |
| 3 | 3 | 王宝 | 25 | 不及格 |
| 4 | 4 | 马华 | 10 | 不及格 |
| 5 | 5 | 李岩 | 65 | 及格 |
| 6 | 6 | 刘杰 | 88 | 良好 |

图 5-27　使用 CASE 语句对考试成绩进行评价

## 5.5.4　WHILE语句

WHILE语句根据条件重复执行一条或多条Transact-SQL代码，只要条件表达式为真，就循环执行语句。在WHILE语句中，可以通过CONTINUE或者BREAK语句跳出循环。WHILE语句的基本语法格式如下：

```
WHILE Boolean_expression
{ sql_statement | statement_block }
[ BREAK | CONTINUE ]
```

- Boolean_expression：返回 TRUE 或 FALSE 的表达式。如果布尔表达式中含有 SELECT 语句，则必须用括号将 SELECT 语句括起来。
- {sql_statement | statement_block}：Transact-SQL 语句或用语句块定义的语句分组。若要定义语句块，则需要使用控制流关键字 BEGIN 和 END。
- BREAK：导致从最内层的 WHILE 循环中退出，将执行出现在 END 关键字（循环结束的标记）后面的任何语句。
- CONTINUE：使 WHILE 循环重新开始执行，忽略 CONTINUE 关键字后面的任何语句。

【例5.36】WHILE循环语句的使用，输入语句如下：

```
DECLARE @num INT;
SELECT @num=10;
WHILE @num > -1
BEGIN
```

```
    If @num > 5
      BEGIN
        PRINT '@num 等于' +CONVERT(VARCHAR(4), @num)+ '大于5 循环继续执行';
        SELECT @num = @num - 1;
        CONTINUE;
      END
    else
      BEGIN
        PRINT '@num 等于'+ CONVERT(VARCHAR(4), @num);
        BREAK;
      END
END
PRINT '循环终止之后@num 等于' + CONVERT(VARCHAR(4), @num);
```

这段代码的执行过程如图5-28所示。

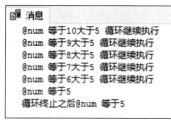

图 5-28　WHILE 循环语句中的语句块嵌套

## 5.5.5　GOTO语句

GOTO语句表示将执行流更改到标签处，跳过GOTO后面的Transact-SQL语句，并从标签位置继续处理。GOTO语句和标签可在过程、批处理或语句块中的任何位置使用。GOTO语句的语法格式如下。

定义标签名称，使用GOTO语句跳转时，要指定跳转标签名称：

```
label:
```

使用GOTO语句跳转到标签处：

```
GOTO label
```

【例5.37】GOTO语句的使用，输入语句如下：

```
USE test_db;
BEGIN
SELECT s_name FROM stu_info;
GOTO jump
SELECT s_score FROM stu_info;
jump:
PRINT '第二条SELECT语句没有执行';
END
```

代码执行结果如图5-29所示。

图 5-29　GOTO 语句

### 5.5.6　WAITFOR语句

WAITFOR语句用来暂时停止程序的执行，直到所设定的等待时间已过或所设定的时刻快到，才继续往下执行。延迟时间和时刻的格式为HH:MM:SS。在WAITFOR语句中不能指定日期，并且时间长度不能超过24小时。WAITFOR语句的语法格式如下：

```
WAITFOR
{
   DELAY 'time_to_pass'
 | TIME 'time_to_execute'
 | [ ( receive_statement ) | ( get_conversation_group_statement ) ]
   [ , TIMEOUT timeout ]
}
```

- DELAY：指定可以继续执行批处理、存储过程或事务之前必须经过的指定时段，最长可为 24 小时。
- TIME：指定运行批处理、存储过程或事务的时间点。只能使用 24 小时制的时间值，最大延迟为一天。

【例5.38】延迟10s后执行SET语句，输入语句如下：

```
DECLARE @name VARCHAR(50);
SET @name='admin';
BEGIN
WAITFOR DELAY '00:00:10';
PRINT @name;
END;
```

代码执行结果如图5-30所示。

这段代码为@name赋值后，并不能立刻显示该变量的值，延迟10s后，将看到输出结果。

图 5-30　WAITFOR 语句

### 5.5.7　RETURN语句

RETURN表示从查询或过程中无条件退出。RETURN的执行是即时且完全的，可在任何时候用于从过程、批处理或语句块中退出。RETURN之后的语句是不执行的。其语法格式如下：

```
RETURN [ integer_expression ]
```

integer_expression为返回的整数值。存储过程可向执行调用的过程或应用程序返回一个整数值。

> ⚙+提示　除非另有说明，所有系统存储过程均返回0。此值表示成功，而非零值则表示失败。RETURN语句不能返回空值。

# 5.6　批处理语句

批处理是从应用程序发送到SQL Server并得以执行的一条或多条Transact-SQL语句。使用批处理时，有以下注意事项：

（1）一个批处理中只要存在一处语法错误，整个批处理都无法编译通过。

（2）批处理中可以包含多个存储过程，但除第一个过程外，其他存储过程前面都必须使用EXECTUE关键字。

（3）有些特殊的SQL指令不能和别的SQL语句共存在一个批处理中，如CREATE TABLE和CREATE VIEW语句。这些语句只能独自存在于一个单独的存储过程中。

（4）所有的批处理使用GO作为结束的标志，当编译器读到GO的时候就把GO前面的所有语句当成一个批处理，然后打包成一个数据包发给服务器。

（5）GO本身不是Transact-SQL的组成部分，只是一个用于表示批处理结束的前端指令。

CREATE DEFAULT、CREATE FUNCTION、CREATE PROCEDURE、CREATE RULE、CREATE SCHEMA、CREATE TRIGGER和CREATE VIEW语句不能在批处理中与其他语句组合使用。批处理必须以CREATE语句开头，所有跟在该批处理后的其他语句将被解释为第一个CREATE语句定义的一部分。

如果EXECUTE语句是批处理中的第一句，则不需要EXECUTE关键字。如果EXECUTE语句不是批处理中的第一条语句，则需要EXECUTE关键字。

（1）不能在定义一个CHECK约束之后，在同一个批处理中使用。

（2）不能在修改表的一个字段之后，立即在同一个批处理中引用这个字段。

（3）使用SET语句设置的某些选项值不能应用于同一个批处理中的查询。

在编写批处理程序时，最好能够以分号结束相关的语句。数据库虽然不强制要求，但是笔者还是强烈建议如此处理。一方面这有利于提高批处理程序的可读性。批处理程序往往用来完成一些比较复杂的成套的功能，而每条语句则用来完成一项独立的功能。此时，为了提高其可读性，最好能够利用分号来进行语句与语句之间的分隔。二是与未来版本的兼容性。SQL Server数据库在设计的时候，一开始这方面就把关不严。现在大部分的标准程序编辑器都实现了类似的强制控制。根据现在微软官方提供的资料来看，在以后的SQL Server数据库版本中，这个规则可能会成为一个强制执行的规则，即必须在每条语句后面利用分号来进行分隔。为此，为了能够跟后续的SQL Server数据库版本进行兼容，最好从现在开始就采用分号来分隔批处理程序中的每条语句。

SQL Server提供了语句级重新编译功能。也就是说，如果一条语句触发了重新编译，则只重新编译该语句而不是整个批处理程序。此行为与SQL Server 2000不同。下面来看一下例子，在同一个批处理程序中包含1条CREATE TABLE语句和3条INSERT语句。

```
CREATE TABLE dbo.t3(a int) ;
INSERT INTO dbo.t3 VALUES (1) ;
INSERT INTO dbo.t3 VALUES (1,1) ;
INSERT INTO dbo.t3 VALUES (3) ;
GO
SELECT * FROM dbo.t3 ;
```

在SQL Server 2022之前的版本中，首先对批处理进行编译。对CREATE TABLE语句进行编译，但由于表dbo.t3尚不存在，因此未编译INSERT语句。然后，批处理开始执行。表已创建。编译第一条INSERT语句，然后立即执行。表现在有一行。然后，编译第二条INSERT语句。编译失败，批处理终止。SELECT语句返回一行。

而在SQL Server 2022中，批处理开始执行，同时创建表。逐一编译3条INSERT语句，但不执行。因为第二条INSERT语句会导致一个编译错误，因此整个批处理都将终止。SELECT语句未返回任何行。

# 第 6 章
# 认 识 函 数

SQL Server 提供了众多功能强大、方便易用的函数。使用这些函数可以极大地提高用户对数据库的管理。SQL Server 中的函数从功能方面主要分为以下几类：字符串函数、数学函数、数据类型转换函数、文本和图像函数、日期和时间函数、系统函数等。本章将介绍 SQL Server 中的这些函数的功能和用法。

## 6.1　字符串函数

函数表示对输入参数值返回一个具有特定关系的值，SQL Server提供了大量丰富的函数，在进行数据库管理以及数据的查询和操作时将会经常用到各种函数。通过对数据的处理，数据库的功能可以变得更加强大，更加灵活地满足不同用户的需求。

字符串函数用于对字符和二进制字符串进行各种操作，它们通常返回对字符数据进行操作所需要的值。大多数字符串函数只能用于char、nchar、varchar和nvarchar数据类型，或隐式转换为上述数据类型。有些字符串函数还可用于binary和varbinary数据类型。字符串函数可以用在SELECT或者WHERE语句中。本节将介绍各种字符串函数的功能和用法。

### 6.1.1　CHAR()函数

CHAR(integer_expression)函数用于将整数类型的ASCII值转换为对应的字符，integer_expression是一个介于0和255之间的整数。如果该整数表达式不在此范围内，将返回NULL值。

【例6.1】查看ASCII值115和49对应的字符，输入语句如下：

```
SELECT CHAR(115), CHAR(49);
```

执行结果如图6-1所示。

图 6-1　CHAR()函数

## 6.1.2　LEFT()函数

LEFT(character_expression, integer_expression)函数用于返回字符串左边开始指定个数的字符串、字符或二进制数据表达式。character_expression是字符串表达式，可以是常量、变量或字段。integer_expression为正整数，指定character_expression将返回的字符数。

【例6.2】使用LEFT()函数返回字符串左边的字符，输入语句如下：

```
SELECT  LEFT('football', 4);
```

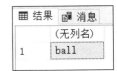

图 6-2　LEFT()函数

执行结果如图6-2所示。函数返回字符串"football"左边开始的长度为4的子字符串，结果为"foot"。

## 6.1.3　RIGHT()函数

与LEFT()函数相反，RIGHT(character_expression,integer_expression)函数返回字符串character_expression最右边integer_expression个字符。

【例6.3】使用RIGHT()函数返回字符串右边的字符，输入语句如下：

```
SELECT  RIGHT('football', 4);
```

执行结果如图6-3所示。函数返回字符串"football"右边开始的长度为4的子字符串，结果为"ball"。

图 6-3　RIGHT()函数

## 6.1.4　LTRIM()函数

LTRIM(character_expression)函数用于去除字符串左边多余的空格。字符数据表达式character_expression是一个字符串表达式，可以是常量、变量，也可以是字符字段或二进制数据列。

【例6.4】使用LTRIM()函数删除字符串左边的空格，输入语句如下：

```
SELECT '(' + ' book ' + ')', '(' + LTRIM (' book ') + ')';
```

执行结果如图6-4所示。

对比两个值，LTRIM()函数只删除字符串左边的空格，右边的空格不会被删除，"  book  "删除左边空格之后的结果为"book  "。

| （无列名） | （无列名） |
| --- | --- |
| （  book  ） | (book  ) |

图 6-4　LTRIM()函数

## 6.1.5　RTRIM()函数

RTRIM(character_expression)函数用于去除字符串右边多余的空格。字符数据表达式character_expression是一个字符串表达式，可以是常量、变量，也可以是字符字段或二进制数据列。

【例6.5】使用RTRIM()函数删除字符串右边的空格，输入语句如下：

```
SELECT '(' + ' book ' + ')', '(' + RTRIM (' book ') + ')';
```

执行结果如图6-5所示。对比两个值，RTRIM只删除字符串右边的空格，左边的空格不会被删除，" book " 删除右边空格之后的结果为 " book"。

图 6-5 RTRIM 函数

### 6.1.6 STR()函数

STR(float_expression [ , length [ , decimal ] ])函数用于将数值数据转换为字符数据。float_expression是一个带小数点的近似数字（float）数据类型的表达式。length表示总长度。它包括小数点、符号、数字以及空格。默认值为10。decimal指定小数点后的位数。decimal必须小于或等于16。如果decimal大于16，则会截断结果，使其保持为小数点后有16位。

【例6.6】使用STR()函数将数字数据转换为字符数据，输入语句如下：

```
SELECT STR(3141.59,6,1), STR(123.45, 2, 2);
```

执行结果如图6-6所示。第一条语句6个数字和一个小数点组成的数值3141.59转换为长度为6的字符串，数字的小数部分舍入为一个小数位。第二条语句中的表达式超出指定的总长度时，返回的字符串为指定长度的两个星号**。

图 6-6 STR()函数

### 6.1.7 REVERSE()函数

REVERSE(s)函数用于将字符串s反转，返回的字符串的顺序和字符串s的顺序相反。

【例6.7】使用REVERSE()函数反转字符串，输入语句如下：

```
SELECT REVERSE('abc');
```

执行结果如图6-7所示。由结果可以看到，字符串 "abc" 经过REVERSE()函数处理之后，所有字符串顺序被反转，结果为 "cba"。

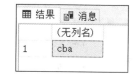

图 6-7 REVERSE()函数

### 6.1.8 LEN()函数

LEN(str)函数用于返回字符表达式中的字符数。如果字符串中包含前导空格和尾随空格，则该函数会将它们包含在计数内。LEN()函数对相同的单字节和双字节字符串返回相同的值。

【例6.8】使用LEN()函数计算字符串长度，输入语句如下：

```
SELECT LEN ('no'), LEN('日期'),LEN(12345);
```

执行结果如图6-8所示。可以看到，LEN()函数在对待英文字符和汉字字符时，返回的字符串长度是相同的。一个汉字也算作一个字符。LEN()函数在处理纯数字时也将其当作字符串，但是使用纯数字时可以不使用引号。

图 6-8 LEN()函数

### 6.1.9  CHARINDEX()函数

CHARINDEX(str1,str,[start])函数用于返回子字符串str1在字符串str中的开始位置，start为搜索的开始位置，如果指定start参数，则从指定位置开始搜索；如果不指定start参数或者指定为0或者为负值，则从字符串开始位置搜索。

【例6.9】使用CHARINDEX()函数查找字符串中指定子字符串的开始位置，输入语句如下：

```
SELECT CHARINDEX('a','banana'), CHARINDEX('a','banana',4),CHARINDEX('na',
'banana',4);
```

执行结果如图6-9所示。

CHARINDEX('a','bananan')用于返回字符串'banana'中子字符串'a'第一次出现的位置，结果为2；CHARINDEX('a','banana',4)用于返回字符串'banana'中从第4个位置开始的子字符串'a'的位置，结果为4；CHARINDEX('na', 'banana',4)用于返回从第4个位置开始的子字符串'na'第一次出现的位置，结果为5。

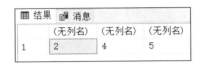

图 6-9  CHARINDEX()函数

### 6.1.10  SUBSTRING()函数

SUBSTRING(value_expression ,start_expression , length_expression)函数用于返回字符表达式、二进制表达式、文本表达式或图像表达式的一部分。

- value_expression 是 character、binary、text、ntext 或 image 表达式。
- start_expression 指定返回字符的起始位置的整数或表达式。如果 start_expression 小于 0，则会生成错误并终止语句。如果 start_expression 大于值表达式中的字符数，将返回一个零长度的表达式。
- length_expression 是正整数或指定要返回的 value_expression 的字符数的表达式。如果 length_expression 是负数，则会生成错误并终止语句。如果 start_expression 与 length_expression 的总和大于 value_expression 中的字符数，则返回整个值表达式。

【例6.10】使用SUBSTRING()函数获取指定位置处的子字符串，输入语句如下：

```
SELECT  SUBSTRING('breakfast',1,5) ,SUBSTRING('breakfast', LEN('breakfast')/2,
LEN('breakfast'));
```

执行结果如图6-10所示。

第一条语句返回字符串从第一个位置开始长度为5的子字符串，结果为"break"。第二条语句返回整个字符串的后半段子字符串，结果为"akfast"。

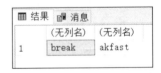

图 6-10  SUBSTRING()函数

### 6.1.11  LOWER()函数

LOWER(character_expression)函数用于将大写字符数据转换为小写字符数据后返回字符表达式。character_expression用于指定要进行转换的字符串。

【例6.11】使用LOWER()函数将字符串中所有字母字符转换为小写，输入语句如下：

图 6-11　LOWER()函数

```sql
SELECT LOWER('BEAUTIFUL'), LOWER('Well');
```

执行结果如图6-11所示。

由结果可以看到，经过LOWER()函数转换之后，大写字母都变成了小写，小写字母保持不变。

## 6.1.12　UPPER()函数

UPPER(character_expression)函数用于将小写字符数据转换为大写字符数据后返回字符表达式。character_expression用于指定要进行转换的字符串。

【例6.12】使用UPPER()函数或者UCASE()函数将字符串中的所有字母字符转换为大写，输入语句如下：

图 6-12　UPPER()函数

```sql
SELECT UPPER('black'), UPPER ('BLacK');
```

执行结果如图6-12所示。

由结果可以看到，经过UPPER()函数转换之后，小写字母都变成了大写，大写字母保持不变。

## 6.1.13　REPLACE(s,s1,s2)函数

REPLACE(s,s1,s2)函数使用字符串s2替代字符串s中所有的字符串s1。

【例6.13】使用REPLACE()函数进行字符串替代操作，输入语句如下：

图 6-13　REPLACE()函数

```sql
SELECT REPLACE('xxx.sqlserver2022.com', 'x', 'w');
```

执行结果如图6-13所示。

REPLACE('xxx.sqlserver2022.com', 'x', 'w')函数用于将"xxx.sqlserver2022.com"字符串中的'x'字符替换为'w'字符，结果为"www.sqlserver2022.com"。

# 6.2　数 学 函 数

数学函数主要用来处理数值数据，主要的数学函数有绝对值函数、三角函数（包括正弦函数、余弦函数、正切函数、余切函数等）、对数函数、随机数函数等。在有错误产生时，数学函数将会返回空值（NULL）。本节将介绍各种数学函数的功能和用法。

## 6.2.1　ABS(x)函数和PI()函数

ABS(X)函数用于返回X的绝对值。

【例6.14】求2、−3.3和−33的绝对值，输入语句如下：

```
SELECT ABS(2), ABS(-3.3), ABS(-33);
```

执行结果如图6-14所示。

图6-14　ABS()函数

正数的绝对值为其本身，例如2的绝对值为2；负数的绝对值为其相反数，例如−3.3的绝对值为3.3，−33的绝对值为33。

PI()函数用于返回圆周率π的值，默认显示的小数位数是6位。

【例6.15】返回圆周率值，输入语句如下：

```
SELECT  pi();
```

执行结果如图6-15所示。

图6-15　PI()函数

## 6.2.2　SQRT(x)函数

SQRT(x)函数用于返回非负数x的二次方根。

【例6.16】求9和40的二次平方根，输入语句如下：

```
SELECT SQRT(9), SQRT(40);
```

执行结果如图6-16所示。

图6-16　SQRT()函数

## 6.2.3　获取随机数的函数RAND()和RAND(x)

RAND(x)函数用于返回一个随机浮点值v，范围在0和1之间（即0≤v≤1.0）。若指定一个整数参数x，则它被用作种子值，使用相同的种子数将产生重复序列。如果用同一种子值多次调用RAND()函数，它将返回同一生成值。

【例6.17】使用RAND()函数产生随机数，输入语句如下：

```
SELECT RAND(),RAND(),RAND();
```

执行结果如图6-17所示。可以看到，不带参数的RAND()函数每次产生的随机数值是不同的。

图6-17　不带参数的 RAND()函数

【例6.18】使用RAND(x)函数产生随机数，输入语句如下：

```
SELECT RAND(10),RAND(10),RAND(11);
```

执行结果如图6-18所示。

图6-18　带参数的 RAND()函数

可以看到，当RAND(x)函数的参数相同时，将产生相同的随机数，不同的x产生的随机数值不同。

## 6.2.4 四舍五入函数ROUND(x,y)

ROUND(x,y)函数用于返回最接近参数x的数，其值保留到小数点后面y位，若y为负值，则将保留x值到小数点左边y位。

【例6.19】使用ROUND(x,y)函数对操作数进行四舍五入操作，结果保留小数点后面指定y位，输入语句如下：

```
SELECT ROUND(1.38, 1), ROUND(1.38, 0), ROUND(232.38, -1), ROUND(232.38,-2);
```

执行结果如图6-19所示。

图6-19　ROUND()函数

ROUND(1.38, 1)保留小数点后面1位，四舍五入的结果为1.4；ROUND(1.38, 0)保留小数点后面0位，即返回四舍五入后的整数值；ROUND(232.38, -1)和ROUND (232.38,-2)分别保留小数点左边1位和2位。

## 6.2.5 符号函数SIGN(x)

SIGN(x)函数返回参数的符号，x的值为负、零或正时，返回结果依次为-1、0或1。

【例6.20】使用SIGN()函数返回参数的符号，输入语句如下：

```
SELECT SIGN(-21),SIGN(0), SIGN(21);
```

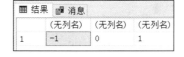

执行结果如图6-20所示。

图6-20　SIGN()函数

SIGN(-21)返回-1，SIGN(0)返回0，SIGN(21)返回1。

## 6.2.6 获取整数的函数CEILING(x)和FLOOR(x)

CEILING(x)函数用于返回不小于x的最小整数。

【例6.21】使用CEILING()函数返回最小整数，输入语句如下：

```
SELECT  CEILING (-3.35),CEILING(3.35);
```

执行结果如图6-21所示。

-3.35为负数，不小于-3.35的最小整数为-3，因此返回值为-3；不小于3.35的最小整数为4，因此返回值为4。

图6-21　CEILING()函数

FLOOR(x)返回不大于x的最大整数。

【例6.22】使用FLOOR()函数返回最大整数，输入语句如下：

```sql
SELECT FLOOR(-3.35), FLOOR(3.35);
```

执行结果如图6-22所示。

-3.35为负数，不大于-3.35的最大整数为-4，因此返回值为-4；不大于3.35的最大整数为3，因此返回值为3。

图 6-22　FLOOR()函数

### 6.2.7　幂运算函数POWER(x,y)、SQUARE (x)和EXP(x)

POWER(x,y)函数用于返回x的y次方的结果值。

【例6.23】使用POWER()函数进行乘方运算，输入语句如下：

```sql
SELECT POWER(2,2), POWER(2.00,-2);
```

执行结果如图6-23所示。

可以看到，POWER(2,2)返回2的2次方，结果为4；POWER(2,-2)返回2的-2次方，结果为4的倒数，即0.25。

SQUARE(x)返回指定浮点值x的平方。

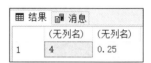

图 6-23　POWER()函数

【例6.24】使用SQUARE()函数进行平方运算，输入语句如下：

```sql
SELECT SQUARE (3), SQUARE (-3), SQUARE (0);
```

图 6-24　SQUARE()函数

执行结果如图6-24所示。

EXP(x)返回e的x乘方的值。

【例6.25】使用EXP()函数计算e的乘方，输入语句如下：

```sql
SELECT EXP(3),EXP(-3),EXP(0);
```

执行结果如图6-25所示。

图 6-25　EXP()函数

EXP(3)返回以e为底的3次方，结果为20.085536923187；EXP(-3)返回以e为底的-3次方，结果为0.0497870683678639；EXP(0)返回以e为底的0次方，结果为1。

### 6.2.8　对数运算函数LOG(x)和LOG10(x)

LOG(x)函数用于返回x的自然对数，即x相对于基数e的对数。

【例6.26】使用LOG()函数计算自然对数，输入语句如下：

```sql
SELECT LOG(3), LOG(6);
```

执行结果如图6-26所示。

对数定义域不能为负数。

LOG10(x)返回x以10为基数的对数。

图6-26 LOG()函数

【例6.27】使用LOG10()函数计算以10为基数的对数，输入语句如下：

```sql
SELECT LOG10(1), LOG10(100), LOG10(1000);
```

执行结果如图6-27所示。

图6-27 LOG10()函数

由于10的0次方等于1，因此LOG10(1)的返回结果为0。由于10的2次方等于100，因此LOG10(100)的返回结果为2。由于10的3次方等于1000，因此LOG10(1000)的返回结果为3。

### 6.2.9 角度与弧度相互转换的函数RADIANS(x)和DEGREES(x)

RADIANS(x)函数用于将参数x由角度转换为弧度。

【例6.28】使用RADIANS()函数将角度转换为弧度，输入语句如下：

```sql
SELECT RADIANS(90.0),RADIANS(180.0);
```

执行结果如图6-28所示。

图6-28 RADIANS()函数

DEGREES(x)将参数x由弧度转换为角度。

【例6.29】使用DEGREES()函数将弧度转换为角度，输入语句如下：

```sql
SELECT DEGREES(PI()), DEGREES(PI() / 2);
```

图6-29 DEGREES()函数

执行结果如图6-29所示。

# 6.3 数据类型转换函数

在同时处理不同数据类型的值时，SQL Server一般会自动进行隐式类型转换。对于数据类型相近的数值是有效的，比如int和float，但是对于其他数据类型，例如整型和字符型数据，隐式转换就无法实现了，此时必须使用显式转换。为了实现这种转换，Transact-SQL提供了两个用于显式转换的函数，分别是CAST()函数和CONVERT()函数。

CAST(x AS type)函数和CONVERT(type ,x)函数用于将一个类型的值转换为另一个类型的值。

【例6.30】使用CAST()函数和CONVERT()函数进行数据类型的转换，输入语句如下：

```
SELECT CAST('240331' AS DATE), CAST(100 AS CHAR(3)), CONVERT(TIME,'2020-05-01
12:11:10');
```

执行结果如图6-30所示。

图6-30　CAST()函数和CONVERT()函数

可以看到，CAST('240331' AS DATE)将字符串值转换为相应的日期值；CAST(100 AS CHAR(3))将整数数据100转换为带有3个显示宽度的字符串类型，结果为字符串"100"；CONVERT('2020-05-01　12:11:10',TIME)将datetime类型的值转换为time类型的值，结果为"12:11:10.0000000"。

# 6.4　文本和图像函数

文本和图像函数用于对文本或图像输入值或字段进行操作，并提供有关该值的基本信息。Transact-SQL中常用的文本函数有两个，即TEXTPTR()函数和TEXTVALID()函数。

## 6.4.1　TEXTPTR()函数

TEXTPTR(column)函数用于返回对应varbinary格式的text、ntext或者image字段的文本指针值。查找到的文本指针值可应用于READTEXT、WRITETEXT和UPDATETEXT语句。其中参数column是一个数据类型为text、ntext或者image的字段列。

【例6.31】查询t1表中c2字段的16字节文本指针，输入语句如下：

首先创建数据表t1，c2字段为text类型，Transact-SQL代码如下：

```
CREATE TABLE t1 (c1 int, c2 text)
INSERT t1 VALUES ('1', 'This is text.')
```

使用TEXTPTR()函数查询t1表中c2字段的16字节文本指针。

```
SELECT c1,TEXTPTR(c2) FROM t1 WHERE c1 = 1
```

执行结果如图6-31所示。

图6-31　TEXTPTR()函数

该语句的返回值为比如0xFFFF7317000000002002000001000000的记录集。

### 6.4.2 TEXTVALID()函数

TEXTVALID('table.column', text_ptr)函数用于检查特定文本指针是否为有效的text、ntext或image函数。table.column为指定数据表和字段,text_ptr为要检查的文本指针。

【例6.32】检查是否存在用于t1表的c2字段中的各个值的有效文本指针。

```
SELECT c1, 'This is text.' = TEXTVALID('t1.c2',
TEXTPTR(c2))FROM t1;
```

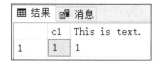

图 6-32 TEXTVALID()函数

执行结果如图6-32所示。

第一个1为c1字段的值,第二个1表示查询的值存在。

# 6.5 日期和时间函数

日期和时间函数主要用来处理日期和时间值,本节将介绍各种日期和时间函数的功能和用法。一般的日期函数除使用date类型的参数外,也可以使用datetime类型的参数,但会忽略这些值的时间部分。相同地,以time类型值为参数的函数,可以接受datetime类型的参数,但会忽略日期部分。

## 6.5.1 获取系统当前日期的函数GETDATE()

GETDATE()函数用于返回当前数据库系统的日期和时间,返回值的类型为datetime。

【例6.33】使用日期函数获取系统当期日期,输入语句如下:

```
SELECT GETDATE();
```

执行结果如图6-33所示。

图 6-33 GETDATE()函数

这里返回的值为笔者计算机上的当前系统时间。

## 6.5.2 返回UTC日期的函数UTCDATE()

UTCDATE ()函数用于返回当前UTC（Universal Standard Time,世界标准时间）日期值。

【例6.34】使用UTCDATE()函数返回当前UTC日期值,输入语句如下:

```
SELECT GETUTCDATE();
```

执行结果如图6-34所示。

对比GETDATE()函数的返回值，可以看到，因为读者位于东八时区，所以当前系统时间比UTC提前8个小时，这里显示的UTC时间需要减去8个小时的时差。

图 6-34　UTCDATE()函数

### 6.5.3　获取天数的函数DAY()

DAY(d)函数用于返回指定日期的d是一个月中的第几天，取值范围为1～31，该函数在功能上等价于DATEPART(dd,d)。

【例6.35】使用DAY()函数返回指定日期中的天数，输入语句如下：

```
SELECT DAY('2020-11-12 01:01:01');
```

图 6-35　DAY()函数

执行结果如图6-35所示。

返回结果为12，即11月中的第12天。

### 6.5.4　获取月份的函数MONTH()

MONTH(d)函数用于返回指定日期d中月份的整数值。

【例6.36】使用MONTH()函数返回指定日期中的月份，输入语句如下：

```
SELECT MONTH('2020-04-12 01:01:01');
```

图 6-36　MONTH()函数

执行结果如图6-36所示。

### 6.5.5　获取年份的函数YEAR()

YEAR(d)函数用于返回指定日期d中年份的整数值。

【例6.37】使用YEAR()函数返回指定日期对应的年份，输入语句如下：

```
SELECT YEAR('2020-02-03'),YEAR('2021-02-03');
```

执行结果如图6-37所示。

图 6-37　YEAR()函数

### 6.5.6　计算日期和时间的函数DATEADD(dp,num,d)

DATEADD(dp,num,d)函数用于执行日期的加运算，返回指定日期值加上一个时间段后的新日期。dp指定日期中进行加法运算的部分值，例如year、month、day、hour、minute、second、millsecond等；num指定与dp相加的值，如果该值为非整数值，将舍弃该值的小数部分；d为执行加法运算的日期。

【例6.38】使用DATEADD()函数执行日期加操作，输入语句如下：

```
SELECT DATEADD(year,1,'2020-11-12 01:01:01'),
DATEADD(month,2,'2020-11-12 01:01:01'),
DATEADD(hour,1,'2020-11-12 01:01:01')
```

执行结果如图6-38所示。

图 6-38　DATEADD()函数

DATEADD(year,1,'2020-11-12　01:01:01')表示年值增加1，2020加1之后为2021；DATEADD(month,2,'2020-11-12 01:01:01')表示月份值增加2，11月增加2个月之后为1月，同时，年值增加1，结果为2021-01-12；DATEADD(hour,1,'2020-11-12 01:01:01')表示时间部分的小时数增加1。

# 6.6　系　统　函　数

系统信息包括当前使用的数据库名称、主机名、系统错误信息以及用户名称等内容。使用SQL Server中的系统函数可以在需要的时候获取这些信息。本节将介绍常用的系统函数的作用和使用方法。

## 6.6.1　返回表中指定字段的长度值

COL_LENGTH(table,column)函数用于返回表中指定字段的长度值。其返回值为INT类型。table为要确定其列长度信息的表的名称，是nvarchar类型的表达式。column为要确定其长度的列的名称，是nvarchar类型的表达式。

【例6.39】显示test_db数据库中stu_info表中的s_name字段长度，输入语句如下：

```
USE test_db
SELECT COL_LENGTH('stu_info','s_name');
```

执行结果如图6-39所示。

图 6-39　COL_LENGTH()函数

## 6.6.2　返回表中指定字段的名称

COL_NAME(table_id，column_id)函数用于返回表中指定字段的名称。table_id是表的标识号，column_id是列的标识号，类型为int。

【例6.40】显示test_db数据库中stu_info表中的第一个字段的名称，输入语句如下：

```
SELECT COL_NAME(OBJECT_ID('test_db.dbo.stu_info'),1);
```

执行结果如图6-40所示。

图 6-40　COL_NAME()函数

### 6.6.3 返回数据表达式的数据的实际长度

DATALENGTH(expression)函数用于返回数据表达式的数据的实际长度，即字节数。其返回值类型为INT。expression可以是任何数据类型的表达式。

【例6.41】查找stu_info表中s_score字段的长度，输入语句如下：

```
USE test_db;
SELECT DATALENGTH(s_name) FROM stu_info WHERE s_id=1;
```

执行结果如图6-41所示。

图 6-41 DATALENGTH()函数

### 6.6.4 返回数据库的名称

DB_NAME (database_id)函数用于返回数据库的名称。其返回值类型为nvarchar(128)。database_id是smallint类型的数据。如果没有指定database_id，则返回当前数据库的名称。

【例6.42】返回指定ID的数据库的名称，输入语句如下：

```
USE master
SELECT DB_NAME(),DB_NAME(DB_ID('test_db'));
```

执行结果如图6-42所示。

图 6-42 DB_NAME()函数

USE语句将master选择为当前数据库，因此DB_NAME()的返回值为当前数据库master；DB_NAME(DB_ID('test_db'))的返回值为test_db本身。

### 6.6.5 返回数据库的用户名

USER_NAME(id)函数根据与数据库用户关联的ID号返回数据库用户名。其返回值类型为nvarchar(256)。如果没有指定id，则返回当前数据库的用户名。

【例6.43】查找当前数据库名称，输入语句如下：

```
USE test_db;
SELECT USER_NAME();
```

执行结果如图6-43所示。

图 6-43 USER_NAME()函数

# 第 7 章

# Transact-SQL查询

数据库管理系统的一个最重要的功能就是提供数据查询，数据查询不是简单返回数据库中存储的数据，而是应该根据需要对数据进行筛选，以及数据将以什么样的格式显示。SQL Server 提供了功能强大、灵活的语句来实现这些操作。本章将介绍如何使用 SELECT 语句查询数据表中的一列或多列数据、使用集合函数显示查询结果、嵌套查询、多表连接查询等。

## 7.1  查询工具的使用

在第1章介绍SQL Server 2022中的图形管理工具时，介绍了查询编辑窗口，该窗口取代了以前版本的查询工具——查询分析器。查询编辑窗口用来执行Transact-SQL语句。Transact-SQL是结构化查询语言，在很大程度上遵循现代的ANSI/ISO SQL标准。本节将介绍如何在查询编辑窗口中查询，以及如何更改查询结果的显示方法。

### 7.1.1  编辑查询

编程查询语句之前，需要打开查询窗口。首先，打开SSMS并连接到SQL Server服务器。单击SSMS窗口左上部分的【新建查询】按钮，或者选择【文件】→【新建】→【使用当前连接查询】命令，打开新的【查询】窗口，在窗口上边显示与查询相关的菜单按钮。

首先，在SQL编辑窗口工具栏中的数据库下拉列表框中选择test_db数据库，然后在【查询】窗口的编辑窗口中输入以下代码：

```
SELECT * FROM test_db.dbo.stu_info;
```

输入时，编辑器会根据输入的内容改变字体颜色，同时，SQL Server中的IntelliSense功能将提示接下来可能要输入的内容供用户选择，用户可以从列表中直接选择，也可以自己手动输入，如图7-1所示。

在编辑窗口中的代码，SELECT和FROM为关键字，显示为蓝色；星号"*"显示为黑色，对于一个无法确定的项，SQL Server中都显示为黑色；而对于语句中使用到的参数和连接器则显示为红色。这些颜色的区分将有助于提高编辑代码的效率和及时发现错误。

SQL编辑器工具栏上有一个带"√"图标的按钮，该按钮用来在实际执行查询语句之前对语法进行分析，如果有任何语法上的错误，在执行之前即可找到这些错误。

单击工具栏上的【执行】按钮 ❗执行(X)，SSMS界面的显示结果如图7-2所示。

| 图7-1 IntelliSense功能 | 图7-2 SSMS窗口 |
|---|---|

可以看到，现在查询窗口自动划分为两个子窗口，上面的子窗口中为执行的查询语句，下面的【结果】子窗口中显示查询语句的执行结果。

## 7.1.2 查询结果的显示方法

默认情况下，查询的结果是以网格格式显示的。在查询窗口的工具栏中提供了3种不同的显示查询结果的格式，如图7-3所示。

图7-3所示的3个图标按钮依次表示【以文本格式显示结果】【以网格格式显示结果】和【将结果保存到文件】。也可以选择SSMS中的【查询】菜单中的【将结果保存到】子菜单下的选项来选择查询结果的显示方式。

图7-3 查询结果显示格式图标

### 1. 以文本格式显示结果

这种显示方式使得查询到的结果以文本页面的方式显示。选择该选项之后，再次单击【执行】按钮，查询结果显示格式如图7-4所示。

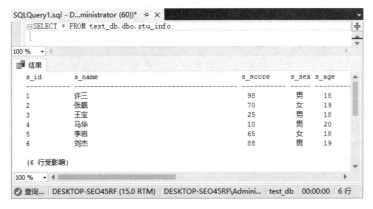

图7-4 以文本格式显示查询结果

可以看到，这里返回的结果与前面是完全相同的，只是显示格式上有些差异。当返回结果只有一个结果集，且该结果只有很窄的几列或者想要以文本文件来保存返回的结果时，可以使用该显示格式。

### 2. 以网格格式显示结果

这种显示方式将返回结果的列和行以网格的形式排列。该显示方式有以下特点：

- 可以更改列的宽度，鼠标指针悬停到该列标题的边界处，单击拖动该列右边界，即可自定义列宽度，双击右边界使得该列可自动调整大小。
- 可以任意选择几个单元格，然后可以将其单独复制到其他网格，例如 Microsoft Excel。
- 可以选择一列或者多列。

默认情况下，SQL Server使用该显示方式。

### 3. 将结果保存到文件

该选项与【以文本格式显示结果】相似，不过，它是将结果输出到文件而不是屏幕。使用这种方式可以直接将查询结果导出到外部文件。

# 7.2　使用SELECT进行查询

SQL Server从数据表中查询数据的基本语句为SELECT语句。SELECT语句的基本格式如下：

```
SELECT {ALL | DISTINCT}  *|列1 别名1 , 列2 别名2 ,...
[TOP n [PERCENT]]
[INTO 表名]
FROM 表1 别名1 , 表2 别名2,
{WHERE 条件}
{GROUP BY 分组条件  {HAVING 分组条件}   }
{ORDER BY 排序字段 ASC|DESC }
```

- DISTINCT：去掉记录中的重复值，在有多列的查询语句中，可使多列组合后的结果唯一。
- TOP n [PERCENT]：表示只取前面的 n 条记录。如果指定 PERCENT，则表示取表中前面的 n%行。
- INTO 表名：表示将查询结果插入另一个表中。
- FROM 表 1 别名 1，表 2 别名 2：FROM 关键字后面指定查询数据的来源，可以是表或视图。
- WHERE 子句：可选项，如果选择该项，【条件】将限定查询行必须满足的查询条件；查询中尽量使用有索引的列以加快数据检索的速度。
- GROUP BY 分组条件：该子句告诉 SQL Server 如何显示查询出来的数据，并按照指定的字段分组。
- HAVING：指定分组后的数据查询条件。

- ORDER BY 排序字段：该子句告诉 SQL Server 按什么样的顺序显示查询出来的数据，可以进行的排序有升序（ASC）和降序（DESC）。

下面在test_db数据库中创建数据表fruits，该表中包含本章中需要用到的数据。

```
use test_db
CREATE TABLE fruits
(
  f_id     char(10)       PRIMARY KEY,      --水果id
  s_id     INT            NOT NULL,         --供应商id
  f_name   VARCHAR(255)   NOT NULL,         --水果名称
  f_price  decimal(8,2)   NOT NULL,         --水果价格
);
```

为了演示如何使用SELECT语句，读者需要插入如下数据：

```
INSERT INTO fruits (f_id, s_id, f_name, f_price)
VALUES('a1', 101,'apple',5.2),
  ('b1',101,'blackberry', 10.2),
  ('bs1',102,'orange', 11.2),
  ('bs2',105,'melon',8.2),
  ('t1',102,'banana', 10.3),
  ('t2',102,'grape', 5.3),
  ('o2',103,'coconut', 9.2),
  ('c0',101,'cherry', 3.2),
  ('a2',103, 'apricot',2.2),
  ('l2',104,'lemon', 6.4),
  ('b2',104,'berry', 7.6),
  ('m1',106,'mango', 15.6);
```

## 7.2.1 使用星号和列名

SELECT语句在查询时允许指定查询的字段，可以查询所有字段，也可以查询指定字段。查询所有字段时有两种方法，分别是使用星号（*）通配符和指定所有字段名称。

### 1. 在SELECT语句中使用星号（*）通配符查询所有字段

SELECT查询记录最简单的形式是从一个表中检索所有记录，实现的方法是使用星号（*）通配符指定查找所有的列。语法格式如下：

```
SELECT * FROM 表名;
```

【例7.1】从fruits表中检索所有字段的数据，Transact-SQL语句如下：

```
SELECT * FROM fruits;
```

执行结果如图7-5所示。

可以看到，使用星号（*）通配符时将返回所有列，列按照定义表时的顺序显示。

| | f_id | s_id | f_name | f_price |
|---|---|---|---|---|
| 1 | a1 | 101 | apple | 5.20 |
| 2 | a2 | 103 | apricot | 2.20 |
| 3 | b1 | 101 | blackberry | 10.20 |
| 4 | b2 | 104 | berry | 7.60 |
| 5 | bs1 | 102 | orange | 11.20 |
| 6 | bs2 | 105 | melon | 8.20 |
| 7 | c0 | 101 | cherry | 3.20 |
| 8 | l2 | 104 | lemon | 6.40 |
| 9 | m1 | 106 | mango | 15.60 |
| 10 | o2 | 103 | coconut | 9.20 |
| 11 | t1 | 102 | banana | 10.30 |
| 12 | t2 | 102 | grape | 5.30 |

图 7-5　查询记录所有字段

### 2．在SELECT语句中指定所有字段

另一种查询所有字段值的方法是根据前面SELECT语句的格式，SELECT关键字后面的字段名为将要查找的数据，因此可以将表中所有字段的名称跟在SELECT子句右面，有时表中的字段比较多，不一定能记得所有字段的名称，因此该方法很不方便，不建议使用。例如查询fruits表中的所有数据，SQL语句也可以书写如下：

```
SELECT f_id, s_id ,f_name, f_price FROM fruits;
```

查询结果与例7.1相同。

### 3．查询指定字段

使用SELECT语句可以获取多个字段下的数据，只需要在关键字SELECT后面指定要查找的字段的名称，不同字段名称之间用逗号（，）分隔开，最后一个字段后面不需要加逗号，使用这种查询方式可以获得有针对性的查询结果，语法格式如下：

```
SELECT 字段名1,字段名2,...,字段名n  FROM 表名;
```

【例 7.2】 从 fruits 表中获取 f_name 和 f_price 两列，Transact-SQL语句如下：

```
SELECT f_name, f_price FROM fruits;
```

执行结果如图7-6所示。

| | f_name | f_price |
|---|---|---|
| 1 | apple | 5.20 |
| 2 | apricot | 2.20 |
| 3 | blackberry | 10.20 |
| 4 | berry | 7.60 |
| 5 | orange | 11.20 |
| 6 | melon | 8.20 |
| 7 | cherry | 3.20 |
| 8 | lemon | 6.40 |
| 9 | mango | 15.60 |
| 10 | coconut | 9.20 |
| 11 | banana | 10.30 |
| 12 | grape | 5.30 |

图 7-6　查询 f_name 和 f_price 字段

> 提示　SQL Server中的SQL语句是不区分大小写的，因此SELECT和select的作用是相同的，但是，许多开发人员习惯将关键字使用大写，而数据列和表名使用小写，读者也应该养成一个良好的编程习惯，这样写出来的代码更容易阅读和维护。

## 7.2.2　使用DISTINCT取消重复

从前面的例子可以看到，SELECT查询返回所有匹配的行，假如查询fruits表中所有的s_id，Transact-SQL语句如下：

```
SELECT s_id FROM fruits;
```

执行后结果如图7-7所示。

可以看到，查询结果返回了12条记录，其中有一些重复的s_id值，有时，出于对数据分析的要求，需要消除重复的记录值，如何使查询结果没有重复呢？在SELECT语句中可以使用DISTINCT关键字指示SQL Server消除重复的记录值。语法格式为：

```
SELECT DISTINCT 字段名 FROM 表名;
```

【例7.3】查询fruits表中s_id字段的值，并且返回的s_id字段值不得重复，Transact-SQL语句如下：

```
SELECT DISTINCT s_id FROM fruits;
```

查询结果如图7-8所示。

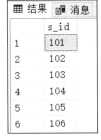

图 7-7   查询 s_id 字段

图 7-8   取消重复查询结果

可以看到，这次查询结果只返回了6条记录的s_id值，而不再有重复的值，SELECT DISTINCT s_id告诉SQL Server只返回不同的s_id值。

### 7.2.3   使用TOP返回前n行

SELECT将返回所有匹配的行，可能是表中所有的行，如仅仅需要返回第一行或者前几行，可使用TOP关键字，基本语法格式如下：

```
TOP n [PERCENT]
```

n为指定返回行数的数值，如果指定了PERCENT，则指示查询返回结果集中前n%的行。

【例7.4】从fruits表中选取头3条记录。

```
SELECT TOP (3) * FROM fruits;
```

查询结果如图7-9所示。

【例7.5】从fruits表中选取前30%的记录。

```
SELECT TOP 30 PERCENT * FROM fruits;
```

执行结果如图7-10所示。

图 7-9   返回查询结果前 3 行

图 7-10   返回查询结果中前 30%的记录

fruits表中一共有12条记录，返回总数30%的记录，即表中前4条记录。

### 7.2.4 修改列标题

查询数据时，有时会遇到以下问题：

（1）查询的数据表中有些字段名称为英文，不易理解。

（2）对多个表同时进行查询时，多个表中可能会出现名称相同的字段，引起混淆或者不能引用这些字段。

（3）SELECT查询语句的选择列为表达式时，此时在查询结果中没有列名。

（4）当出现上述问题时，为了突出数据处理后所代表的意义，可以为字段取一个别名。

#### 1．使用AS关键字

在列名表达式后，使用AS关键字接一个字符串为表达式指定别名。AS关键字也可以省略。为字段取别名的基本语法格式为：

列名 [AS] 列别名

"列名"为表中字段定义的名称，"列别名"为字段别名名称，"列别名"可以使用单引号，也可以不使用。

【例7.6】查询fruits表，为f_name取别名"名称"，为f_price取别名"价格"，Transact-SQL语句如下：

```
SELECT f_name AS '名称', f_price AS '价格' FROM
fruits;
```

执行结果如图7-11所示。

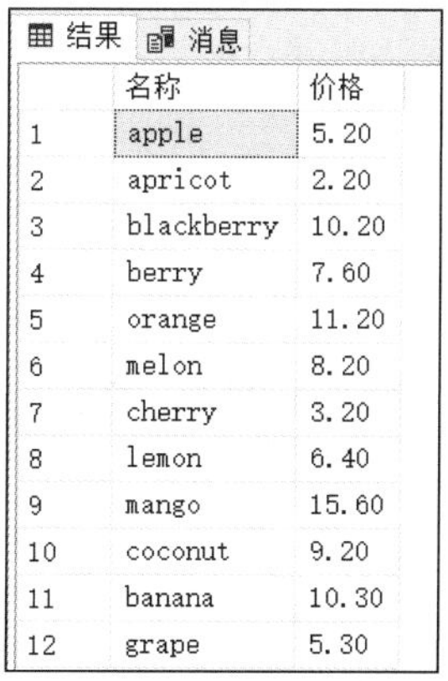

#### 2．使用等号"="

| | 名称 | 价格 |
|---|---|---|
| 1 | apple | 5.20 |
| 2 | apricot | 2.20 |
| 3 | blackberry | 10.20 |
| 4 | berry | 7.60 |
| 5 | orange | 11.20 |
| 6 | melon | 8.20 |
| 7 | cherry | 3.20 |
| 8 | lemon | 6.40 |
| 9 | mango | 15.60 |
| 10 | coconut | 9.20 |
| 11 | banana | 10.30 |
| 12 | grape | 5.30 |

图 7-11　为 f_name 和 f_price 字段取别名

在列的前面使用"="为列表达式指定别名，别名可以用单引号引起来，也可以不使用单引号。fruits表中的f_name和f_price列分别指定别名为"名称"和"价格"：

```
SELECT '名称'=f_name,'价格'=f_price FROM fruits;
```

该语句的执行结果与使用AS关键字相同。

### 7.2.5 在查询结果集中显示字符串

为了让查询结果更加容易理解，可以为查询的列添加一些说明性文字。在Transact-SQL中，可以在SELECT语句的查询列名列表中使用单引号为结果集加入字符串或常量，从而为特定的列添加注释。

【例7.7】查询fruits表，对表中的s_id和f_id添加说明信息。

```
SELECT '供应商编号：', s_id,'水果编号',f_id FROM fruits;
```

执行结果如图7-12所示。

图 7-12　为查询结果添加说明信息

### 7.2.6　查询的列为表达式

在SELECT查询结果中，可以根据需要使用算术运算符或者逻辑运算符，来对查询的结果进行处理。

【例7.8】查询fruits表中所有水果的名称和价格，并对价格打八折。

```
SELECT f_name, f_price 原价,f_price * 0.8 折扣价 FROM fruits;
```

执行结果如图7-13所示。

图 7-13　查询列表达式

# 7.3　使用WHERE子句进行条件查询

数据库中包含大量的数据，根据特殊要求，可能只需查询表中的指定数据，即对数据进行过滤。在SELECT语句中通过WHERE子句对数据进行过滤，语法格式为：

```
SELECT 字段名1,字段名2,...,字段名n
FROM 表名
WHERE 查询条件
```

在WHERE子句中，SQL Server提供了一系列的条件判断符，如表7-1所示。

表7-1　WHERE子句操作符

| 操　作　符 | 说　明 | 操　作　符 | 说　明 |
|---|---|---|---|
| = | 相等 | > | 大于 |
| <> | 不相等 | >= | 大于或等于 |
| < | 小于 | BETWEEN AND | 位于两值之间 |
| <= | 小于或等于 | | |

本节将介绍如何在查询条件中使用这些判断条件。

## 7.3.1　使用关系表达式查询

WHERE子句中，关系表达式由关系运算符和列组成，可用于列值的大小相等判断，主要的运算符有"="">"<"<="">""">="。

【例7.9】查询价格为10.2元的水果的名称，Transact-SQL语句如下：

```
SELECT f_name, f_price FROM fruits WHERE f_price = 10.2;
```

该语句使用SELECT声明从fruits表中获取价格等于10.2元的水果的数据。查询结果如图7-14所示，从查询结果可以看到，价格为10.2元的水果的名称是blackberry，其他的均不满足查询条件。

本例采用了简单的相等过滤，查询一个指定列f_price具有值10.20。相等判断还可以用来比较字符串，如例7.10所示。

【例7.10】查找名称为"apple"的水果的价格，Transact-SQL语句如下：

```
SELECT f_name, f_price FROM fruits WHERE f_name = 'apple';
```

查询结果如图7-15所示。

该语句使用SELECT声明从fruits表中获取名称为"apple"的水果的价格，从查询结果可以看到只有名称为"apple"的行被返回，其他行均不满足查询条件。

【例7.11】查询价格低于10元的水果的名称，Transact-SQL语句如下：

```
SELECT f_name, f_price FROM fruits WHERE f_price < 10;
```

该语句使用SELECT声明从fruits表中获取价格低于10元的水果的名称，即f_price小于10的水果信息被返回，查询结果如图7-16所示。

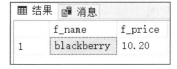

图 7-14　使用相等运算符对数值进行判断　　图 7-15　使用相等运算符进行字符串值判断　　图 7-16　使用小于运算符进行查询

可以看到，在查询结果中，所有记录的f_price字段的值均小于10.00，而大于或等于10.00的记录没有被返回。

## 7.3.2 使用BETWEEN AND表示范围

BETWEEN AND用来查询某个范围内的值，该运算符需要两个参数，即范围的开始值和结束值，如果记录的字段值满足指定的范围查询条件，则这些记录被返回。

【例7.12】查询价格在2.00元和10.20元之间的水果的名称和价格，Transact-SQL语句如下：

```sql
SELECT f_name, f_price FROM fruits WHERE f_price BETWEEN 2.00 AND 10.20;
```

执行结果如图7-17所示。

可以看到，返回结果包含价格在2.00元和10.20元之间的字段值，并且端点值10.20也包含在返回结果中，即BETWEEN匹配范围中的所有值，包括开始值和结束值。

BETWEEN AND运算符前可以加关键字NOT，表示指定范围外的值，如果字段值不满足指定范围内的值，则这些记录被返回。

【例7.13】查询价格在2.00元到10.20元之外的水果的名称和价格，Transact-SQL语句如下：

```sql
SELECT f_name, f_price FROM fruits WHERE f_price NOT BETWEEN 2.00 AND 10.20;
```

查询结果如图7-18所示。

| | f_name | f_price |
|---|---|---|
| 1 | apple | 5.20 |
| 2 | apricot | 2.20 |
| 3 | blackberry | 10.20 |
| 4 | berry | 7.60 |
| 5 | melon | 8.20 |
| 6 | cherry | 3.20 |
| 7 | lemon | 6.40 |
| 8 | coconut | 9.20 |
| 9 | grape | 5.30 |

图 7-17 使用 BETWEEN AND 运算符查询

| | f_name | f_price |
|---|---|---|
| 1 | orange | 11.20 |
| 2 | mango | 15.60 |
| 3 | banana | 10.30 |

图 7-18 使用 NOT BETWEEN AND 运算符查询

由结果可以看到，返回的记录只有f_price字段大于10.20的，而f_price字段小于2.00的记录也满足查询条件。因此，如果表中有f_price字段小于2.00的记录，也应当作为查询结果。

## 7.3.3 使用IN关键字

IN关键字用来查询在指定条件范围内的记录，使用IN关键字时，将所有检索条件用括号括起来，检索条件用逗号分隔开，只要满足条件范围内的一个值即为匹配项。

【例7.14】查询s_id为101和102的记录，Transact-SQL语句如下：

```sql
SELECT s_id,f_name, f_price FROM fruits WHERE s_id IN (101,102) ;
```

执行结果如图7-19所示。

相反地，可以使用关键字NOT来检索不在条件范围内的记录。

【例7.15】查询所有s_id既不等于101又不等于102的记录，Transact-SQL语句如下：

```
SELECT s_id,f_name, f_price FROM fruits WHERE s_id NOT IN (101,102);
```

查询结果如图7-20所示。

| | s_id | f_name | f_price |
|---|---|---|---|
| 1 | 101 | apple | 5.20 |
| 2 | 101 | blackberry | 10.20 |
| 3 | 102 | orange | 11.20 |
| 4 | 101 | cherry | 3.20 |
| 5 | 102 | banana | 10.30 |
| 6 | 102 | grape | 5.30 |

| | s_id | f_name | f_price |
|---|---|---|---|
| 1 | 103 | apricot | 2.20 |
| 2 | 104 | berry | 7.60 |
| 3 | 105 | melon | 8.20 |
| 4 | 104 | lemon | 6.40 |
| 5 | 106 | mango | 15.60 |
| 6 | 103 | coconut | 9.20 |

图 7-19　使用 IN 关键字查询　　　　图 7-20　使用 NOT IN 运算符查询

可以看到，该语句在IN关键字前面加上了NOT关键字，这使得查询的结果与例7.14的结果正好相反，前面检索了s_id等于101和102的记录，而这里要求查询的记录中的s_id字段值不等于这两个值中的任何一个。

## 7.3.4　使用LIKE关键字

在前面的检索操作中，讲述了如何查询多个字段的记录、如何进行比较查询以及查询一个条件范围内的记录，如果要查找所有的包含字符"ge"的水果名称，该如何查找呢？简单的比较操作已经行不通了，在这里需要使用通配符进行匹配查找，通过创建查找匹配模式对表中的数据进行比较。执行这个任务的关键字是LIKE。

通配符是一种在SQL的WHERE条件子句中拥有特殊意思的字符，SQL语句中支持多种通配符，可以和LIKE一起使用的通配符如表7-2所示。

表7-2　LIKE关键字中使用的通配符

| 通　配　符 | 说　　明 |
|---|---|
| % | 包含零个或多个字符的任意字符串 |
| _ | 任何单个字符 |
| [ ] | 指定范围（[a～f]）或集合（[abcdef]）中的任何单个字符 |
| [^] | 不属于指定范围（[a～f]）或集合（[abcdef]）的任何单个字符 |

### 1. 百分号通配符"%"，匹配任意长度的字符，甚至包括零字符

【例7.16】查找所有以字母'b'开头的水果，Transact-SQL语句如下：

```
SELECT f_id, f_name FROM fruits WHERE f_name LIKE 'b%';
```

查询结果如图7-21所示。

该语句查询的结果返回所有以'b'开头的水果的id和name，'%'告诉SQL Server，返回所有f_name字段以字母'b'开头的记录，不管'b'后面有多少个字符。

在搜索匹配时，百分号通配符"%"可以放在不同位置，如例7.17所示。

【例7.17】在fruits表中，查询f_name中包含字母'g'的记录，Transact-SQL语句如下：

```
SELECT f_id, f_name FROM fruits WHERE f_name LIKE '%g%';
```

查询结果如图7-22所示。

该语句查询字符串中包含字母'g'的水果名称，只要名字中有字母'g'，而前面或后面不管有多少个字符，都满足查询的条件。

【例7.18】查询以字母'b'开头，并以字母'y'结尾的水果名称，Transact-SQL语句如下：

```
SELECT f_name FROM fruits WHERE f_name LIKE 'b%y';
```

查询结果如图7-23所示。

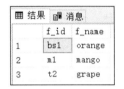

图 7-21  查询以字母'b'开头
的水果名称

图 7-22  查询包含字母'g'
的水果名称

图 7-23  查询以字母'b'开头，并以
字母'y'结尾的水果名称

通过查询结果可以看到，百分号通配符"%"用于匹配在指定位置的任意数目的字符。

### 2. 下画线通配符"_"，一次只能匹配任意一个字符

另一个非常有用的通配符是下画线通配符"_"，该通配符的用法和"%"相同，区别是"%"匹配多个字符，而"_"只匹配任意单个字符，如果要匹配多个字符，则需要使用相同个数的"_"。

【例7.19】在fruits表中，查询以字母'y'结尾，且'y'前面只有4个字母的记录，Transact-SQL语句如下：

```
SELECT f_id, f_name FROM fruits WHERE f_name LIKE '____y';
```

查询结果如图7-24所示。

图 7-24  查询长度为 5 个字符，且以字母'y'结尾的水果名称

从结果可以看到，以'y'结尾且前面只有4个字母的记录只有一条。其他记录的f_name字段也有以'y'结尾的，但其总的字符串长度不为5，因此不在返回结果中。

### 3. 匹配指定范围中的任何单个字符

方括号"[]"用于指定一个字符集合，只要匹配其中任意一个字符，即为所查找的文本。

【例7.20】在fruits表中，查找f_name字段值中以'abc' 3个字母之一开头的记录，Transact-SQL语句如下：

```
SELECT * FROM fruits WHERE f_name LIKE '[abc]%';
```

查询结果如图7-25所示。

由查询结果可以看到，所有返回的记录的f_name字段的值中都以字母'abc' 3个中的一个开头。

### 4．匹配不属于指定范围的任意单个字符

"[^字符集合]"用于匹配不在指定集合中的任意字符。

【例7.21】在fruits表中，查找f_name字段值中不以字母'abc' 3个字母之一开头的记录，Transact-SQL语句如下：

```
SELECT * FROM fruits WHERE f_name LIKE '[^abc]%';
```

查询结果如图7-26所示。

| | f_id | s_id | f_name | f_price |
|---|---|---|---|---|
| 1 | a1 | 101 | apple | 5.20 |
| 2 | a2 | 103 | apricot | 2.20 |
| 3 | b1 | 101 | blackberry | 10.20 |
| 4 | b2 | 104 | berry | 7.60 |
| 5 | c0 | 101 | cherry | 3.20 |
| 6 | o2 | 103 | coconut | 9.20 |
| 7 | t1 | 102 | banana | 10.30 |

| | f_id | s_id | f_name | f_price |
|---|---|---|---|---|
| 1 | bs1 | 102 | orange | 11.20 |
| 2 | bs2 | 105 | melon | 8.20 |
| 3 | l2 | 104 | lemon | 6.40 |
| 4 | m1 | 106 | mango | 15.60 |
| 5 | t2 | 102 | grape | 5.30 |

图 7-25　查询以'abc' 3 个字母之一开头的水果名称　　图 7-26　查询不以字母'abc'其中一个开头的水果名称

由查询结果可以看到，所有返回的记录的f_name字段的值中都不是以字母'abc' 3个中的某一个开头的。

## 7.3.5　使用IS NULL查询空值

创建数据表的时候，设计者可以指定某列中是否可以包含空值（NULL）。空值不同于0，也不同于空字符串，空值一般表示数据未知、不适用或将在以后添加。在SELECT语句中使用IS NULL子句可以查询某字段内容为空的记录。

下面在test_db数据库中创建数据表customers，该表中包含本章中需要用到的数据。

```
CREATE TABLE customers
(
 c_id      char(10)      PRIMARY KEY,
 c_name    varchar(255)  NOT NULL,
 c_email   varchar(50)   NULL,
);
```

为了演示需要插入的数据，可以执行以下语句：

```
INSERT INTO customers (c_id, c_name, c_email)
VALUES('10001','RedHook', 'LMing@163.com'),
      ('10002','Stars', 'Jerry@hotmail.com'),
      ('10003','RedHook',NULL),
      ('10004','JOTO', ' sam@hotmail.com ');
```

125

【例7.22】查询customers表中c_email字段为空的记录的c_id、c_name和c_email字段值，Transact-SQL语句如下：

```
SELECT c_id, c_name,c_email FROM customers WHERE c_email IS NULL;
```

查询结果如图7-27所示。

与IS NULL相反的是IS NOT NULL，该子句用于查找字段不为空的记录。

【例7.23】查询customers表中c_email不为空的记录的c_id、c_name和c_email字段值，Transact-SQL语句如下：

```
SELECT c_id, c_name,c_email FROM customers WHERE c_email IS NOT NULL;
```

查询结果如图7-28所示。

| | c_id | c_name | c_email |
|---|---|---|---|
| 1 | 10003 | RedHook | NULL |

图 7-27　查询 c_email 字段为空的记录

| | c_id | c_name | c_email |
|---|---|---|---|
| 1 | 10001 | RedHook | LMing@163.com |
| 2 | 10002 | Stars | Jerry@hotmail.com |
| 3 | 10004 | JOTO | sam@hotmail.com |

图 7-28　查询 c_email 字段不为空的记录

可以看到，查询出来的记录的c_email字段都不为空值。

## 7.3.6　使用EXISTS关键字

EXISTS关键字后面的参数是一个任意的子查询，系统对子查询进行运算以判断它是否返回行，如果至少返回一行，那么EXISTS的结果为TRUE，此时外层查询语句将进行查询；如果子查询没有返回任何行，那么EXISTS返回的结果是FALSE，此时外层语句将不进行查询。

下面在test_db数据库中创建数据表suppliers，该表中包含本章中需要用到的数据。

```
CREATE TABLE suppliers
(
  s_id      char(10)      PRIMARY KEY,
  s_name    varchar(50)   NOT NULL,
  s_city    varchar(50)   NOT NULL,
);
```

为了演示需要插入的数据，可以执行以下语句：

```
INSERT INTO suppliers (s_id, s_name, s_city)
VALUES('101','FastFruit Inc', 'Tianjin'),
      ('102','LT Supplies', 'shanghai'),
      ('103','ACME', 'beijing'),
      ('104','FNK Inc', 'zhengzhou'),
      ('105','Good Set', 'xinjiang'),
      ('106','Just Eat Ours', 'yunnan'),
      ('107','JOTO meoukou', 'guangdong');
```

【例7.24】查询suppliers表中是否存在s_id=107的供应商，如果存在，则查询fruits表中的记录，Transact-SQL语句如下：

```
SELECT * FROM fruits WHERE EXISTS
(SELECT s_name FROM suppliers WHERE s_id = 107);
```

查询结果如图7-29所示。

由结果可以看到，内层查询结果表明suppliers表中存在s_id=107的记录，因此EXISTS表达式返回TRUE；外层查询语句接收TRUE之后对表fruits进行查询，返回所有的记录。

EXISTS关键字可以和条件表达式一起使用。

【例7.25】查询suppliers表中是否存在s_id=107的供应商，如果存在，则查询fruits表中的f_price大于10.20的记录，Transact-SQL语句如下：

```
SELECT * FROM fruits WHERE f_price>10.20 AND EXISTS
(SELECT s_name FROM suppliers WHERE s_id = 107);
```

执行结果如图7-30所示。

| | f_id | s_id | f_name | f_price |
|---|---|---|---|---|
| 1 | a1 | 101 | apple | 5.20 |
| 2 | a2 | 103 | apricot | 2.20 |
| 3 | b1 | 101 | blackberry | 10.20 |
| 4 | b2 | 104 | berry | 7.60 |
| 5 | bs1 | 102 | orange | 11.20 |
| 6 | bs2 | 105 | melon | 8.20 |
| 7 | c0 | 101 | cherry | 3.20 |
| 8 | l2 | 104 | lemon | 6.40 |
| 9 | m1 | 106 | mango | 15.60 |
| 10 | o2 | 103 | coconut | 9.20 |
| 11 | t1 | 102 | banana | 10.30 |
| 12 | t2 | 102 | grape | 5.30 |

图 7-29　在查询中使用 EXISTS 关键字

| | f_id | s_id | f_name | f_price |
|---|---|---|---|---|
| 1 | bs1 | 102 | orange | 11.20 |
| 2 | m1 | 106 | mango | 15.60 |
| 3 | t1 | 102 | banana | 10.30 |

图 7-30　使用带 AND 操作符的复合条件查询

由结果可以看到，内层查询结果表明，suppliers表中存在s_id=107的记录，因此EXISTS表达式返回TRUE；外层查询语句接收TRUE之后根据查询条件f_price > 10.20对fruits表进行查询，返回结果为3条f_price大于10.20的记录。

NOT EXISTS与EXISTS使用方法相同，返回的结果相反。子查询如果至少返回一行，那么NOT EXISTS的结果为FALSE，此时外层查询语句将不进行查询；如果子查询没有返回任何行，那么NOT EXISTS返回的结果是TRUE，此时外层语句将进行查询。

## 7.3.7　使用ORDER BY排序

从前面的查询结果，读者会发现有些字段的值是没有任何顺序的，SQL Server 2022可以通过在SELECT语句中使用ORDER BY子句对查询的结果进行排序。

### 1．单列排序

下面使用ORDER BY子句对指定的列数据进行排序。

【例7.26】查询fruits表中的f_name字段值，并对其进行排序，Transact-SQL语句如下：

```
SELECT f_name FROM fruits ORDER BY f_name;
```

执行结果如图7-31所示。

该语句查询的结果和前面的语句相同，不同的是，通过指定ORDER BY子句，SQL Server对查询的f_name列的数据按字母表的顺序进行了升序排序。

### 2．多列排序

有时需要根据多列值进行排序，比如，要显示一个学生列表，可能会有多个学生的姓氏是相同的，因此还需要根据学生的名进行排序。要对多列数据进行排序，只要将需要排序的列之间用逗号隔开即可。

【例7.27】查询fruits表中的f_name和f_price字段，先按f_name排序，再按f_price排序，Transact-SQL语句如下：

```
SELECT f_name, f_price FROM fruits ORDER BY f_name, f_price;
```

查询结果如图7-32所示。

### 3．指定排序方向

默认情况下，查询数据按字母升序（ASC）进行排序（从A到Z），但数据的排序并不仅限于此。还可以使用ORDER BY对查询结果进行降序排序（从Z到A），这通过关键字DESC实现，例7.28说明了如何进行降序排序。

【例7.28】查询fruits表中的f_name和f_price字段，对结果按f_price降序方式排序，Transact-SQL语句如下：

```
SELECT f_name, f_price FROM fruits ORDER BY f_price DESC;
```

查询结果如图7-33所示。

| | f_name |
|---|---|
| 1 | apple |
| 2 | apricot |
| 3 | banana |
| 4 | berry |
| 5 | blackberry |
| 6 | cherry |
| 7 | coconut |
| 8 | grape |
| 9 | lemon |
| 10 | mango |
| 11 | melon |
| 12 | orange |

| | f_name | f_price |
|---|---|---|
| 1 | apple | 5.20 |
| 2 | apricot | 2.20 |
| 3 | banana | 10.30 |
| 4 | berry | 7.60 |
| 5 | blackberry | 10.20 |
| 6 | cherry | 3.20 |
| 7 | coconut | 9.20 |
| 8 | grape | 5.30 |
| 9 | lemon | 6.40 |
| 10 | mango | 15.60 |
| 11 | melon | 8.20 |
| 12 | orange | 11.20 |

| | f_name | f_price |
|---|---|---|
| 1 | mango | 15.60 |
| 2 | orange | 11.20 |
| 3 | banana | 10.30 |
| 4 | blackberry | 10.20 |
| 5 | coconut | 9.20 |
| 6 | melon | 8.20 |
| 7 | berry | 7.60 |
| 8 | lemon | 6.40 |
| 9 | grape | 5.30 |
| 10 | apple | 5.20 |
| 11 | cherry | 3.20 |
| 12 | apricot | 2.20 |

图 7-31　对单列查询结果排序　　图 7-32　对多列查询结果进行排序　　图 7-33　对查询结果指定排序方向

由结果可以看到，记录的排列顺序是按照f_price字段值由高到低显示的。

## 7.3.8　使用GROUP BY分组

分组查询是对数据按照某个或多个字段进行分组，SQL Server中使用GROUP BY子句对数据进行分组，基本语法形式为：

```
[GROUP BY  字段] [HAVING <条件表达式>]
```

"字段"表示进行分组时所依据的列名称，"HAVING <条件表达式>"指定GROUP BY分组显示时需要满足的限定条件。

### 1．创建分组

GROUP BY子句通常和集合函数一起使用，例如MAX()、MIN()、COUNT()、SUM()、AVG()。例如，要返回每个水果供应商提供的水果种类，这时就要在分组过程中用到COUNT()函数，把数据分为多个逻辑组，并对每个组进行集合计算。

【例7.29】根据s_id对fruits表中的数据进行分组，Transact-SQL语句如下：

```
SELECT s_id, COUNT(*) AS Total FROM fruits GROUP BY s_id;
```

查询结果如图7-34所示。

查询结果显示，s_id表示供应商的ID，Total字段使用COUNT()函数计算得出，GROUP BY子句按照s_id排序并对数据进行分组。可以看到，ID为101、102的供应商分别提供3种水果，ID为103和104的供应商分别提供两种水果，ID为105和106的供应商只提供1种水果。

### 2．多字段分组

使用GROUP BY可以对多个字段进行分组，GROUP BY子句后面跟需要分组的字段，SQL Server根据多字段的值来进行层次分组，分组层次从左到右，即先按第1个字段分组，然后在第1个字段值相同的记录中，再根据第2个字段的值进行分组，以此类推。

【例7.30】根据s_id和f_name字段对fruits表中的数据进行分组，Transact-SQL语句如下：

```
SELECT s_id,f_name FROM fruits group by s_id,f_name;
```

查询结果如图7-35所示。

| | s_id | Total |
|---|---|---|
| 1 | 101 | 3 |
| 2 | 102 | 3 |
| 3 | 103 | 2 |
| 4 | 104 | 2 |
| 5 | 105 | 1 |
| 6 | 106 | 1 |

图 7-34　对查询结果进行分组

| | s_id | f_name |
|---|---|---|
| 1 | 101 | apple |
| 2 | 101 | blackberry |
| 3 | 101 | cherry |
| 4 | 102 | banana |
| 5 | 102 | grape |
| 6 | 102 | orange |
| 7 | 103 | apricot |
| 8 | 103 | coconut |
| 9 | 104 | berry |
| 10 | 104 | lemon |
| 11 | 105 | melon |
| 12 | 106 | mango |

图 7-35　根据多列对查询结果进行排序

由结果可以看到，查询记录先按照s_id进行分组，再对f_name字段按不同的取值进行分组。

## 7.3.9　使用HAVING对分组结果进行过滤

GROUP BY可以和HAVING一起限定显示记录所需满足的条件，只有满足条件的分组才会被显示。

【例7.31】根据s_id对fruits表中的数据进行分组，并显示水果种类大于1的分组信息，Transact-SQL语句如下：

```
SELECT s_id, COUNT(*) AS Total FROM fruits
GROUP BY s_id HAVING COUNT(*) > 1;
```

查询结果如图7-36所示。

由结果可以看到，ID为101、102、103和104的供应商提供的水果种类大于1，满足HAVING子句条件，因此出现在返回结果中；而ID为105和106的供应商的水果种类等于1，不满足这里的限定条件，因此不在返回结果中。

图 7-36　使用 HAVING 子句对分组查询结果进行过滤

> 提示　HAVING与WHERE子句都用来过滤数据，两者有什么区别呢？其中重要的一点是，HAVING用在数据分组之后进行过滤，即用来选择分组；而WHERE在分组之前用来选择记录。另外，WHERE排除的记录不再包括在分组中。

### 7.3.10　使用UNION合并查询结果集

利用UNION关键字可以给出多条SELECT语句，并将它们的结果组合成单个结果集。合并时，两个表对应的列数和数据类型必须相同。各个SELECT语句之间使用UNION或UNION ALL关键字分隔。UNION不使用关键字ALL，执行的时候删除重复的记录，所有返回的行都是唯一的；使用关键字ALL的作用是不删除重复行，也不对结果进行自动排序。其基本语法格式如下：

```
SELECT column, ...FROM table1
UNION [ALL]
SELECT column, ...FROM table2
```

【例7.32】查询所有价格低于9元的水果的信息，查询s_id等于101的所有水果的信息，使用UNION ALL连接查询结果，Transact-SQL语句如下：

```
SELECT s_id, f_name, f_price FROM fruits WHERE f_price < 9.0
UNION ALL
SELECT s_id, f_name, f_price FROM fruits WHERE s_id =101;
```

执行结果如图7-37所示。

图 7-37　使用 UNION ALL 连接查询结果

如前所述，UNION将多个SELECT语句的结果组合成一个结果集。该结果集仅仅是包含多个查询结果集中的值，并不区分重复的记录，因此会包含相同的记录。可以从结果中看到，第1条记录和第8条记录是相同的，第5条记录和第10条记录是相同的。

如果要合并查询结果并删除重复的记录，可以不使用ALL关键字。

【例7.33】查询所有价格低于9元的水果的信息，查询s_id等于101的所有水果的信息，Transact-SQL语句如下：

```
SELECT s_id, f_name, f_price FROM fruits WHERE f_price < 9.0
UNION
SELECT s_id, f_name, f_price FROM fruits WHERE s_id =101;
```

执行结果如图7-38所示。

| | s_id | f_name | f_price |
|---|---|---|---|
| 1 | 101 | apple | 5.20 |
| 2 | 101 | blackberry | 10.20 |
| 3 | 101 | cherry | 3.20 |
| 4 | 102 | grape | 5.30 |
| 5 | 103 | apricot | 2.20 |
| 6 | 104 | berry | 7.60 |
| 7 | 104 | lemon | 6.40 |
| 8 | 105 | melon | 8.20 |

图 7-38　使用 UNION 连接查询结果

执行完毕之后，把输出结果组合成单个结果集，并删除重复的记录。

# 7.4　使用聚合函数统计汇总

有时并不需要返回实际表中的数据，只是对数据进行总结，SQL Server 2022提供一些查询功能，可以对获取的数据进行分析和报告。这些函数的功能有：计算数据表中总共的记录行数、计算某个字段列下数据的总和，以及计算表中某个字段下的最大值、最小值或者平均值。本节将介绍这些函数以及如何使用它们。这些聚合函数的名称和作用如表7-3所示。

表7-3　聚合函数

| 函　数 | 作　用 |
|---|---|
| AVG() | 返回某列的平均值 |
| COUNT() | 返回某列的行数 |
| MAX() | 返回某列的最大值 |
| MIN() | 返回某列的最小值 |
| SUM() | 返回某列值的和 |

接下来将详细介绍各个函数的使用方法。

### 7.4.1　使用SUM()求列的和

SUM()是一个求总和的函数，用于返回指定列值的总和。

【例7.34】在fruits表中查询供应商s_id为103的水果订单的总价格，Transact-SQL语句如下：

```
SELECT SUM(f_price) AS sum_price FROM fruits WHERE s_id = 103;
```

执行结果如图7-39所示。

由查询结果可以看到，SUM(f_price)函数用于返回所有水果价格之和，WHERE子句指定查询供应商s_id为103。

SUM()可以与GROUP BY一起使用，来计算每个分组的总和。

【例7.35】在fruits表中，使用SUM()函数统计不同供应商订购的水果价格总和，Transact-SQL语句如下：

```
SELECT s_id,SUM(f_price) AS sum_price FROM fruits GROUP BY s_id;
```

执行结果如图7-40所示。

图 7-39　使用 SUM()函数求列总和

图 7-40　使用 SUM()函数对分组结果求和

由查询结果可以看到，GROUP BY按照供应商s_id进行分组，SUM()函数计算出了每个分组中订购的水果的价格总和。

> 提示　SUM()函数在计算时，会忽略列值为NULL的行。

### 7.4.2　使用AVG()求列平均值

AVG()函数通过计算返回的行数和每一行数据的和求得指定列数据的平均值。

【例7.36】在fruits表中，查询s_id=103的供应商的水果价格的平均值，Transact-SQL语句如下：

```
SELECT AVG(f_price) AS avg_price FROM fruits WHERE s_id = 103;
```

执行结果如图7-41所示。

该例中的查询语句增加了一个WHERE子句，并且添加了查询过滤条件，只查询s_id = 103的记录中的f_price，因此，通过AVG()函数计算的结果只是指定的供应商水果的价格平均值，而不是市场上所有水果的价格平均值。

图 7-41　使用 AVG()函数对列求平均值

AVG()函数可以与GROUP BY一起使用，用来计算每个分组的平均值。

【例7.37】在fruits表中，查询每一个供应商的水果价格的平均值，Transact-SQL语句如下：

```
SELECT s_id,AVG(f_price) AS avg_price FROM fruits GROUP BY s_id;
```

执行结果如图7-42所示。

| | s_id | avg_price |
|---|---|---|
| 1 | 101 | 6.200000 |
| 2 | 102 | 8.933333 |
| 3 | 103 | 5.700000 |
| 4 | 104 | 7.000000 |
| 5 | 105 | 8.200000 |
| 6 | 106 | 15.600000 |

图 7-42　使用 AVG()函数对分组求平均值

GROUP BY子句根据s_id字段对记录进行分组，然后计算出每个分组的平均值，这种分组求平均值的方法非常有用，例如求不同班级学生成绩的平均值、求不同部门工人的平均工资、求各地的年平均气温等。

## 7.4.3　使用MAX()求列最大值

MAX()函数返回指定列中的最大值。

【例7.38】在fruits表中查找市场上价格最高的水果，Transact-SQL语句如下：

```
SELECT MAX(f_price) AS max_price FROM fruits;
```

执行结果如图7-43所示。

由结果可以看到，MAX()函数查询出了f_price字段的最大值15.60。

MAX()也可以和GROUP BY子句一起使用，用来求每个分组中的最大值。

【例7.39】在fruits表中查找不同供应商提供的价格最高的水果，Transact-SQL语句如下：

```
SELECT s_id, MAX(f_price) AS max_price FROM fruits GROUP BY s_id;
```

执行结果如图7-44所示。

由结果可以看到，GROUP BY子句根据s_id字段对记录进行分组，然后计算出每个分组中的最大值。

MAX()函数不仅适用于查找数值类型，也可以用于字符类型。

【例7.40】在fruits表中查找f_name的最大值，Transact-SQL语句如下：

```
SELECT MAX(f_name) FROM fruits;
```

执行结果如图7-45所示。

| | max_price |
|---|---|
| 1 | 15.60 |

图 7-43　使用 MAX()函数求最大值

| | s_id | max_price |
|---|---|---|
| 1 | 101 | 10.20 |
| 2 | 102 | 11.20 |
| 3 | 103 | 9.20 |
| 4 | 104 | 7.60 |
| 5 | 105 | 8.20 |
| 6 | 106 | 15.60 |

图 7-44　使用 MAX()函数求每个分组中的最大值

| | (无列名) |
|---|---|
| 1 | orange |

图 7-45　使用 MAX()函数求每个分组中字符串的最大值

由结果可以看到，MAX()函数可以对字母进行大小判断，并返回最大的字符或者字符串值。

> **⊹提示** MAX()函数除用来找出最大的列值或日期值外，还可以返回任意列中的最大值，包括返回字符类型的最大值。在对字符类型的数据进行比较时，按照字符的ASCII码值大小比较，从a到z，a的ASCII码最小，z的ASCII码最大。在比较时，先比较第一个字母，如果相等，继续比较下一个字母，一直到两个字母不相等或者结束为止。例如，'b'与't'比较时，'t'为最大值；"bcd"与"bca"比较时，"bcd"为最大值。

### 7.4.4 使用MIN()求列最小值

MIN()函数返回查询列中的最小值。

【例7.41】在fruits表中查找市场上水果的最低价格，Transact-SQL语句如下：

```
SELECT MIN(f_price) AS min_price FROM fruits;
```

执行结果如图7-46所示。

由结果可以看到，MIN()函数查询出了f_price字段的最小值2.20。

MIN()也可以和GROUP BY子句一起使用，用来求每个分组中的最小值。

【例7.42】在fruits表中查找不同供应商提供的价格最低的水果，Transact-SQL语句如下：

```
SELECT s_id, MIN(f_price) AS min_price FROM fruits GROUP BY s_id;
```

执行结果如图7-47所示。

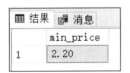

| | s_id | min_price |
|---|---|---|
| 1 | 101 | 3.20 |
| 2 | 102 | 5.30 |
| 3 | 103 | 2.20 |
| 4 | 104 | 6.40 |
| 5 | 105 | 8.20 |
| 6 | 106 | 15.60 |

| | min_price |
|---|---|
| 1 | 2.20 |

图 7-46　使用 MIN()函数求列最小值　　　　图 7-47　使用 MIN()函数求分组中的最小值

由结果可以看到，GROUP BY子句根据s_id字段对记录进行分组，然后计算出了每个分组中的最小值。

MIN()函数与MAX()函数类似，不仅适用于查找数值类型，也可用于字符类型。

### 7.4.5 使用COUNT()统计

COUNT()函数用于统计数据表中包含的记录行的总数，或者根据查询结果返回列中包含的数据行数。其使用方法有以下两种。

- COUNT(*)：计算表中总的行数，不管某列有数值还是为空值。
- COUNT(字段名)：计算指定列下总的行数，计算时将忽略字段值为空值的行。

【例7.43】查询customers表中总的行数，Transact-SQL语句如下：

```
SELECT COUNT(*) AS 客户总数 FROM customers;
```

执行结果如图7-48所示。

由查询结果可以看到，COUNT(*)返回customers表中记录的总行数，不管其值是什么。返回的总数的名称为客户总数。

【例7.44】查询customers表中有电子邮箱的客户的总数，Transact-SQL语句如下：

```
SELECT COUNT(c_email) AS email_num FROM customers;
```

执行结果如图7-49所示。

图 7-48　使用 COUNT()函数计算总记录数　　　　图 7-49　返回有具体列值的记录总数

由查询结果可以看到，表中4个customer只有3个有email，其他customer的email为空值（NULL）的记录没有被COUNT()函数计算。

 提示　两个例子中不同的数值说明了两种方式在计算总数的时候对待NULL值的方式的不同，即指定列的值为空的行被COUNT()函数忽略；但是如果不指定列，而是在COUNT()函数中使用星号"*"，则所有记录都不会被忽略。

前面介绍分组查询的时候，介绍了COUNT()函数与GROUP BY子句一起使用，用来计算不同分组中的记录总数。

【例7.45】在fruits表中，使用COUNT()函数统计不同供应商订购的水果的种类数目，Transact-SQL语句如下：

```
SELECT s_id '供应商', COUNT(f_name) '水果种类数
目' FROM fruits GROUP BY s_id;
```

执行结果如图7-50所示。

由查询结果可以看到，GROUP BY子句先按照供应商进行分组，然后计算每个分组中的总记录数。

图 7-50　使用 COUNT 函数求分组记录和

# 7.5　嵌 套 查 询

嵌套查询指一个查询语句嵌套在另一个查询语句内部的查询。嵌套查询又叫子查询，在SELECT子句中先计算子查询，子查询的结果作为外层另一个查询的过滤条件，查询可以基于一个表或者多个表。子查询中可以使用比较运算符，如"<""<="">"">="和"!="等。子查询

中常用的操作符有ANY(SOME)、ALL、IN、EXISTS。子查询可以添加到SELECT、UPDATE和DELETE语句中，而且可以进行多层嵌套。本节将介绍如何在SELECT语句中嵌套子查询。

## 7.5.1  使用比较运算符

子查询可以使用比较运算符，如 "<" "<=" "=" ">=" 和 "!=" 等。

【例7.46】在suppliers表中查询s_city等于Tianjin的供应商s_id，然后在fruits表中查询所有该供应商提供的水果的种类，Transact-SQL语句如下：

```
SELECT s_id, f_name FROM fruits WHERE s_id =
(SELECT s1.s_id FROM suppliers AS s1 WHERE s1.s_city = 'Tianjin');
```

该嵌套查询首先在suppliers表中查找s_city等于Tianjin的供应商的s_id，然后在外层查询中，在fruits表中查找s_id等于内层查询返回值的记录，查询结果如图7-51所示。

结果表明，Tianjin地区的供应商提供的水果种类有3种，分别为apple、blackberry和cherry。

【例7.47】在suppliers表中查询s_city等于Tianjin的供应商的s_id，然后在fruits表中查询所有非该供应商提供的水果的种类，Transact-SQL语句如下：

```
SELECT s_id, f_name FROM fruits WHERE s_id <>
(SELECT s1.s_id FROM suppliers AS s1 WHERE s1.s_city = 'Tianjin');
```

执行结果如图7-52所示。

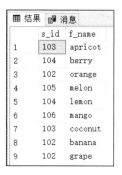

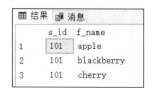

图 7-51  使用 "=" 运算符进行比较子查询　　图 7-52  使用 "<>" 运算符进行比较子查询

该嵌套查询的执行过程与前面相同，在这里使用了不等于 "<>" 运算符，因此返回的结果和前面正好相反。

## 7.5.2  使用IN关键字

IN关键字进行子查询时，内层查询语句仅仅返回一个数据列，这个数据列中的值将提供给外层查询语句进行比较操作。

【例7.48】在fruits表中查询订购f_id为c0的供应商的s_id，并根据供应商号查询供应商的名称s_name，Transact-SQL语句如下：

```
SELECT s_name FROM suppliers WHERE s_id IN
(SELECT s_id  FROM fruits WHERE f_id = 'c0');
```

执行结果如图7-53所示。

上述查询过程可以分步执行，首先内层子查询查出fruits表中符合条件的供应商的s_id，查询结果为101。然后执行外层查询，在suppliers表中查询供应商的s_id等于101的供应商名称。读者可以分别执行这两条SELECT语句，对比其返回值。嵌套子查询语句写为如下形式可以实现相同的效果：

```
SELECT s_name FROM suppliers WHERE s_id IN(101);
```

这个例子说明，在处理SELECT语句的时候，SQL Server 2022实际上执行了两个操作，即先执行内层子查询，再执行外层查询，内层子查询的结果作为外层查询的比较条件。

SELECT语句中可以使用NOT IN运算符，其作用与IN正好相反。

【例7.49】与前一个例子类似，但是在SELECT语句中使用NOT IN运算符，Transact-SQL语句如下：

```
SELECT s_name FROM suppliers WHERE s_id NOT IN
(SELECT s_id  FROM fruits WHERE f_id = 'c0');
```

执行结果如图7-54所示。

图 7-53　使用 IN 关键字进行子查询　　　图 7-54　使用 NOT IN 运算符进行子查询

## 7.5.3　使用ANY、SOME和ALL关键字

### 1. ANY和SOME关键字

ANY和SOME关键字是同义词，表示满足其中任一条件。它们允许创建一个表达式对子查询的返回值列表进行比较，只要满足内层子查询中的任何一个比较条件，就返回一个结果作为外层查询的条件。

下面定义两个表tb1和tb2：

```
CREATE table tbl1 ( num1 INT NOT NULL);
CREATE table tbl2 ( num2 INT NOT NULL);
```

分别向两个表中插入数据：

```
INSERT INTO tbl1 values(1), (5), (13), (27);
INSERT INTO tbl2 values(6), (14), (11), (20);
```

ANY关键字接在一个比较操作符的后面，表示与子查询返回的任何值比较为TRUE，则返回TRUE。

【例7.50】返回tb2表的所有num2列，然后将tb1中的num1值与之进行比较，只要是大于num2的值，均为符合查询条件的结果。

```
SELECT num1 FROM tbl1 WHERE num1 > ANY (SELECT num2 FROM tbl2);
```

执行结果如图7-55所示。

在子查询中，返回的是tbl2表的所有num2列的结果（6,14,11,20），然后将tbl1中的num1列的值与之进行比较，只要大于num2列的任意一个数，即为符合条件的结果。

### 2. ALL关键字

ALL关键字与ANY和SOME不同，使用ALL时需要同时满足所有内层查询的条件。例如，修改前面的例子，用ALL操作符替换ANY操作符。

ALL关键字接在一个比较操作符的后面，表示与子查询返回的所有值比较为TRUE，则返回TRUE。

【例7.51】返回tbl1表中比tbl2表num2 列所有值都大的值，Transact-SQL语句如下：

```
SELECT num1 FROM tbl1 WHERE num1 > ALL (SELECT num2 FROM tbl2);
```

执行结果如图7-56所示。

图 7-55　使用 ANY 关键字查询

图 7-56　使用 ALL 关键字查询

在子查询中，返回的是tbl2表的所有num2列的结果（6,14,11,20），然后将tbl1表中的num1列的值与之进行比较，大于所有num2列值的num1值只有27，因此返回结果为27。

## 7.5.4　使用EXISTS关键字

EXISTS关键字后面的参数是一个任意的子查询，系统对子查询进行运算以判断它是否返回行，如果至少返回一行，那么EXISTS的结果为TRUE，此时外层查询语句将进行查询；如果子查询没有返回任何行，那么EXISTS返回的结果是FALSE，此时外层语句将不进行查询。

【例7.52】查询表suppliers中是否存在s_id=107的供应商，如果存在，则查询fruits表中的记录，Transact-SQL语句如下：

```
SELECT * FROM fruits WHERE EXISTS
(SELECT s_name FROM suppliers WHERE s_id = 107);
```

执行结果如图7-57所示。

由结果可以看到，内层查询结果表明suppliers表中存在s_id=107的记录，因此EXISTS表达式返回TRUE；外层查询语句接收TRUE之后对表fruits进行查询，返回所有的记录。

EXISTS关键字可以和条件表达式一起使用。

【例7.53】查询表suppliers中是否存在s_id=107的供应商，如果存在，则查询fruits表中f_price大于10.20的记录，Transact-SQL语句如下：

```
SELECT * FROM fruits WHERE f_price>10.20 AND EXISTS
```

```
(SELECT s_name FROM suppliers WHERE s_id = 107);
```

执行结果如图7-58所示。

| | f_id | s_id | f_name | f_price |
|---|---|---|---|---|
| 1 | a1 | 101 | apple | 5.20 |
| 2 | a2 | 103 | apricot | 2.20 |
| 3 | b1 | 101 | blackberry | 10.20 |
| 4 | b2 | 104 | berry | 7.60 |
| 5 | bs1 | 102 | orange | 11.20 |
| 6 | bs2 | 105 | melon | 8.20 |
| 7 | c0 | 101 | cherry | 3.20 |
| 8 | l2 | 104 | lemon | 6.40 |
| 9 | m1 | 106 | mango | 15.60 |
| 10 | o2 | 103 | coconut | 9.20 |
| 11 | t1 | 102 | banana | 10.30 |
| 12 | t2 | 102 | grape | 5.30 |

图 7-57　使用 EXISTS 关键子查询

| | f_id | s_id | f_name | f_price |
|---|---|---|---|---|
| 1 | bs1 | 102 | orange | 11.20 |
| 2 | m1 | 106 | mango | 15.60 |
| 3 | t1 | 102 | banana | 10.30 |

图 7-58　使用 EXISTS 关键字的复合条件查询

由结果可以看到，内层查询结果表明suppliers表中存在s_id=107的记录，因此EXISTS表达式返回TRUE；外层查询语句接收TRUE之后根据查询条件f_price > 10.20对fruits表进行查询，返回结果为3条f_price大于10.20的记录。

NOT EXISTS与EXISTS的使用方法相同，返回的结果相反。如果子查询至少返回一行，那么NOT EXISTS的结果为FALSE，此时外层查询语句将不进行查询；如果子查询没有返回任何行，那么NOT EXISTS返回的结果是TRUE，此时外层语句将进行查询。

【例7.54】查询表suppliers中是否存在s_id=107的供应商，如果不存在，则查询fruits表中的记录，Transact-SQL语句如下：

```
SELECT * FROM fruits WHERE NOT EXISTS
(SELECT s_name FROM suppliers WHERE s_id = 107);
```

该条语句的查询结果为空值。查询语句SELECT s_name FROM suppliers WHERE s_id = 107对suppliers表查询返回了一条记录，NOT EXISTS表达式返回FALSE，外层表达式接收FALSE，将不再查询fruits表中的记录。

提示　EXISTS和NOT EXISTS的结果只取决于是否会返回行，而不取决于这些行的内容，所以这个子查询输入列表通常是无关紧要的。

# 7.6　多表连接查询

连接是关系数据库模型的主要特点。连接查询是关系数据库中最主要的查询，主要包括内连接、外连接等。通过连接运算符可以实现多个表查询。在关系数据库管理系统中，表建立时各数据之间的关系不必确定，常把一个实体的所有信息存放在一个表中。当查询数据时，通过连接操作查询出存放在多个表中的不同实体的信息。当两个或多个表中存在相同意义的字段时，便可以通过这些字段对不同的表进行连接查询。

内连接查询用于列出与连接条件匹配的数据行，它使用比较运算符比较被连接列的列值。SQL Server中的内连接有等值连接和不等连接。本节将介绍多表之间的内连接查询。

## 7.6.1 等值连接

等值连接又叫相等连接，在连接条件中使用“=”运算符比较被连接列的列值，其查询结果中会列出被连接表中的所有列，包括其中的重复列。

fruits表和suppliers表中有相同含义的字段s_id，两个表通过s_id字段建立联系。接下来从fruits表中查询f_name和f_price字段，从suppliers表中查询s_id和s_name。

**【例7.55】**在fruits表和suppliers表之间使用INNER JOIN语法进行内连接查询，Transact-SQL语句如下：

```
SELECT suppliers.s_id, s_name,f_name, f_price FROM fruits INNER JOIN suppliers
ON fruits.s_id = suppliers.s_id;
```

执行结果如图7-59所示。

结果 消息

| | s_id | s_name | f_name | f_price |
|---|---|---|---|---|
| 1 | 101 | FastFruit Inc | apple | 5.20 |
| 2 | 103 | ACME | apricot | 2.20 |
| 3 | 101 | FastFruit Inc | blackberry | 10.20 |
| 4 | 104 | FNK Inc | berry | 7.60 |
| 5 | 102 | LT Supplies | orange | 11.20 |
| 6 | 105 | Good Set | melon | 8.20 |
| 7 | 101 | FastFruit Inc | cherry | 3.20 |
| 8 | 104 | FNK Inc | lemon | 6.40 |
| 9 | 106 | Just Eat Ours | mango | 15.60 |
| 10 | 103 | ACME | coconut | 9.20 |
| 11 | 102 | LT Supplies | banana | 10.30 |
| 12 | 102 | LT Supplies | grape | 5.30 |

图 7-59　使用 INNER JOIN 进行相等内连接查询

在上面的查询语句中，两个表之间的关系通过INNER JOIN指定。在使用这种语法的时候，连接的条件使用ON子句给出而不是WHERE，ON和WHERE后面指定的条件相同。

## 7.6.2 不等连接

对于不等连接，在连接条件中使用除“=”运算符外的其他比较运算符来比较被连接的列的列值。这些运算符包括“>”“>=”“<=”“<”“!>”“!<”和“<>”。

**【例7.56】**在fruits表和suppliers表之间使用INNER JOIN语法进行内连接查询，Transact-SQL语句如下：

```
SELECT suppliers.s_id, s_name,f_name, f_price FROM fruits INNER JOIN suppliers
ON fruits.s_id <> suppliers.s_id;
```

执行结果如图7-60所示。

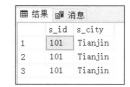

图 7-60　使用 INNER JOIN 进行不相等内连接查询

### 7.6.3　带选择条件的连接

带选择条件的连接查询是在连接查询的过程中，通过添加过滤条件限制查询的结果，使查询的结果更加准确。

【例7.57】在fruits表和suppliers表中，使用INNER JOIN语法查询fruits表中供应商号为101的城市名称s_city，Transact-SQL语句如下：

```
SELECT fruits.s_id, suppliers.s_city FROM fruits INNER JOIN suppliers
ON fruits.s_id = suppliers.s_id AND fruits.s_id = 101;
```

执行结果如图7-61所示。

结果显示，在连接查询中指定了查询供应商为101的城市信息，添加了过滤条件之后返回的结果将会变少，因此返回结果只有3条记录。

| | s_id | s_city |
|---|---|---|
| 1 | 101 | Tianjin |
| 2 | 101 | Tianjin |
| 3 | 101 | Tianjin |

图 7-61　带选择条件的连接查询

### 7.6.4　自连接

如果在一个连接查询中涉及的两张表是同一张表，这种查询称为自连接查询。自连接是一种特殊的内连接，它是指相互连接的表在物理上为同一张表，但可以在逻辑上分为两张表。

【例7.58】查询f_id='a1'的水果供应商提供的其他水果种类，Transact-SQL语句如下：

```
SELECT f1.f_id, f1.f_name FROM fruits AS f1, fruits AS f2
WHERE f1.s_id = f2.s_id AND f2.f_id = 'a1';
```

执行结果如图7-62所示。此处查询的两张表是相同的表，为了防止产生二义性，对表使用了别名。ftuits表第一次出现的别名为f1，第二次出现的别名为f2。在使用SELECT语句返回列时，明确指出返回以第一张表f1为前缀的列的全名，WHERE用于连接两张表，并按照第二张表f2的f_id对数据进行过滤，返回所需的数据。

| | f_id | f_name |
|---|---|---|
| 1 | a1 | apple |
| 2 | b1 | blackberry |
| 3 | c0 | cherry |

图 7-62　自连接查询

# 7.7 外 连 接

连接查询将查询多张表中相关联的行，在内连接中，返回的是查询结果集合中仅符合查询条件和连接条件的行，但有时需要包含没有关联的行中的数据，即不仅返回查询结果集合中包含符合连接条件的行，还返回包括左表（左外连接或左连接）、右表（右外连接或右连接）或两个边接表（全外连接）中的所有数据行。外连接分为左外连接和右外连接。

- LEFT JOIN（左外连接）：返回包括左表中的所有记录和右表中连接字段相等的记录。
- RIGHT JOIN（右外连接）：返回包括右表中的所有记录和左表中连接字段相等的记录。

本节将分别介绍这两种连接方式。为了显示演示效果，下面创建student表和stu_detail表，在student表中包含学生的id号和姓名，stu_detail表中包含学生的id号、班级和家庭住址，而现在公布分班信息，只需要id号、姓名和班级，这该如何解决？通过学习后面的内容就可以找到完美的解决方案。

表设计语句如下：

```
CREATE TABLE student
(
  s_id  INT,
  name VARCHAR(40)
);
CREATE TABLE stu_detail
(
  s_id   INT,
  glass  VARCHAR(40),
  addr   VARCHAR(90)
);
```

为了演示如何使用外连接，读者需要插入如下数据：

```
INSERT INTO student VALUES(1,'wanglin1'),(2,''),(3,'zhanghai');
INSERT INTO stu_detail VALUES(1, 'wuban','henan'),(2,'liuban','hebei'),
(3,'qiban','');
```

## 7.7.1 左外连接

左外连接的结果包括LEFT OUTER JOIN关键字左边连接表的所有行，而不仅仅是连接列所匹配的行。如果左表的某行在右表中没有匹配行，则在相关联的结果集行中，右表的所有选择表字段均为空值。

【例7.59】在student表和stu_detail表中，查询所有ID相同的学生号和居住城市，Transact-SQL语句如下：

```
SELECT student.s_id, stu_detail.addr FROM student LEFT OUTER JOIN stu_detail
ON student.s_id = stu_detail.s_id;
```

执行结果如图7-63所示。

结果显示了3条记录，ID等于3的学生没有地址信息，所以该条记录只取出了student表中相应的值，而从stu_detail表中取出的值为空值。

结果 消息

| | s_id | addr |
|---|---|---|
| 1 | 1 | henan |
| 2 | 2 | hebei |
| 3 | 3 | |

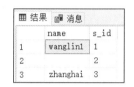

图 7-63　左外连接查询

### 7.7.2　右外连接

右连接是左连接的反向连接，将返回RIGHT OUTER JOIN关键字右边的表中的所有行。如果右表的某行在左表中没有匹配行，左表将返回空值。

**【例7.60】** 在student表和stu_detail表中查询所有ID相同的学生名字和对应学号，包括没有填写名称的学生，Transact-SQL语句如下：

```
SELECT student.name, stu_detail.s_id FROM student RIGHT OUTER JOIN stu_detail
ON student.s_id = stu_detail.s_id;
```

执行结果如图7-64所示。

结果显示了3条记录，ID等于2的学生没有名字信息，所以该条记录只取出了stu_detail表中相应的值，而从student表中取出的值为空值。

结果 消息

| | name | s_id |
|---|---|---|
| 1 | wanglin1 | 1 |
| 2 | | 2 |
| 3 | zhanghai | 3 |

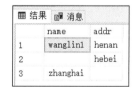

图 7-64　右外连接查询

### 7.7.3　全外连接

全外连接又称为完全外连接，该连接查询方式返回两个连接中所有的记录数据。根据匹配条件，如果满足匹配条件，则返回数据；如果不满足匹配条件，同样返回数据，只不过在相应的列中填入空值，全外连接返回的结果集中包含两张完全表的所有数据。全外连接使用关键字FULL OUTER JOIN。

**【例7.61】** 在student表和stu_detail表中使用全外连接查询，Transact-SQL语句如下：

```
SELECT student.name, stu_detail.addr FROM student FULL OUTER
JOIN stu_detail
ON student.s_id = stu_detail.s_id;
```

执行结果如图7-65所示。

结果显示了3条记录，这里第2条和第3条记录是不满足匹配条件的，因此其对应的字段分别填入空值。

结果 消息

| | name | addr |
|---|---|---|
| 1 | wanglin1 | henan |
| 2 | | hebei |
| 3 | zhanghai | |

图 7-65　全外连接查询

## 7.8　使用排序函数

在SQL Server 2022中，可以对返回的查询结果进行排序，排序函数提供了一种按升序组织输出结果集的方式。用户可以为每一行或每一个分组指定一个唯一的序号。SQL Server 2022中有4个可以使用的排序函数，分别是ROW_NUMBER()、RANK()、DENSE_RANK()和NTILE()函数。本节将介绍这几个函数的用法。

### 1. ROW_NUMBER()函数

ROW_NUMBER()函数为每条记录增添递增的顺序数值序号，即使存在相同的值，也是递增序号。

【例7.62】使用ROW_NUMBER()函数对查询的结果进行分组排序。

```
SELECT ROW_NUMBER() OVER (ORDER BY s_id ASC) AS ROWID,s_id,f_name FROM fruits;
```

执行结果如图7-66所示。

在返回的结果中，每一条记录都有一个不同的数字序号。

### 2. RANK()函数

如果两个或多个行与一个排名关联，则每个关联行将得到相同的排名。例如，如果两位学生具有相同的s_score值，则他们将并列第一。由于已有两行排名在前，因此具有下一个最高s_score的学生将排名第三。RANK()函数并不总是返回连续整数。

【例7.63】使用RANK()函数对根据s_id字段查询的结果进行分组排序。

```
SELECT RANK() OVER (ORDER BY s_id ASC) AS RankID,s_id,f_name FROM fruits;
```

执行结果如图7-67所示。

| | ROWID | s_id | f_name |
|---|---|---|---|
| 1 | 1 | 101 | apple |
| 2 | 2 | 101 | blackberry |
| 3 | 3 | 101 | cherry |
| 4 | 4 | 102 | orange |
| 5 | 5 | 102 | banana |
| 6 | 6 | 102 | grape |
| 7 | 7 | 103 | coconut |
| 8 | 8 | 103 | apricot |
| 9 | 9 | 104 | berry |
| 10 | 10 | 104 | lemon |
| 11 | 11 | 105 | melon |
| 12 | 12 | 106 | mango |

| | RankID | s_id | f_name |
|---|---|---|---|
| 1 | 1 | 101 | apple |
| 2 | 1 | 101 | blackberry |
| 3 | 1 | 101 | cherry |
| 4 | 4 | 102 | orange |
| 5 | 4 | 102 | banana |
| 6 | 4 | 102 | grape |
| 7 | 7 | 103 | coconut |
| 8 | 7 | 103 | apricot |
| 9 | 9 | 104 | berry |
| 10 | 9 | 104 | lemon |
| 11 | 11 | 105 | melon |
| 12 | 12 | 106 | mango |

图 7-66  使用 ROW_NUMBER()函数对查询　　　　图 7-67  使用 RANK()函数对查询
　　　　结果进行排序　　　　　　　　　　　　　　　结果进行排序

返回的结果中有相同s_id值的记录的序号相同，第4条记录的序号为一个跳号，与前面3条记录的序号不连续，下面的情况相同。

> **提示** 排序函数只和SELECT以及ORDER BY语句一起使用，不能直接在WHERE或者GROUP BY子句中使用。

### 3. DENSE_RANK()函数

DENSE_RANK()函数返回结果集分区中行的排名，在排名中没有任何间断。行的排名等于所讨论行之前的所有排名数加一，即相同的数据序号相同，接下来顺序递增。

【例7.64】使用DENSE_RANK()函数对根据s_id字段查询的结果进行分组排序。

```
SELECT DENSE_RANK() OVER (ORDER BY s_id ASC) AS DENSEID,s_id,f_name FROM fruits;
```

执行结果如图7-68所示。

在返回的结果中，具有相同s_id的记录组有着相同的排列序号值，序号值依次递增。

### 4. NTILE()函数

NTILE(N)函数用来将查询结果中的记录分为N组。各个组有编号，编号从1开始。对于每一行，NTILE将返回此行所属的组的编号。

【例7.65】使用NTILE()函数对根据s_id字段查询的结果进行分组排序。

```
SELECT NTILE(5) OVER (ORDER BY s_id ASC) AS NTILEID,s_id,f_name FROM fruits;
```

执行结果如图7-69所示。

| | DENSEID | s_id | f_name |
|---|---|---|---|
| 1 | 1 | 101 | apple |
| 2 | 1 | 101 | blackberry |
| 3 | 1 | 101 | cherry |
| 4 | 2 | 102 | orange |
| 5 | 2 | 102 | banana |
| 6 | 2 | 102 | grape |
| 7 | 3 | 103 | coconut |
| 8 | 3 | 103 | apricot |
| 9 | 4 | 104 | berry |
| 10 | 4 | 104 | lemon |
| 11 | 5 | 105 | melon |
| 12 | 6 | 106 | mango |

图 7-68　使用 DENSE_RANK()函数
对查询结果进行分组排序

| | NTILEID | s_id | f_name |
|---|---|---|---|
| 1 | 1 | 101 | apple |
| 2 | 1 | 101 | blackberry |
| 3 | 1 | 101 | cherry |
| 4 | 2 | 102 | orange |
| 5 | 2 | 102 | banana |
| 6 | 2 | 102 | grape |
| 7 | 3 | 103 | coconut |
| 8 | 3 | 103 | apricot |
| 9 | 4 | 104 | berry |
| 10 | 4 | 104 | lemon |
| 11 | 5 | 105 | melon |
| 12 | 5 | 106 | mango |

图 7-69　使用 NTILE()函数对查询
结果进行排序

由结果可以看到，NTILE(5)将返回记录分为5组，每组一个序号，序号依次递增。

# 7.9　动　态　查　询

前面介绍的各种查询方法中使用的SQL语句都是固定的,这些语句中的查询条件相关的数据类型也是固定的，这种SQL语句称为静态SQL语句。静态SQL语句在许多情况下不能满足要求，不能编写更为通用的程序。例如有一个学生成绩表，对于学生来说，只想查询自己的成绩，而对于老师来说，可能想要知道班级里面所有学生的成绩。这样一来，不同的用户查询的字段列是不相同的，因此必须在查询之前动态指定查询语句的内容，这种根据实际需要临时组装成的SQL语句,就是动态SQL语句。

动态语句可以由完整的SQL语句组成，也可以根据操作类型，分别指定SELECT或者INSERT等关键字，同时也可以指定查询对象和查询条件。

动态SQL语句是在运行时由程序创建的字符串，它们必须是有效的SQL语句。

【例7.66】使用动态生成的SQL语句完成对fruits表的查询，Transact-SQL语句如下：

```
DECLARE @id INT;
declare @sql varchar(8000)
SELECT @id=101;
SELECT @sql ='SELECT f_name, f_price FROM fruits WHERE s_id = ';
exec(@sql + @id );
```

执行结果如图7-70所示。

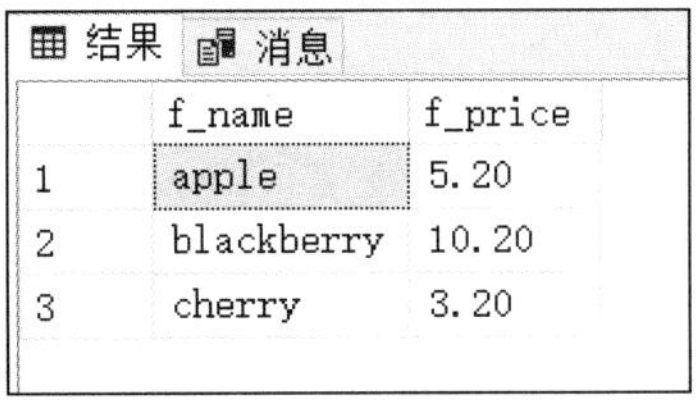

| | f_name | f_price |
|---|---|---|
| 1 | apple | 5.20 |
| 2 | blackberry | 10.20 |
| 3 | cherry | 3.20 |

图 7-70    执行动态查询语句

前面各个例题介绍的所有查询操作都可以使用动态SQL语句完成。读者可以尝试使用动态查询语句执行前面介绍的其他查询操作。

# 第 8 章

# 数据的更新

存储在系统中的数据是数据库管理系统（Database Management System，DBMS）的核心，数据库被设计用来管理数据的存储、访问和维护数据的完整性。SQL Server 中提供了功能丰富的数据库管理语句，包括向数据库中有效插入数据的 INSERT 语句、更新数据的 UPDATE 语句以及当数据不再使用时删除数据的 DELETE 语句。本章将详细介绍在 SQL Server 中如何使用这些语句操作数据。

## 8.1　插入数据——INSERT

在使用数据库之前，数据库中必须要有数据，SQL Server使用INSERT语句向数据库表中插入新的数据记录。向已创建好的数据表中插入记录，可以一次插入一条记录，也可以一次插入多条记录。插入记录中的值必须符合各个字段的数据类型。INSERT语句的基本语法格式如下：

```
INSERT [INTO] table_name [ column_list ]
VALUES (value_list);
```

- INSERT：插入数据表时使用的关键字，告诉 SQL Server 该语句的用途，该关键字后面的内容是 INSERT 语句的详细执行过程。
- INTO：可选的关键字，用在 INSERT 和执行插入操作的表之间。该参数是一个可选参数。使用 INTO 关键字可以增强语句的可读性。
- table_name：指定要插入数据的表名。
- column_list：可选参数，用来指定记录中显式插入的数据的字段，如果不指定字段列表，则后面的 value_list 中的每一个值都必须与表中对应位置处的值相匹配，即第一个值对应第一列，第二个值对应第二列。注意，插入时必须为所有既不允许为空值又没有默认值的列提供一个值，直至最后一个这样的列。
- VALUES：VALUES 关键字后面指定要插入的数据列表值。

- value_list：指定每个列对应插入的数据。字段列和数据值的数量必须相同，多个值之间使用逗号隔开。value_list 中的这些值可以是 DEFAULT、NULL 或者表达式。DEFAULT 表示插入该列在定义时的默认值；NULL 表示插入空值；表达式可以是一个运算过程，也可以是一个 SELECT 查询语句，SQL Server 将插入表达式计算之后的结果。

使用INSERT语句时要注意以下几点：

（1）不要向设置了标识属性的列中插入值。

（2）若字段不允许为空，且未设置默认值，则必须给该字段设置数据值。

（3）VALUES子句中给出的数据类型必须和列的数据类型相对应。

> 提示 为了保证数据的安全性和稳定性，只有数据库和数据库对象的创建者及被授予权限的用户才能对数据库进行添加、修改和删除操作。

### 8.1.1 插入单行数据

在演示插入操作之前，需要准备一张数据表，这里使用前面定义过的person表，请读者在自己的数据库中创建该数据表，创建表的语句如下：

```
CREATE TABLE person
(
  id    INT NOT NULL PRIMARY KEY,
  name  VARCHAR(40) NOT NULL DEFAULT '',
  age   INT NOT NULL DEFAULT 0,
  info  VARCHAR(50) NULL
);
```

执行上述语句后，即可新建person表，打开设计图，如图8-1所示。

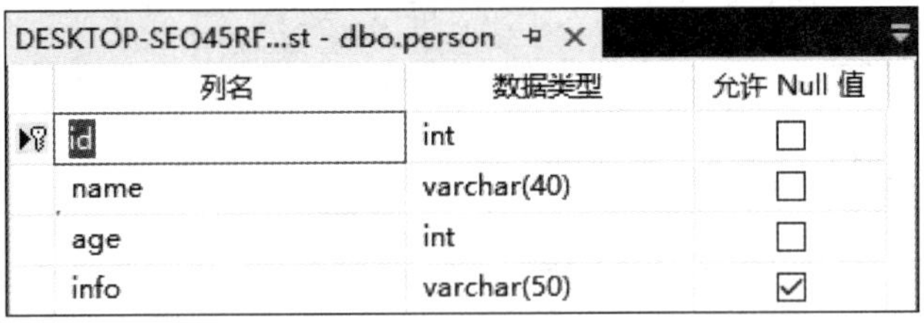

| 列名 | 数据类型 | 允许 Null 值 |
|---|---|---|
| id | int | ☐ |
| name | varchar(40) | ☐ |
| age | int | ☐ |
| info | varchar(50) | ☑ |

图 8-1　person 表的设计图

#### 1. 为表中所有字段插入数据

【例8.1】向person表中插入一条新记录，id值为1，name值为Green，age值为21，info值为lawyer，Transact-SQL语句如下：

```
INSERT INTO person (id ,name, age , info) VALUES (1,'Green', 21, 'Lawyer');
```

语句执行完毕，可以使用SELECT语句查看执行结果，输入Transact-SQL命令：

```
SELECT * FROM person;
```

执行上述语句后，结果如图8-2所示。

INSERT语句后面的列名称顺序可以不是person表定义时的顺序。即插入数据时，不需要按照表定义的顺序插入，只要保证值的顺序与列字段的顺序相同即可，如例8.2所示。

【例8.2】在person表中插入一条新记录，id值为2，name值为Suse，age值为22，info值为dancer，Transact-SQL语句如下：

```
INSERT INTO person (age ,name, id , info) VALUES (22, 'Suse', 2, 'dancer');
SELECT * FROM person;
```

执行结果如图8-3所示。可见虽然字段顺序不同，但是仍然成功地插入了一条记录。

| | id | name | age | info |
|---|---|---|---|---|
| 1 | 1 | Green | 21 | Lawyer |

图 8-2　查询 person 表的数据

| | id | name | age | info |
|---|---|---|---|---|
| 1 | 1 | Green | 21 | Lawyer |
| 2 | 2 | Suse | 22 | dancer |

图 8-3　插入新数据

使用INSERT插入数据时，允许列名称列表column_list为空，此时值列表中需要为表的每一个字段指定值，并且值的顺序必须和数据表中字段定义时的顺序相同。

使用INSERT插入语句时，允许插入的字段列表为空，不指定待插入的字段名称，此时值列表中需要为表的每一个字段指定值，并且值的顺序必须和数据表中字段定义时的顺序相同。

【例8.3】在person表中插入一条新记录，Transact-SQL语句如下：

```
INSERT INTO person VALUES (3,'Mary', 24, 'Musician');
SELECT * FROM person;
```

执行结果如图8-4所示。可以看到，INSERT语句成功地插入了一条记录。

### 2. 为表的指定字段插入数据

为表的指定字段插入数据就是在INSERT语句中只向部分字段中插入值，而其他字段的值为表定义时的默认值。

【例8.4】在person表中插入两条新记录，一条记录中指定name值为Willam，info值为sports man；另一条记录中指定name值为laura，Transact-SQL语句如下：

```
INSERT INTO person (id,name, info) VALUES(4,'Willam', 'sports man');
INSERT INTO person (id,name ) VALUES (5,'Laura');
SELECT * FROM person;
```

插入之后的结果如图8-5所示。

| | id | name | age | info |
|---|---|---|---|---|
| 1 | 1 | Green | 21 | Lawyer |
| 2 | 2 | Suse | 22 | dancer |
| 3 | 3 | Mary | 24 | Musician |

图 8-4　查看插入一条记录的结果

| | id | name | age | info |
|---|---|---|---|---|
| 1 | 1 | Green | 21 | Lawyer |
| 2 | 2 | Suse | 22 | dancer |
| 3 | 3 | Mary | 24 | Musician |
| 4 | 4 | Willam | 0 | sports man |
| 5 | 5 | Laura | 0 | NULL |

图 8-5　为表指定字段插入值

可以看到，虽然没有指定插入的字段和字段值，例8.4中的语句仍可以正常执行，SQL Server 自动向相应字段插入了默认值。

## 8.1.2 插入多行数据

INSERT语句可以同时向数据表中插入多条记录，插入时指定多个值列表，每个值列表之间用逗号分隔开。

【例8.5】在person表中，在id、name、age和info字段指定插入值，同时插入3条新记录，Transact-SQL语句如下：

```
INSERT INTO person(id,name, age, info) VALUES (6,'Evans',27, 'secretary'),
(7,'Dale',22, 'cook'),(8,'Edison',28, 'singer');
SELECT * FROM person;
```

语句执行之后的结果如图8-6所示。

下面介绍一种非常有用的插入方式——将查询结果插入表中。

INSERT还可以将SELECT语句查询的结果插入表中，如果想要从另一个表中合并个人信息到person表，不需要把多条记录的值一个一个输入，只需要使用一条INSERT语句和一条SELECT语句组成的组合语句即可快速地从一个或多个表中向另一个表中插入多个行。

图 8-6　插入多条记录的结果

【例8.6】从person_old表中查询所有的记录，并将其插入person表中。

首先，创建一个名为person_old的数据表，其表结构与person表结构相同，Transact-SQL语句如下：

```
CREATE TABLE person_old
(
  id    INT NOT NULL PRIMARY KEY,
  name  VARCHAR(40) NOT NULL DEFAULT '',
  age   INT NOT NULL DEFAULT 0,
  info  VARCHAR(50) NULL
);
```

向person_old表中添加两条记录：

```
INSERT INTO person_old VALUES(9,'Harry',20, 'student'),
(10,'Beckham',31, 'police');
SELECT * FROM person_old;
```

执行结果如图8-7所示。可以看到，INSERT语句成功地插入了两条记录。

person_old表中现在有两条记录。接下来将person_old表中所有的记录插入person表中，Transact-SQL语句如下：

```
INSERT INTO person(id, name, age, info) SELECT id, name, age, info FROM person_old;
SELECT * FROM person;
```

上面代码的执行结果如图8-8所示。

图 8-7　person_old 表中添加两条记录

图 8-8　将查询结果插入表中

由结果可以看到，INSERT语句执行后，person表中多了两条记录，这两条记录和person_old表中的记录完全相同，数据转移成功。

# 8.2　修改数据——UPDATE

表中有数据之后，接下来可以对数据进行更新操作，SQL Server中使用UPDATE语句更新表中的记录，可以更新特定的行或者同时更新所有的行。UPDATE语句的基本语法格式如下：

```
UPDATE table_name
SET column_name1 = value1,column_name2=value2,...,column_nameN=valueN
WHERE search_condition
```

- table_name：要修改的数据表名称。
- SET 子句：指定要修改的字段名和字段值，可以是常量或者表达式。
- column_name1,column_name2,...,column_nameN：需要更新的字段的名称。
- value1,value2,...,valueN：相对应的指定字段的更新值，更新多个列时，每个"列=值"对之间用逗号隔开，最后一列之后不需要逗号。
- WHERE 子句：指定待更新的记录需要满足的条件，具体的条件在 search_condition 中指定。如果不指定 WHERE 子句，则对表中所有的数据行进行更新。

## 8.2.1　修改单行数据

修改单行记录时，可以同时修改数据表中多个字段值，下面来看一个例子。

【例8.7】在person表中，更新id值为10的记录，将age字段值改为15，将name字段值改为LiMing，Transact-SQL语句如下：

```
SELECT * FROM person WHERE id =10;
UPDATE person SET age = 15, name='LiMing' WHERE id = 10;
SELECT * FROM person WHERE id =10;
```

151

执行代码之后的结果如图8-9所示。

由结果可以看到，结果区域中分别显示了修改前后id=10的记录中各个字段的值。由第二条查询结果可以看到，学生的基本信息中的name和age字段已经被成功修改。

### 8.2.2 修改多行数据

图 8-9 修改单行记录结果

在实际业务中，有时需要同时更新整个表的某些数据列，或者是符合条件的某些数据字段。

#### 1. 修改部分记录的字段数据

【例8.8】在person表中，更新age值为19～22的记录，将info字段值都改为student，打开查询编辑窗口，输入如下SQL语句：

```
SELECT * FROM person WHERE age BETWEEN 19 AND 22;
UPDATE person SET info='student' WHERE age BETWEEN 19 AND 22;
SELECT * FROM person WHERE age BETWEEN 19 AND 22;
```

执行结果如图8-10所示。

由代码执行前后的结果可以看到，UPDATE语句执行后，成功地将表中符合条件的记录的info字段值都改为了student。

#### 2. 修改所有记录的字段数据

【例8.9】在person表中，将所有记录的info字段值改为vip，打开查询编辑窗口，输入如下SQL语句：

```
SELECT * FROM person;
UPDATE person SET info='vip';
SELECT * FROM person;
```

执行结果如图8-11所示。可以看到，所有记录中的info字段值都变成了vip。

图 8-10 修改部分记录字段

图 8-11 修改所有记录的字段值

# 8.3 删除数据——DELETE

当数据表中的数据不再需要时，可以将其删除以节省磁盘空间。从数据表中删除数据使用DELETE语句，DELETE语句允许WHERE子句指定删除条件。DELETE语句的基本语法格式如下：

```
DELETE FROM table_name
[WHERE <condition>];
```

- table_name：指定要执行删除操作的表。
- [WHERE <condition>]：为可选参数，指定删除条件。如果没有 WHERE 子句，DELETE 语句将删除表中的所有记录。

## 8.3.1 删除部分数据

删除部分数据时需要指定删除的记录满足的条件，需要使用WHERE子句，下面来看一个例子。

【例8.10】在person表中，删除age等于22的记录，Transact-SQL语句如下：

```
SELECT * FROM person;
DELETE FROM person WHERE age = 22;
SELECT * FROM person;
```

执行结果如图8-12所示。

可以看到，代码执行之前，在表中有两条满足条件的记录，执行DELETE操作之后，这两条记录被成功删除。

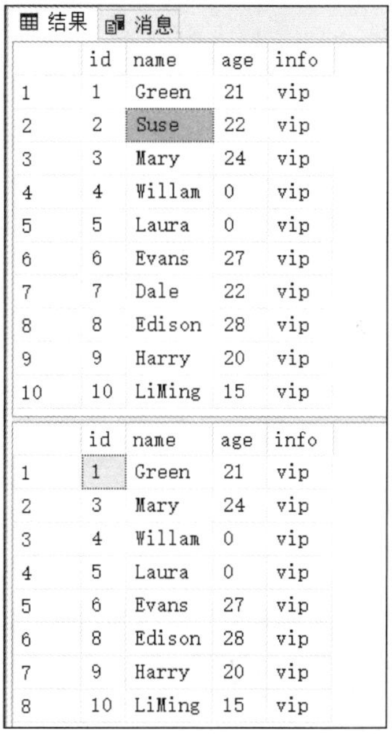

| | id | name | age | info |
|---|---|---|---|---|
| 1 | 1 | Green | 21 | vip |
| 2 | 2 | Suse | 22 | vip |
| 3 | 3 | Mary | 24 | vip |
| 4 | 4 | Willam | 0 | vip |
| 5 | 5 | Laura | 0 | vip |
| 6 | 6 | Evans | 27 | vip |
| 7 | 7 | Dale | 22 | vip |
| 8 | 8 | Edison | 28 | vip |
| 9 | 9 | Harry | 20 | vip |
| 10 | 10 | LiMing | 15 | vip |

| | id | name | age | info |
|---|---|---|---|---|
| 1 | 1 | Green | 21 | vip |
| 2 | 3 | Mary | 24 | vip |
| 3 | 4 | Willam | 0 | vip |
| 4 | 5 | Laura | 0 | vip |
| 5 | 6 | Evans | 27 | vip |
| 6 | 8 | Edison | 28 | vip |
| 7 | 9 | Harry | 20 | vip |
| 8 | 10 | LiMing | 15 | vip |

图 8-12 删除部分记录

## 8.3.2 删除表中所有数据

读者已经知道如何删除表中的指定记录了，删除表中所有数据记录将会非常简单，抛掉WHERE子句就可以了。

【例8.11】删除person表中所有记录，Transact-SQL语句如下：

```
SELECT * FROM person;
DELETE FROM person;
SELECT * FROM person;
```

执行结果如图8-13所示。

| | id | name | age | info |
|---|---|---|---|---|
| 1 | 1 | Green | 21 | vip |
| 2 | 3 | Mary | 24 | vip |
| 3 | 4 | Willam | 0 | vip |
| 4 | 5 | Laura | 0 | vip |
| 5 | 6 | Evans | 27 | vip |
| 6 | 8 | Edison | 28 | vip |
| 7 | 9 | Harry | 20 | vip |
| 8 | 10 | LiMing | 15 | vip |
| | id | name | age | info |

图 8-13 删除表中所有记录

从图8-13显示的删除表操作前后的结果可以看到，代码执行之后，数据表已经清空，删除表中所有记录成功，现在person表中已经没有任何数据记录。

153

# 第 9 章

# 规则、默认和完整性约束

通过在列级别或表级别设置约束，可以确保数据符合某种数据完整性规则。数据库的完整性是指数据库中数据的正确性和相容性。在数据库中可以使用多种完整性约束，完整性约束使得数据库可以主动应对数据库中产生的问题，及时在开发过程中发现并解决问题。本章将介绍与数据完整性相关的 3 个概念，分别是规则、默认和完整性约束。

## 9.1　规则和默认概述

规则是对数据表中的列或用户定义数据类型的值的约束，规则与其作用的表或用户定义数据类型是相互独立的，也就是说，对表或用户定义数据类型进行的任何操作，都不会影响与对其设置的规则。

默认值指用户在插入数据时，如果没有给某列指定相应的数据值，SQL Server系统会自动为该列填充一个值，默认值可以应用在列或用户定义的数据类型中，但是，它不会因数据列或用户定义的数据类型的修改、删除等操作而受影响。

## 9.2　规则的基本操作

规则的基本操作包括创建、绑定、取消、查看和删除。本节将介绍这些内容。

### 9.2.1　创建规则

创建规则使用CREATE RULE语句，其基本语法格式如下：

```
CREATE RULE rule_name
AS condition_expression
```

- rule_name：表示新规则的名称。规则名称必须符合标识符规则。
- condition_expression：表示定义的规则的条件。规则可以是 WHERE 子句中任何有效的表达式，并且可以包括诸如算术运算符、关系运算符和谓词（如 IN、LIKE、BETWEEN）这样的元素。但是，规则不能引用列或其他数据库对象。

【例9.1】为stu_info表定义一个规则，指定其成绩列的值必须大于0且小于100，输入语句如下：

```
USE test_db;
GO
CREATE RULE rule_score
AS
@score > 0 AND @score < 100
```

输入完成后，单击【执行】按钮，创建该规则。

### 9.2.2 把自定义规则绑定到列

如前所述，规则是对列的约束或用户定义数据类型的约束，将规则绑定到列或在用户定义类型的所有列中插入或更新数据时，新的数据必须符合规则的要求。绑定规则使用系统存储过程sp_bindrule，其语法格式如下：

```
sp_bindrule 'rule' , 'object_name' [ , 'futureonly_flag' ]
```

- rule：表示由 CREATE RULE 语句创建的规则名称。
- object_name：表示要绑定规则的表和列或别名数据类型。
- futureonly_flag：表示仅当将规则绑定到别名数据类型时才能使用。

【例9.2】将创建的rule_score规则绑定到stu_info表中的s_score列上，执行的语句如下：

```
USE test_db;
GO
EXEC sp_bindrule 'rule_score', 'stu_info.s_score';
```

### 9.2.3 验证规则的作用

规则绑定到指定的数据列之后，用户的操作必须满足规则的要求，如果用户执行了违反规则的操作，将被禁止执行。

【例9.3】向stu_info表中插入一条记录，该条学生记录的成绩值为110，输入语句如下：

```
INSERT INTO stu_info VALUES(21,'鹏飞',110,'男',18);
SELECT * FROM stu_info;
```

输入完成，单击【执行】按钮，插入结果如图9-1所示。

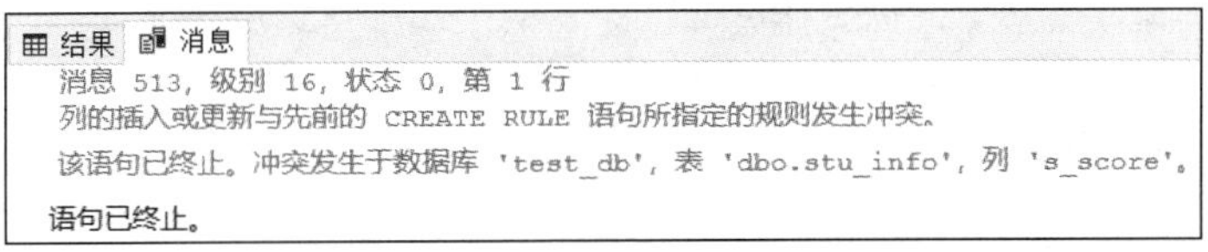

图 9-1 验证规则

返回了插入失败的错误信息，使用SELECT语句查看，可以进一步验证，由于插入的记录中s_score列值是一个大于100的值，违反了规则约定的大于0且小于100，因此该条记录将不能插入数据表中。

### 9.2.4　取消规则绑定

如果不再使用规则，可以将规则解除，使用系统存储过程sp_unbindrule可以实现规则的解除，其语法格式如下：

```
sp_unbindrule 'object_name' [ , 'futureonly_flag' ]
```

【例9.4】解除stu_info表中s_score列上的规则绑定，执行的语句如下：

```
EXEC sp_unbindrule 'stu_info.s_score';
```

### 9.2.5　删除规则

当不再需要使用规则时，可以使用DROP RULE语句将其删除，DROP RULE语句可以同时删除多个规则，具体语法格式如下：

```
DROP RULE rule_name
```

- rule_name 是要删除的规则的名称。

【例9.5】删除前面创建的名称为rule_score的规则，执行的语句如下：

```
DROP RULE rule_score;
```

> 提示　删除规则时必须确保待删除的规则没有与任何数据表中的列绑定，正在使用的规则将不允许被删除。

# 9.3　默认的基本操作

默认约束是表定义的一个组成部分，它定义了插入新记录时，如果用户没有明确指定该列的值，数据库如何进行处理。可以将其定义为一个具体的值，如0、'男'、空值（NULL），或者一个系统值，如GETDATE()。

使用DEFAULT约束时，有以下几个方面需要注意：

（1）默认值只在INSERT语句中使用，即在UPDATE语句和DELETE语句中将被忽略。

（2）如果在INSERT语句中提供了任意值，那么就不使用默认值。

（3）如果没有提供值，将总是使用默认值。

（4）对于DEFAULT约束，有以下可以执行的操作。

（5）在表定义时作为表的一部分同时被创建。

（6）可以添加到已创建的表中。

（7）可以删除DEFAULT定义。

## 9.3.1 创建默认

创建默认使用CREATE DEFAULT语句，其语法格式如下：

```
CREATE DEFAULT <default_name>
AS <constant_expression>
```

- default_name：默认值的名称。
- constant_expression：包含常量值的表达式。

【例9.6】在stu_info表中创建默认值，输入语句如下：

```
CREATE DEFAULT defaultSex AS '男';
```

上述语句创建了一个defaultSex默认值，其常量表达式是一个字符值，表示自动插入字符值'男'。

## 9.3.2 把自定义的默认值绑定到列

默认值必须绑定到数据列或用户定义的数据类型中，这样创建的默认值才可以应用到数据列。绑定默认值使用系统存储过程sp_bindefault，其语法格式如下：

```
sp_bindefault 'default', 'object_name', [,'futureonly_flag']
```

- default：由 CREATE DEFAULT 语句创建的默认值的名称。
- object_name：将默认值绑定到的表名、列名或别名数据类型。

【例9.7】将defaultSex默认值绑定到stu_info表中的s_sex列，输入语句如下：

```
USE test_db;
GO
EXEC sp_bindefault 'defaultSex', 'stu_info.s_sex' SELECT * FROM stu_info;
```

输入完成，单击【执行】按钮，绑定默认值结果如图9-2所示。

| | s_id | s_name | s_score | s_sex | s_age |
|---|---|---|---|---|---|
| 1 | 1 | 许三 | 98 | 男 | 18 |
| 2 | 2 | 张靓 | 70 | 女 | 19 |
| 3 | 3 | 王宝 | 25 | 男 | 18 |
| 4 | 4 | 马华 | 10 | 男 | 20 |
| 5 | 5 | 李岩 | 65 | 女 | 18 |
| 6 | 6 | 刘杰 | 88 | 男 | 19 |

图 9-2 绑定默认值

## 9.3.3 验证默认值的作用

默认值是当用户插入数据时，如果没有为某列指定相应的数据值，SQL Server会自动为该列填充默认值。

【例9.8】向stu_info表中插入一条记录，不指定性别字段，输入语句如下：

```
INSERT INTO stu_info (s_id,s_name,s_score,s_age) VALUES(21,'王凯',90,19);
SELECT * FROM stu_info;
```

输入完成后，单击【执行】按钮，插入结果如图9-3所示。

| | s_id | s_name | s_score | s_sex | s_age |
|---|---|---|---|---|---|
| 1 | 1 | 许三 | 98 | 男 | 18 |
| 2 | 2 | 张靓 | 70 | 女 | 19 |
| 3 | 3 | 王宝 | 25 | 男 | 18 |
| 4 | 4 | 马华 | 10 | 男 | 20 |
| 5 | 5 | 李岩 | 65 | 女 | 18 |
| 6 | 6 | 刘杰 | 88 | 男 | 19 |
| 7 | 21 | 王凯 | 90 | 男 | 19 |

图 9-3　插入默认值

### 9.3.4　取消默认值的绑定

如果想取消默认值的绑定，可以使用系统存储过程sp_unbindefault语句将绑定取消，其语法格式如下：

```
sp_unbindefault 'object_name', [,'futureonly_flag']
```

【例9.9】取消stu_info表中s_sex列的默认值绑定，执行的语句如下：

```
USE test_db;
GO
EXEC sp_unbindefault 'stu_info.s_sex';
```

### 9.3.5　删除默认值

当不再需要使用默认值时，可以使用DROP DEFAULT语句将其删除，DROP DEFAULT语句可以同时删除多个默认值，具体语法格式如下：

```
DROP DEFAULT default_name
```

● default_name 为要删除的默认名称。

【例9.10】删除前面创建的名称为defaultSex的默认值，输入语句如下：

```
DROP DEFAULT defaultSex;
```

# 9.4　完整性约束

约束是SQL Server中提供的自动保持数据库完整性的一种方法，通过对数据库中的数据设置某种约束条件来保证数据的完整性。在SQL Server 2022中,根据数据内容可以将数据完整性分为3类:实体完整性、参照完整性和用户自定义完整性。

### 1. 实体完整性

简单地说,实体完整性就是将表中的每一行看作一个实体。实体完整性要求表的标识符列或主键的完整性。实体完整性可以通过建立PRIMARY KEY约束、UNIQUE约束,以及列的IDENTITY属性来实施。

### 2. 参照完整性

参照完整性又叫引用完整性,参照完整性要求数据库内多个数据表中的数据一致。引用完整性通过FOREIGN KEY和CHECK约束,以外键与主键之间或外键与唯一键之间的关系为基础。引用完整性确保键值在所有表中一致。这类一致性要求不引用不存在的值,如果一个键值发生更改,则整个数据库中对该键值的所有引用都要进行一致的更改。相关表之间的数据一致性要求如下:

(1)子表中的每一个记录在对应的父表中必须有一个父记录。

(2)在父表中修改记录时,如果修改了主关键字的值,则在子表中相关记录的外键值必须进行同样的修改。

(3)在父表中删除记录时,与该记录相关的子表中的记录必须全部删除。

### 3. 用户自定义完整性

用户完整性是用户根据系统的实际需求而定义的,不属于上述类型的特定规则的完整性定义。用来定义用户完整性的方法包括:规则、触发器、存储过程,以及前面介绍的创建表时可以使用的所有约束。

## 9.4.1　主键约束

PRIMARY KEY关键字可以用来设置主键约束,PRIMARY KEY关键字可以指定一列或多列中的数据值具有唯一性,即不存在相同的数据值,并且指定为主键约束的列不允许有空值。主键能够唯一地标识表中的一条记录,可以结合外键来定义不同数据表之间的关系,并且可以加快数据库查询的速度。主键和记录之间的关系如同身份证和人之间的关系,它们之间是一一对应的。主键可以通过两种途径来创建:第一种是在表定义时作为表定义的一部分直接创建;第二种是在创建好的没有主键的数据表中添加PRIMARY KEY。

### 1. 在定义表时直接创建主键

PRIMARY KEY约束可以作用于列,也可以作用于表,作用于列是对列进行约束,而作用于表则是对表进行约束。

在列上创建主键约束的语法格式如下:

```
column_name data_type PRIMARY KEY
```

【例9.11】定义数据表tb_emp2,其主键为id,SQL语句如下:

```
CREATE TABLE tb_emp2
```

```
(
  id      INT PRIMARY KEY,
  name    VARCHAR(25) NOT NULL,
  deptId  CHAR(20) NOT NULL,
  salary  FLOAT NOT NULL
);
```

执行上述语句后，即可新建tb_emp2表，打开设计图，如图9-4所示。

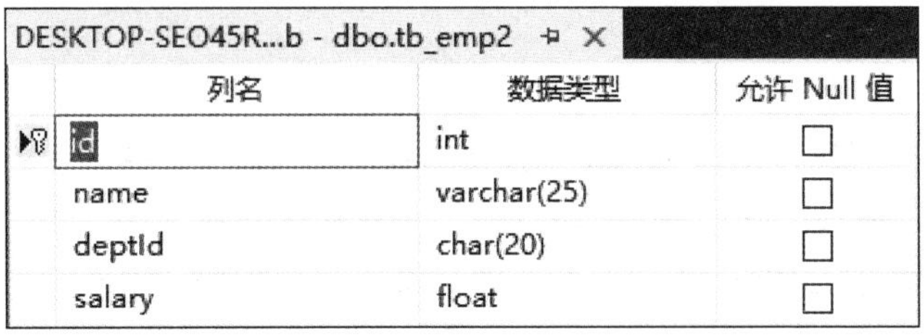

图 9-4　tb_emp2 表的设计图

用户还可以在定义完所有列之后指定主键，并指定主键约束名称，格式如下：

```
CONSTRAINT <主键名>  PRIMARY KEY [CLUSTERED | NONCLUSTERED] [列名] [, ...n]
```

【例9.12】定义数据表tb_emp3，其主键为id，SQL语句如下：

```
CREATE TABLE tb_emp3
(
  id INT NOT NULL,
  name    VARCHAR(25) NOT NULL,
  deptId  CHAR(20) NOT NULL,
  salary  FLOAT NOT NULL
  CONSTRAINT 员工编号
  PRIMARY KEY(id)
);
```

执行上述语句后，即可新建tb_emp3表，打开设计图，如图9-5所示。

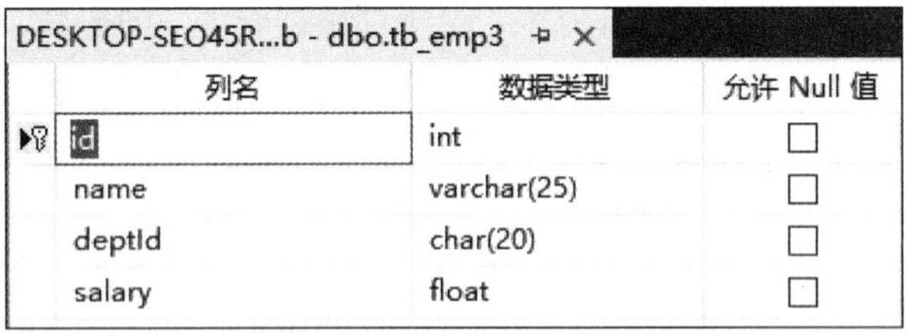

图 9-5　tb_emp3 表的设计图

上述两个例子的执行结果是一样的，都会在id字段上设置主键约束，第二条CREATE语句同时还设置了约束的名称为"员工编号"。

### 2. 在未设置主键的表中添加主键

可能有的用户在创建完表之后，突然发现忘记定义主键了，此时不需要重新创建该表，可以使用ALTER语句向该表中添加主键约束，添加主键约束的ALTER语句语法格式如下：

```
ALTER TABLE table_name
ADD
CONSTRAINT 约束名称
PRIMARY KEY [CLUSTERED | NONCLUSTERED] [列名] [, ...n]
```

【例9.13】定义数据表tb_emp4，创建完成之后，在该表中的id字段上添加主键约束，输入语句如下：

```
CREATE TABLE tb_emp4
(
   id INT NOT NULL,
   name  VARCHAR(25) NOT NULL,
   deptId CHAR(20) NOT NULL,
   salary FLOAT NOT NULL
);
```

该表创建时没有指定主键，创建完成之后，执行下面的添加主键的语句：

```
GO
ALTER TABLE tb_emp4
ADD
CONSTRAINT 新员工编号
PRIMARY KEY(id)
```

### 3. 定义多字段联合主键

不仅可以在单列上定义主键，还可以在多个列上定义联合主键。

如果对多列定义了PRIMARY KEY约束，则一列中的值可能会重复，但来自PRIMARY KEY约束定义中所有列的任何值组合必须唯一。

【例9.14】定义数据表tb_emp5，假设表中没有主键id，为了唯一确定一个员工，可以把name、deptId联合起来作为主键，SQL语句如下：

```
CREATE TABLE tb_emp5
(
   name VARCHAR(25),
   deptId INT,
   salary FLOAT,
   CONSTRAINT 姓名部门约束
   PRIMARY KEY(name,deptId)
);
```

语句执行后，便创建了一个名称为tb_emp5的数据表，打开设计图，如图9-6所示。name字段和deptId字段组合在一起成为tb_emp5的多字段联合主键。

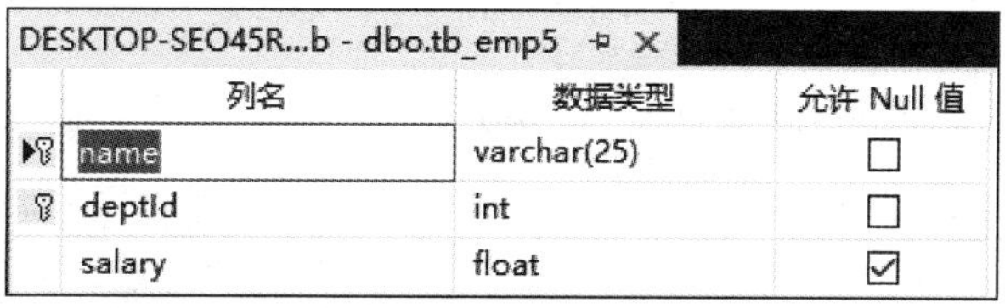

图 9-6　tb_emp5 表的设计图

使用主键约束时要注意以下事项：

- 一个表只能包含一个 PRIMARY KEY 约束。
- 由 PRIMARY KEY 约束生成的索引不会使表中的非聚集索引超过 249 个，聚集索引超过 1 个。
- 如果没有为 PRIMARY KEY 约束指定 CLUSTERED 或 NONCLUSTERED，并且没有为 UNIQUE 约束指定聚集索引，则将对该 PRIMARY KEY 约束使用 CLUSTERED。
- 在 PRIMARY KEY 约束中定义的所有列都必须定义为 NOT NULL。如果没有指定为 NULL 属性，则加入 PRIMARY KEY 约束的所有列的属性都将设置为 NOT NULL。

### 4. 删除主键

当表中不需要指定PRIMARY KEY约束时，可以通过DROP语句将其删除，其语法格式如下：

```
ALTER TABLE table_name
DROP
CONSTRAINT 约束名
```

【例9.15】删除tb_emp5表中定义的联合主键，输入语句如下：

```
ALTER TABLE tb_emp5
DROP
CONSTRAINT 姓名部门约束
```

执行完删除主键语句后，可以在SSMS对象资源管理器中查看tb_emp5表中的主键信息。

## 9.4.2 外键约束

外键用来在两个表的数据之间建立连接，它可以是一列或者多列。一个表可以有一个或多个外键。外键对应的是参照完整性，一个表的外键可以为空值，若不为空值，则每一个外键值必须等于另一个表中主键的某个值。

首先外键是表中的一个字段，它可以不是本表的主键，但对应另一个表的主键。外键的主要作用是保证数据引用的完整性，定义外键后，不允许删除在另一个表中具有关联的行。例如，部门表tb_dept的主键是id，在员工表tb_emp5中有一个键deptId与这个id关联。

- 主表（父表）：对于两个具有关联关系的表而言，相关联字段中主键所在的那个表就是主表。
- 从表（子表）：对于两个具有关联关系的表而言，相关联字段中外键所在的那个表就是从表。

### 1. 在定义表时创建外键约束

创建外键的语法规则如下：

```
[CONSTRAINT <外键名>] FOREIGN KEY 字段名1 [ ,字段名2, ...]
REFERENCES <主表名> 主键列1 [ ,主键列2, ...]
[ ON DELETE { NO ACTION | CASCADE | SET NULL | SET DEFAULT } ]
[ ON UPDATE { NO ACTION | CASCADE | SET NULL | SET DEFAULT } ]
[ NOT FOR REPLICATION ]
```

- 外键名：定义的外键约束的名称，一个表中不能有相同名称的外键。

- 字段名：表示从表需要添加外键约束的字段列。
- 主表名：即被从表外键所依赖的表的名称。
- 主键列：表示主表中定义的主键字段，或者字段组合。
- ON DELETE 和 ON UPDATE：指定在发生删除或更改的表中，如果行有引用关系且引用的行在父表中被删除或更新，则对这些行采取什么操作。默认值为 NO ACTION，表示数据库引擎将引发错误，并回滚对父表中相应行的更新操作。

【例9.16】定义数据表tb_emp6，并在tb_emp6表上创建外键约束。

创建一个部门表tb_dept1，表结构如表9-1所示，SQL语句如下：

```
CREATE TABLE tb_dept1
(
id       INT PRIMARY KEY,
name     VARCHAR(22)  NOT NULL,
location VARCHAR(50)  NULL
);
```

表9-1　tb_dept1表结构

| 字段名称 | 数据类型 | 备　　注 |
| --- | --- | --- |
| id | INT | 部门编号 |
| name | VARCHAR(22) | 部门名称 |
| location | VARCHAR(50) | 部门位置 |

语句执行后，便创建了一个名称为tb_dept1的数据表，打开设计图，如图9-7所示。

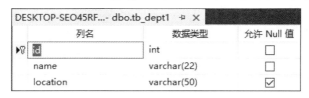

图 9-7　tb_dept1 表的设计图

定义数据表tb_emp6，让它的键deptId作为外键关联到tb_dept1的主键id，SQL语句如下：

```
CREATE TABLE tb_emp6
(
id       INT  PRIMARY KEY,
name     VARCHAR(25),
deptId   INT,
salary   FLOAT,
CONSTRAINT fk_员工部门编号 FOREIGN KEY(deptId) REFERENCES tb_dept1(id)
);
```

以上语句执行成功之后，便创建了一个名称为tb_emp6的数据表，打开设计图，如图9-8所示。在表tb_emp6上添加了名称为fk_emp_dept1的外键约束，外键名称为deptId，其依赖于表tb_dept1的主键id。

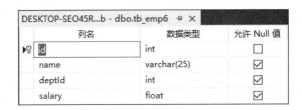

图 9-8　tb_emp6 表的设计图

可以在创建完外键约束之后，查看添加的外键约束，方法是选择要查看的数据表节点，例如这里选择tb_dept1表，右击该节点，在弹出的快捷菜单中选择【查看依赖关系】菜单命令，打开【对象依赖关系】窗口，将显示与外键约束相关的信息，如图9-9所示。

图 9-9　【对象依赖关系】窗口

> 💠+提示　外键一般不需要与相应的主键名称相同，但是，为了便于识别，当外键与相应主键在不同的数据表中时，通常使用相同的名称。另外，外键不一定要与相应的主键在不同的数据表中，也可以是同一个数据表。

### 2. 在未设置外键的表中添加外键

如果创建数据表时没有创建外键约束，可以使用ALTER语句将FOREIGN KEY约束添加到该表中，添加主键的语法格式如下：

```
ALTER TABLE table_name
ADD
[CONSTRAINT <外键名>] FOREIGN KEY 字段名1 [ ,字段名2, ...]
FOREIGN KEY [列名] [, ...n]
REFERENCES <主表名> 主键列1 [ ,主键列2, ...]
```

【例9.17】如例9.16所示，如果创建时不设置外键约束，则创建表完成之后，可输入如下语句。

```
GO
ALTER TABLE tb_emp6
ADD
CONSTRAINT fk_员工部门编号
FOREIGN KEY(deptId) REFERENCES tb_dept1(id)
```

该语句执行之后的结果与例9.16中的结果是一样的。

### 3. 删除外键约束

当数据表中不需要使用外键约束时，可以将其删除，删除外键约束的方法和删除主键约束的方法相同，删除时指定约束名称。

【例9.18】删除tb_emp6表中创建的"fk_员工部门编号"外键约束，输入语句如下：

```
ALTER TABLE tb_emp6
DROP CONSTRAINT fk_员工部门编号;
```

语句执行之后，将删除tb_emp6的外键约束，可以再次查看该表与其他依赖关系的窗口，确认删除成功。

## 9.4.3　唯一性约束

在SQL Server中，除使用PRIMARY KEY可以提供唯一性约束外，使用UNIQUE约束也可以指定数据的唯一性。UNIQUE约束类型指定列数据值不允许重复，UNIQUE约束类型可以同时指定一列或多列，并且指定的列中允许为空，但只能出现一个空值。创建唯一性约束的语法格式如下：

```
CONSTRAINT约束名称
UNIQUE  [CLUSTERED |  NONCLUSTERED]  [列名] [, ...n]
```

【例9.19】定义数据表tb_dept2，指定部门的名称唯一，SQL语句如下：

```
CREATE TABLE tb_dept2
(
  id       INT NOT NULL  PRIMARY KEY,
  name    VARCHAR(22) NOT NULL UNIQUE,
  location  VARCHAR(50)
);
```

在定义完所有列之后，指定唯一性约束，语法规则如下：

```
[CONSTRAINT <约束名>] UNIQUE(<字段名>)
```

【例9.20】定义数据表tb_dept3，指定部门的名称唯一，SQL语句如下：

```
CREATE TABLE tb_dept3
(
  id       INT NOT NULL PRIMARY KEY,
  name    VARCHAR(22) NOT NULL,
  location  VARCHAR(50),
  CONSTRAINT 部门名称 UNIQUE(name)
);
```

UNIQUE和PRIMARY KEY的区别：一个表中可以有多个字段声明为UNIQUE，但只能有一个PRIMARY KEY声明；声明为PRIMAY KEY的列不允许有空值，但是声明为UNIQUE的字段允许空值的存在。

## 9.4.4　CHECK约束

CHECK约束又叫检查约束，用于限制输入列的值的范围，可以通过任何基于逻辑运算符返回TRUE或FALSE的逻辑（布尔）表达式创建CHECK约束。

【例9.21】创建tb_emp7表，定义员工的工资列值大于1800且小于3000，创建CHECK约束，输入语句如下：

```
CREATE TABLE tb_emp7
(
  id      INT  PRIMARY KEY,
  name    VARCHAR(25) NOT NULL,
  deptId   INT NOT NULL,
  salary   FLOAT  NOT NULL
  CHECK(salary > 1800 AND salary < 3000)
);
```

## 9.4.5　DEFAULT约束

DEFAULT约束可以通过定义一个默认值或使用数据库对象绑定到数据表中的列来指定列的默认值，这样在用户输入记录时，如果某个列没有指定值，SQL Server会自动将该默认值插入对应的列。定义DEFAULT约束的语法格式如下：

```
列名称 数据类型 DEFAULT 默认值
```

DEFAULT关键字后的"默认值"必须与列定义的数据类型相同。

【例9.22】定义数据表tb_emp8，指定员工的部门编号默认为1111，SQL语句如下：

```
CREATE TABLE tb_emp8
(
   id      INT  PRIMARY KEY,
   name   VARCHAR(25) NOT NULL,
   deptId  INT  DEFAULT 1111,
   salary  FLOAT,
);
```

以上语句执行成功之后，表tb_emp8上的字段deptId拥有了一个默认值1111，新插入的记录如果没有指定部门编号，则默认都为1111。

## 9.4.6　NOT NULL约束

NOT NULL约束又称非空约束，表示指定的列中不允许使用空值，插入时必须为该列提供具体的数据值，否则系统将提示错误。定义为主键的列，系统强制其为非空约束。定义非空约束的语法格式如下：

```
列名称 数据类型  NOT NULL
```

非空约束的使用非常频繁，想必大家已经非常熟悉了，这里不再过多介绍。

# 第 10 章

# 创建和使用索引

索引用于快速找出在某个列中有某一特定值的行。不使用索引,数据库必须从第 1 条记录开始读完整个表,直到找出相关的行。表越大,查询数据所花费的时间越多。如果表中查询的列有一个索引,数据库就能快速到达一个位置来搜寻数据,而不必查看所有数据。本章将介绍与索引相关的内容,包括索引的含义和特点、索引的分类、索引的设计原则以及如何创建和删除索引。

## 10.1 索引的含义和特点

索引是一个单独的、存储在磁盘上的数据库结构,它包含着对数据表中所有记录的引用指针。使用索引用于快速找出在某个或多个列中有某一特定值的行,对相关列使用索引是减少查询操作时间的最佳途径。索引包含由表或视图中的一列或多列生成的键。

例如,数据库中有两万条记录,现在要执行这样一个查询:SELECT * FROM table WHERE num=10000。如果没有索引,必须遍历整个表,直到 num 等于 10000 的这一行被找到为止;如果在 num 列上创建索引,SQL Server 不需要任何扫描,直接在索引中找 10000,就可以得知这一行的位置。可见,索引的建立可以加快数据的查询速度。

索引主要有以下优点:

(1)通过创建唯一索引可以保证数据库表中每一行数据的唯一性。

(2)可以大大加快数据的查询速度,这也是创建索引最主要的原因。

(3)实现数据的参照完整性,可以加快表和表之间的连接。

(4)在使用分组和排序子句进行数据查询时,可以显著减少查询中分组和排序的时间。

增加索引也有许多不利的方面,主要表现在如下几个方面:

(1)创建索引和维护索引要耗费时间,并且随着数据量的增加,所耗费的时间也会增加。

(2)索引需要占用磁盘空间,除数据表占用数据空间外,每一个索引还要占用一定的物理空间,如果有大量的索引,索引文件可能比数据文件更快达到最大文件尺寸。

（3）当对表中的数据进行增加、删除和修改的时候，索引也要动态地维护，这样就降低了数据的维护速度。

# 10.2　索引的分类

不同数据库中提供了不同的索引类型，SQL Server 2022中的索引有两种：聚集索引和非聚集索引。它们的区别是在物理数据的存储方式上。

### 1. 聚集索引

聚集索引基于数据行的键值，在表内排序和存储这些数据行。每个表只能有一个聚集索引，因为数据行本身只能按一个顺序存储。

创建聚集索引时应该考虑以下几个因素：

（1）每个表只能有一个聚集索引。

（2）表中的物理顺序和索引中行的物理顺序是相同的，创建任何非聚集索引之前要先创建聚集索引，这是因为非聚集索引改变了表中行的物理顺序。

（3）关键值的唯一性使用UNIQUE关键字或者由内部的唯一标识符明确维护。

（4）在创建索引的过程中，SQL Server临时使用当前数据库的磁盘空间，所以要保证有足够的空间创建聚集索引。

### 2. 非聚集索引

非聚集索引具有完全独立于数据行的结构，使用非聚集索引不用将物理数据页中的数据按列排序。非聚集索引包含索引键值和指向表数据存储位置的行定位器。

可以对表或索引视图创建多个非聚集索引。通常，设计非聚集索引是为了改善经常使用的、没有建立聚集索引的查询的性能。

查询优化器在搜索数据值时，先搜索非聚集索引以找到数据值在表中的位置，然后直接从该位置检索数据。这使得非聚集索引成为完全匹配查询的最佳选择，因为索引中包含所搜索的数据值在表中的精确位置的项。

具有以下特点的查询可以考虑使用非聚集索引：

（1）使用JOIN或GROUP BY子句。应为连接和分组操作中所涉及的列创建多个非聚集索引，为任何外键列创建一个聚集索引。

（2）包含大量唯一值的字段。

（3）不返回大型结果集的查询。创建筛选索引以覆盖从大型表中返回的定义完善的行子集的查询。

（4）经常包含在查询的搜索条件（如返回完全匹配的WHERE子句）中的列。

### 3. 其他索引

除聚集索引和非聚集索引外，SQL Server 2022还提供了其他的索引类型。

- 唯一索引：确保索引键不包含重复的值，因此，表或视图中的每一行在某种程度上是唯一的。聚集索引和非聚集索引都可以是唯一索引。这种唯一性与前面讲过的主键约束是相关联的，在某种程度上，主键约束等于唯一性的聚集索引。
- 包含列索引：一种非聚集索引，它扩展后不仅包含键列，还包含非键列。
- 索引视图：在视图上添加索引后能提高视图的查询效率。视图的索引将具体化视图，并将结果集永久存储在唯一的聚集索引中，而且其存储方法与带聚集索引的表的存储方法相同。创建聚集索引后，可以为视图添加非聚集索引。
- 全文索引：一种特殊类型的基于标记的功能性索引，由 Microsoft SQL Server 全文引擎生成和维护，用于帮助用户在字符串数据中搜索复杂的词。这种索引的结构与数据库引擎使用的聚集索引或非聚集索引的 B 树结构是不同的。
- 空间索引：一种针对 geometry 数据类型的列上建立的索引，这样可以更高效地对列中的空间对象执行某些操作。空间索引可以减少需要应用开销相对较大的空间操作的对象数。
- 筛选索引：一种经过优化的非聚集索引，尤其适用于涵盖从定义完善的数据子集中选择数据的查询。筛选索引使用筛选谓词对表中的部分行进行索引。与全表索引相比，设计良好的筛选索引可以提高查询性能、减少索引维护开销并可降低索引存储开销。
- XML 索引：是与 XML 数据关联的索引形式，是 XML 二进制大对象（Binary Large Object，BLOB）的已拆分持久表示形式，XML 索引又可以分为主索引和辅助索引。

# 10.3　索引的设计原则

索引设计不合理或者缺少索引都会对数据库和应用程序的性能造成障碍。高效的索引对于获得良好的性能非常重要。设计索引时，应该考虑以下准则：

（1）索引并非越多越好，一个表中如果有大量的索引，不仅占用大量的磁盘空间，而且会影响INSERT、DELETE、UPDATE等语句的性能。因为更改表中的数据的同时，索引也会进行调整和更新。

（2）避免对经常更新的表进行过多索引，并且索引中的列尽可能少。而对经常用于查询的字段应该创建索引，但要避免添加不必要的字段。

（3）数据量小的表最好不要使用索引，由于数据较少，查询花费的时间可能比遍历索引的时间还要短，索引可能不会产生优化效果。

（4）在条件表达式中经常用到的、不同值较多的列上建立索引，在不同值少的列上不要建立索引。比如在学生表的【性别】字段上只有【男】与【女】两个不同值，因此无须建立索引。如果建立索引，不但不会提高查询效率，反而会严重降低更新速度。

（5）当唯一性是某种数据本身的特征时，指定唯一索引。使用唯一索引能够确保定义的列的数据的完整性，提高查询速度。

（6）在频繁进行排序或分组（即进行GROUP BY或ORDER BY操作）的列上建立索引，如果待排序的列有多个，则可以在这些列上建立组合索引。

# 10.4 创 建 索 引

在了解了SQL Server 2022中的不同索引类型之后，下面开始介绍如何创建索引。SQL Server 2022提供两种创建索引的方法：在SQL Server管理平台的对象资源管理器中通过图形化工具创建或者使用Transact-SQL语句创建。本节将介绍这两种创建方法的操作过程。

## 10.4.1 使用对象资源管理器创建索引

使用对象资源管理器创建索引的具体操作步骤如下：

**01** 连接到数据库实例之后，在【对象资源管理器】窗口中，打开【数据库】节点下面要创建索引的数据表节点，例如这里选择fruits表，打开该节点下面的子节点，右击【索引】节点，在弹出的快捷菜单中选择【新建索引】→【非聚集索引】菜单命令，如图10-1所示。

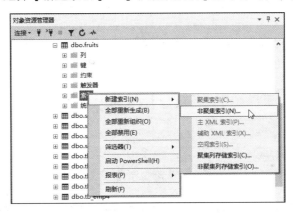

图 10-1 【新建索引】菜单命令

**02** 打开【新建索引】窗口，在【常规】选项卡中，可以配置索引的名称和是否为唯一索引等，如图10-2所示。

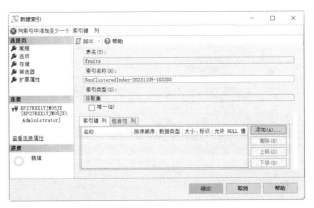

图 10-2 【新建索引】窗口

**03** 单击【添加】按钮，打开选择添加索引的列窗口，从中选择要添加索引的表中的列，这里选择在数据类型为varchar的f_name列上添加索引，如图10-3所示。

**04** 选择完之后，单击【确定】按钮，返回【新建索引】窗口，单击该窗口中的【确定】按钮，如图10-4所示。

图 10-3　选择索引列

图 10-4　【新建索引】窗口

**05** 返回【对象资源管理器】窗口，可以在索引节点下面看到名称为NonClusteredIndex的新索引，说明该索引创建成功，如图10-5所示。

图 10-5　创建非聚集索引成功

## 10.4.2　使用Transact-SQL语句创建索引

CREATE INDEX命令既可以创建一个可改变表的物理顺序的聚集索引，也可以创建提高查询性能的非聚集索引，语法如下：

```
CREATE [UNIQUE] [CLUSTERED | NONCLUSTERED]
INDEX index_name ON {table | view}(column[ASC | DESC][,..n])
[ INCLUDE ( column_name [ ,...n ] ) ]
[with
(
 PAD_INDEX = { ON | OFF }
 | FILLFACTOR = fillfactor
 | SORT_IN_TEMPDB = { ON | OFF }
 | IGNORE_DUP_KEY = { ON | OFF }
 | STATISTICS_NORECOMPUTE = { ON | OFF }
 | DROP_EXISTING = { ON | OFF }
 | ONLINE = { ON | OFF }
 | ALLOW_ROW_LOCKS = { ON | OFF }
```

```
    | ALLOW_PAGE_LOCKS = { ON | OFF }
    | MAXDOP = max_degree_of_parallelism
) [...n]
```

- UNIQUE：表示在表或视图上创建唯一索引。唯一索引不允许两行具有相同的索引键值。视图的聚集索引必须唯一。

- CLUSTERED：表示创建聚集索引。在创建任何非聚集索引之前创建聚集索引。创建聚集索引时会重新生成表中现有的非聚集索引。如果没有指定 CLUSTERED，则创建非聚集索引。

- NONCLUSTERED：表示创建一个非聚集索引，非聚集索引数据行的物理排序独立于索引排序。每个表都最多可包含 999 个非聚集索引。NONCLUSTERED 是 CREATE INDEX 语句的默认值。

- index_name：指定索引的名称。索引名称在表或视图中必须唯一，但在数据库中不必唯一。

- ON {table| view}：指定索引所属的表或视图。

- Column：指定索引基于的一列或多列。指定两个或多个列名，可为指定列的组合值创建组合索引。{table| view}后的括号中，按排序优先级列出组合索引中要包括的列。一个组合索引键中最多可组合 16 列。组合索引键中的所有列必须在同一个表或视图中。

- [ ASC | DESC ]：指定特定索引列的升序或降序排序方向。默认值为 ASC。

- INCLUDE ( column [ ,...n ] )：指定要添加到非聚集索引的叶级别的非键列。

- PAD_INDEX：表示指定索引填充。默认值为 OFF。ON 值表示 fillfactor 指定的可用空间百分比应用于索引的中间级页。

- FILLFACTOR = fillfactor：指定一个百分比，表示在索引创建或重新生成的过程中数据库引擎应使每个索引页的叶级别达到的填充程度。fillfactor 必须为介于 1 和 100 之间的整数值，默认值为 0。

- SORT_IN_TEMPDB：指定是否在 tempdb 中存储临时排序结果。默认值为 OFF。ON 值表示在 tempdb 中存储用于生成索引的中间排序结果。OFF 表示中间排序结果与索引存储在同一数据库中。

- IGNORE_DUP_KEY：指定对唯一聚集索引或唯一非聚集索引执行多行插入操作时，出现重复键值的错误响应。默认值为 OFF。ON 表示发出一条警告信息，但只有违反了唯一索引的行才会失败。OFF 表示发出错误消息，并回滚整个 INSERT 事务。

- STATISTICS_NORECOMPUTE：指定是否重新计算分发统计信息。默认值为 OFF。ON 表示不会自动重新计算过时的统计信息。OFF 表示启用统计信息自动更新功能。

- DROP_EXISTING：指定应删除并重新生成已命名的先前存在的聚集或非聚集索引。默认值为 OFF。ON 表示删除并重新生成现有索引。指定的索引名称必须与当前的现有索引相同，但可以修改索引定义。例如，可以指定不同的列、排序顺序、分区方案或索引选项。OFF 表示如果指定的索引名已存在，则会显示一条错误。

- ONLINE = { ON | OFF }：指定在索引操作期间，基础表和关联的索引是否可用于查询和数据修改操作。默认值为 OFF。

- ALLOW_ROW_LOCKS：指定是否允许行锁。默认值为 ON。ON 表示在访问索引时允许行锁。数据库引擎确定何时使用行锁。OFF 表示未使用行锁。

- ALLOW_PAGE_LOCKS：指定是否允许页锁。默认值为 ON。ON 表示在访问索引时允许页锁。数据库引擎确定何时使用页锁。OFF 表示未使用页锁。
- MAXDOP：指定在索引操作期间，覆盖【最大并行度】配置选项。使用 MAXDOP 可以限制在执行并行计划的过程中使用的处理器数量。最大数量为 64 个。

为了演示创建索引的方法，下面在test_db数据库中创建数据表authors，输入语句如下：

```
CREATE TABLE authors(
    auth_id int IDENTITY(1,1) NOT NULL,
    auth_name  varchar(20) NOT NULL,
    auth_gender tinyint NOT NULL,
    auth_phone  varchar(15) NULL,
    auth_note   varchar(100) NULL
);
```

【例10.1】在authors表中的auth_phone列上创建一个名称为Idx_phone的唯一聚集索引，以降序排列，填充因子为30%，输入语句如下：

```
CREATE UNIQUE CLUSTERED INDEX Idx_phone
ON authors(auth_phone DESC)
WITH
FILLFACTOR=30;
```

【例10.2】在authors表中的auth_name和auth_gender列上创建一个名称为Idx_nameAndgender的唯一非聚集组合索引，以升序排列，填充因子为10%，输入语句如下：

```
CREATE UNIQUE NONCLUSTERED INDEX Idx_nameAndgender
ON authors(auth_name, auth_gender)
WITH
FILLFACTOR=10;
```

索引创建成功之后，可以在authors表节点下的索引节点中双击查看各个索引的属性信息，如图10-6所示，显示了创建的名称为Idx_nameAndgender的组合索引的属性。

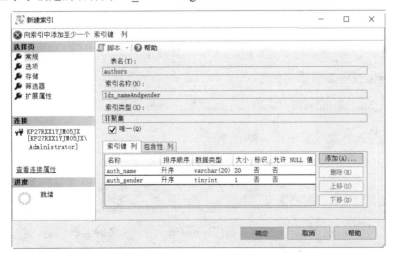

图 10-6　Idx_nameAndgender 的组合索引的属性信息

# 10.5　管理和维护索引

索引创建之后可以根据需要对数据库中的索引进行管理，例如在数据表中进行增加、删除或者更新操作，会使索引页出现碎块。为了提高系统的性能，必须对索引进行维护管理，这些管理包括显示索引信息、索引的性能分析和维护以及删除索引等。

## 10.5.1　显示索引信息

### 1. 在对象资源管理器中查看索引信息

要查看索引信息，可以在对象资源管理器中打开指定的数据库节点，选中相应表中的索引，右击要查看的索引节点，在弹出的快捷菜单中选择【属性】命令，打开【索引属性】窗口，如图10-7所示，在这里可以看到刚才创建的名称为Idx_phone的索引，在该窗口中可以查看新建的索引的相关信息，也可以修改索引的信息。

图 10-7　【索引属性】窗口

### 2. 用系统存储过程查看索引信息

系统存储过程sp_helpindex可以返回某个表或视图中的索引信息，语法格式如下：

```
sp_helpindex [ @objname = ] 'name'
```

- [ @objname =]'name'：用户定义的表或视图的限定或非限定名称。仅当指定限定的表或视图名称时，才需要使用引号。如果提供了完全限定的名称，包括数据库名称，则该数据库名称必须是当前数据库的名称。

【例10.3】使用存储过程查看test_db数据库中authors表中定义的索引信息，输入语句如下：

```
GO
exec sp_helpindex 'authors';
```

执行结果如图10-8所示。

| | index_name | index_description | index_keys |
|---|---|---|---|
| 1 | Idx_nameAndgender | nonclustered, unique located on PRIMARY | auth_name, auth_gender |
| 2 | Idx_phone | clustered, unique located on PRIMARY | auth_phone(-) |

图 10-8　查看索引信息

由执行结果可以看到，这里显示了authors表中的索引信息。

- Index_name：指定索引名称，这里创建了 3 个不同名称的索引。
- Index_description：包含索引的描述信息，例如唯一性索引、聚集索引等。
- Index_keys：包含索引所在的表中的列。

### 3. 查看索引的统计信息

索引信息还包括统计信息，这些信息可以用来分析索引性能，以更好地维护索引。索引统计信息是查询优化器用来分析和评估查询、制定最优查询方式的基础数据，用户可以使用图形化工具来查看索引信息，也可以使用DBCC SHOW_STATISTICS命令来查看指定索引的信息。

打开SQL Server管理平台，在对象资源管理器中展开authors表中的【统计信息】节点，右击要查看统计信息的索引（例如Idx_phone），在弹出的快捷菜单中选择【属性】菜单命令，打开【统计信息属性】窗口，选择【选择页】中的【详细信息】选项，可以在右侧的窗格中看到当前索引的统计信息，如图10-9所示。

图 10-9　Idx_phone 索引的统计信息

除使用图形化工具查看外，用户还可以使用DBCC SHOW_STATISTICS命令来返回指定表或视图中特定对象的统计信息，这些对象可以是索引、列等。

【例10.4】使用DBCC SHOW_STATISTICS命令来查看authors表中Idx_phone索引的统计信息，输入语句如下：

```
DBCC SHOW_STATISTICS ('test_db.dbo.authors', Idx_phone);
```

执行结果如图10-10所示。

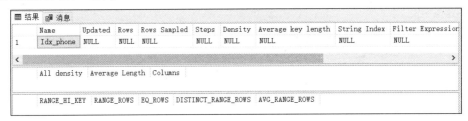

图 10-10　查看索引统计信息

返回的统计信息包含3个部分：统计标题信息、统计密度信息和统计直方图信息。统计标题信息主要包括表中的行数、统计抽样行数、索引列的平均长度等。统计密度信息主要包括统计信息密度、平均长度和统计信息包含的列。统计直方图信息即为显示直方图时的信息。

### 10.5.2　重命名索引

#### 1. 在对象资源管理器中重命名索引

在对象资源管理器中选择要重新命名的索引，选中之后右击索引名称，在弹出的快捷菜单中选择【重命名】命令，将出现一个文本框，在文本框中输入新的索引名称，输入完成之后按Enter键确认，或者在对象资源管理器的空白处单击即可。

#### 2. 使用系统存储过程重命名索引

系统存储过程sp_rename可以用于更改索引的名称，其语法格式如下：

```
sp_rename 'object_name','new_name', 'object_type'
```

- object_name：用户对象或数据类型的当前限定或非限定名称。此对象可以是表、索引、列、别名数据类型或用户定义类型。
- new_name：指定对象的新名称。
- object_type：指定修改的对象类型，表10-1中列出了对象类型可以取的值。

表10-1　sp_rename函数可重命名的对象

| 值 | 说　明 |
| --- | --- |
| COLUMN | 要重命名的列 |
| DATABASE | 用户定义数据库。重命名数据库时需要此对象类型 |
| INDEX | 用户定义索引 |
| OBJECT | 可用于重命名约束（CHECK、FOREIGN KEY、PRIMARY/UNIQUE KEY）、用户表和规则等对象 |
| USERDATATYPE | 通过执行CREATE TYPE或sp_addtype，添加别名数据类型或CLR用户定义类型 |

【例10.5】将authors表中的索引名称idx_nameAndgender更改为multi_index，输入语句如下：

```
GO
exec sp_rename 'authors.idx_nameAndgender', 'multi_index','index' ;
```

语句执行之后，刷新索引节点下的索引列表，即可看到修改名称后的结果，如图10-11所示。

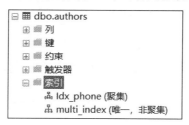

图 10-11　修改索引的名称

### 10.5.3　删除索引

当不再需要某个索引时，可以将其删除，DROP INDEX命令可以删除一个或者多个当前数据库中的索引，语法如下：

```
DROP INDEX ' [table | view ].index' [,...n]
```

或者

```
DROP INDEX 'index' ON '[ table | view ]'
```

其中，[table | view ]用于指定索引列所在的表或视图，index用于指定要删除的索引名称。注意，DROP INDEX命令不能删除由CREATE TABLE或者ALTER TABLE命令创建的主键（PRIMARY KEY）或者唯一性（UNIQUE）约束索引，也不能删除系统表中的索引。

【例10.6】删除表authors中的索引multi_index，输入语句如下：

```
GO
exec sp_helpindex 'authors'
DROP INDEX authors. multi_index
exec sp_helpindex 'authors'
```

执行结果如图10-12所示。

| | index_name | index_description | index_keys |
|---|---|---|---|
| 1 | Idx_phone | clustered, unique located on PRIMARY | auth_phone(-) |
| 2 | multi_index | nonclustered, unique located on PRIMARY | auth_name, auth_gender |

| | index_name | index_description | index_keys |
|---|---|---|---|
| 1 | Idx_phone | clustered, unique located on PRIMARY | auth_phone(-) |

图 10-12　删除 authors 表中的索引

对比删除前后authors表中的索引信息，可以看到删除之后表中只剩下了一个索引，名称为multi_index的索引成功删除。

# 第 11 章

# 事 务 和 锁

SQL Server 提供了多种数据完整性的保证机制，如约束、触发器、事务和锁管理等。事务管理主要是为了保证一批相关数据库中数据的操作能够全部完成，从而保证数据的完整性。锁机制主要是对多个活动事务执行并发控制。它可以控制多个用户对同一数据进行的操作，使用锁机制可以解决数据库的并发问题。本章将介绍事务与锁相关的内容，主要有事务的原理与事务管理的常用语句、事务的类型和应用、锁的内涵与类型、锁的应用等。

# 11.1 事 务 管 理

事务是SQL Server中的基本工作单元，它是用户定义的一个数据库操作序列，这些操作要么做、要么全不做，是一个不可分割的工作单位。SQL Server中的事务主要可以分为自动提交事务、隐式事务、显式事务和分布式事务4种类型，如表11-1所示。

表11-1　事务类型

| 类　　型 | 含　　义 |
| --- | --- |
| 自动提交事务 | 每条单独语句都是一个事务 |
| 隐式事务 | 前一个事务完成时新事务隐式启动，每个事务仍以COMMIT或ROLLBACK语句显式结束 |
| 显式事务 | 每个事务均以BEGIN TRNSACTION语句显式开始，以COMMIT或ROLLBACK语句显式结束 |
| 分布式事务 | 跨越多个服务器的事务 |

## 11.1.1 事务的原理

### 1. 事务的含义

事务要有非常明确的开始和结束点，SQL Server中的每一条数据操作语句（例如SELECT、INSERT、UPDATE和DELETE）都是隐式事务的一部分。即使只有一条语句，系统也会把这条语句当作一个事务，要么执行所有语句，要么什么都不执行。

事务开始之后，事务中所有的操作都会写到事务日志中，写到日志中的事务一般有两种：一是针对数据的操作，例如插入、修改和删除，这些操作的对象是大量的数据；另一种是针对任务的操作，例如创建索引。当取消这些事务操作时，系统自动执行这种操作的反操作，以保证系统的一致性。系统自动生成一个检查点机制，这个检查点周期性地检查事务日志。如果在事务日志中，事务全部完成，那么检查点事务日志中的事务提交到数据库中，并且在事务日志中做一个检查点提交标识；如果在事务日志中，事务没有完成，那么检查点不会将事务日志中的事务提交到数据库中，并且在事务日志中做一个检查点未提交的标识。事务的恢复及检查点保证了系统的完整和可恢复。

### 2. 事务属性

事务是作为单个逻辑工作单元执行的一系列操作。一个逻辑工作单元必须有4个属性，称为原子性（Atomic）、一致性（Consistent）、隔离性（Isolated）和持久性（Durable），简称ACID属性，只有这样才能构成一个事务。

- 原子性：事务必须是原子工作单元；对于其数据修改，要么全都执行，要么全都不执行。
- 一致性：事务在完成时，必须使所有的数据都保持一致性状态。在相关数据库中，所有规则都必须应用于事务的修改，以保持所有数据的完整性。在事务结束时，所有的内部数据结构都必须是正确的。
- 隔离性：由并发事务所做的修改必须与任何其他并发事务所做的修改隔离。事务识别数据时数据所处的状态，要么是另一并发事务修改它之前的状态，要么是第二个事务修改它之后的状态，事务不会识别中间状态的数据。这称为可串行性，因为它能够重新装载起始数据，并且重播一系列事务，以使数据结束时的状态与原始事务执行的状态相同。
- 持久性：事务完成之后，它对于系统的影响是永久性的。该修改即使出现系统故障也将一直保持。

### 3. 建立事务应遵循的原则

事务中不能包含以下语句：ALTER DATABASE、 DROP DATABASE 、ALTER FULLTEXT CATALOG、DROP FULLTEXT CATALOG、ALTER FULLTEXT INDEX、DROP FULLTEXT INDEX、BACKUP、RECONFIGURE、CREATE DATABASE、 RESTORE、CREATE FULLTEXT CATALOG、UPDATE STATISTICS、CREATE FULLTEXT INDEX。

当调用远程服务器上的存储过程时，不能使用ROLLBACK TRANSACTION语句，不可执行回滚操作。

SQL Server不允许在事务内使用存储过程建立临时表。

## 11.1.2 事务管理的常用语句

SQL Server中常用的事务管理语句包含如下几条。

- BEGIN TRANSACTION：建立一个事务。
- COMMIT TRANSACTION：提交事务。
- ROLLBACK TRANSACTION：事务失败时执行回滚操作。
- SAVE TRANSACTION：保存事务。

> **提示** BEGIN TRANSACTION和COMMIT TRANSACTION同时使用，用来标识事务的开始和结束。

### 11.1.3 事务的隔离级别

事务具有隔离性，不同事务中所使用的时间必须和其他事务进行隔离，在同一时间可以有很多个事务正在处理数据，但是每个数据在同一时刻只能有一个事务进行操作。如果将数据锁定，使用数据的事务就必须排队等待，以防止多个事务互相影响。但是如果有几个事务锁定了自己的数据，同时又在等待其他事务释放数据，则会造成死锁。

为了提高数据的并发使用效率，可以为事务在读取数据时设置隔离状态，SQL Server 2022中事务的隔离状态由低到高可以分为以下5个级别。

- READ UNCOMMITTED 级别：该级别不隔离数据，即使事务正在使用数据，其他事务也能同时修改或删除该数据。在 READ UNCOMMITTED 级别运行的事务，不会发出共享锁来防止其他事务修改当前事务读取的数据。
- READ COMMITTED 级别：指定语句不能读取已由其他事务修改但尚未提交的数据。这样可以避免脏读。其他事务可以在当前事务的各个语句之间更改数据，从而产生不可重复读取的数据和幻象数据。在 READ COMMITTED 事务中读取的数据随时都可能被修改，但已经修改过的数据事务会一直被锁定，直到事务结束为止。该选项是 SQL Server 的默认设置。
- REPEATABLE READ 级别：指定语句不能读取已由其他事务修改但尚未提交的行，其他任何事务都不能在当前事务完成之前修改由当前事务读取的数据。该事务中的每个语句所读取的全部数据都设置了共享锁，并且该共享锁一直保持到事务完成为止。这样可以防止其他事务修改当前事务读取的任何行。
- SNAPSHOT 级别：指定事务中任何语句读取的数据都将是数据被修改之前的版本。事务只能识别在其开始之前提交的数据修改。在当前事务中执行的语句将看不到在当前事务开始以后由其他事务所做的数据修改。其效果就好像事务中的语句获得了已提交数据的快照，因为该数据在事务开始时就存在。

除非正在恢复数据库，否则SNAPSHOT事务不会在读取数据时请求锁。读取数据的SNAPSHOT事务不会阻止其他事务写入数据。写入数据的事务也不会阻止SNAPSHOT事务读取数据。

- SERIALIZABLE 级别：将事务所要用到的时间全部锁定，不允许其他事务添加、修改和删除数据，使用该等级的事务并发性最低，要读取同一数据的事务必须排队等待。

可以使用SET语句更改事务的隔离级别，其语法格式如下：

```
SET TRANSACTION ISOLATION LEVEL
{
 READ UNCOMMITTED
| READ COMMITTED
| REPEATABLE READ
| SNAPSHOT
```

```
| SERIALIZABLE
}[ ; ]
```

### 11.1.4 事务的应用案例

**【例11.1】**限定stu_info表中最多只能插入10条学生记录，如果表中插入的人数大于10人，则会插入失败，操作过程如下。

首先，为了对比执行前后的结果，先查看stu_info表中当前的记录，查询语句如下：

```
USE test_db
GO
SELECT * FROM stu_info;
```

语句执行结果如图11-1所示。

结果 消息

| | s_id | s_name | s_score | s_sex | s_age |
|---|---|---|---|---|---|
| 1 | 1 | 许三 | 98 | 男 | 18 |
| 2 | 2 | 张靓 | 70 | 女 | 19 |
| 3 | 3 | 王宝 | 25 | 男 | 18 |
| 4 | 4 | 马华 | 10 | 男 | 20 |
| 5 | 5 | 李岩 | 65 | 女 | 18 |
| 6 | 6 | 刘杰 | 88 | 男 | 19 |
| 7 | 21 | 王凯 | 90 | 男 | 19 |

图 11-1 执行事务之前 stu_info 表中的记录

可以看到，当前表中有7条记录，接下来输入以下语句：

```
USE test_db;
GO
BEGIN TRANSACTION
INSERT INTO stu_info VALUES(22,'路飞',80,'男',18);
INSERT INTO stu_info VALUES(23,'张露',85,'女',18);
INSERT INTO stu_info VALUES(24,'魏波',70,'男',19);
INSERT INTO stu_info VALUES(25,'李婷',74,'女',18);
DECLARE @studentCount INT
SELECT @studentCount=(SELECT COUNT(*) FROM stu_info)
IF @studentCount > 10
    BEGIN
        ROLLBACK TRANSACTION
        PRINT '插入人数太多，插入失败！'
    END
ELSE
    BEGIN
        COMMIT TRANSACTION
        PRINT '插入成功!'
    END
```

这段代码中使用BEGIN TRANSACTION定义事务的开始，向stu_info表中插入4条记录，插入完成之后，判断stu_info表中总的记录数，如果学生人数大于10，则插入失败，并使用ROLLBACK

TRANSACTION撤销所有的操作；如果学生人数小于或等于10，则提交事务，将所有新的学生记录插入stu_info表中。

输入完成后，单击【执行】按钮，运行结果如图11-2所示。

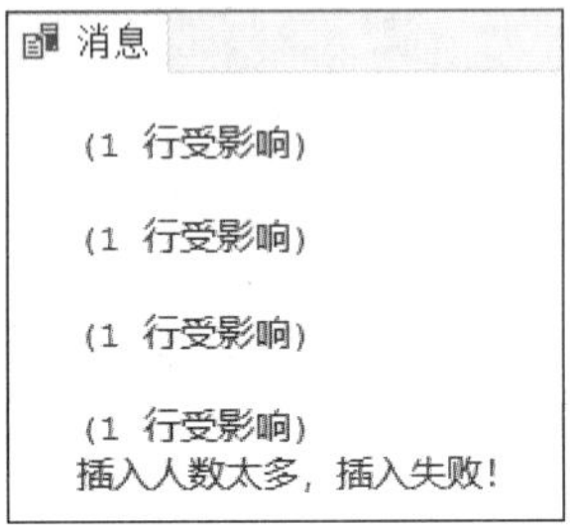

可以看到，因为stu_info表中原来已经有7条记录，插入4条记录之后，总的学生人数为11，大于这里定义的人数上限10，所以插入操作失败，事务回滚了所有的操作。

执行完事务之后，再次查询stu_info表中的内容，验证事务的执行结果。可以看到，执行事务前后表中的内容没有变化，这是因为事

图 11-2　使用事务

务撤销了对表的插入操作，可以修改插入的记录数小于4，这样就能成功地插入数据。读者可以亲自操作一下，深刻体会事务的运行过程。

# 11.2　锁

SQL Server支持多用户共享同一数据库，但是，当多个用户对同一个数据库进行修改时，会产生并发问题，使用锁可以解决用户存取数据的这个问题，从而保证数据库的完整性和一致性。对于一般的用户，通过系统的自动锁管理机制基本可以满足使用要求，但如果对数据安全、数据库完整性和一致性有特殊要求，则需要亲自控制数据库的锁和解锁，这就需要了解SQL Server的锁机制，掌握锁的使用方法。

## 11.2.1　锁的内涵与作用

数据库中数据的并发操作经常发生，而对数据的并发操作会带来一些问题，如脏读、幻读、非重复性读取、丢失更新。

### 1. 脏读

当一个事务读取的记录是另一个事务的一部分时，如果第一个事务正常完成，就没有什么问题，如果此时另一个事务未完成，就产生了脏读。例如，员工表中编号为1001的员工工资为1740元，如果事务1将工资修改为1900元，但还没有提交确认，此时事务2读取员工的工资为1900元；事务1中的操作因为某种原因执行了ROLLBACK回滚，取消了对员工工资的修改，但事务2已经把编号为1001的员工的数据读走了。此时就发生了脏读。

### 2. 幻读

当某一数据行执行INSERT或DELETE操作，而该数据行恰好属于某个事务正在读取的范围时，就会发生幻读现象。例如，现在要对员工涨工资，将所有低于1700元的工资都涨到新的1900元，事务1使用UPDATE语句进行更新操作，事务2同时读取这一批数据，但是在其中插入了几条工资低于1900元的记录，此时事务1如果查看数据表中的数据，就会发现自己更新之后还有工资低于1900元的记录。幻读事件是在某个凑巧的环境下发生的，简而言之，它在运行UPDATE语句的同时，有人执行了INSERT操作。因为插入了一个新记录行，所以没有被锁定，并且能正常运行。

### 3. 非重复性读取

如果一个事务不止一次读取相同的记录，但在两次读取中间有另一个事务刚好修改了数据，则两次读取的数据将出现差异，此时就会发生非重复性读取。例如，事务1和事务2都读取了一条工资为2310元的数据行，如果事务1将记录中的工资修改为2500元并提交，则事务2使用的员工的工资仍为2310元。

### 4. 丢失更新

一个事务更新了数据库之后，另一个事务再次对数据库更新，此时系统只能保留最后一个数据的修改。

例如，对一个员工表进行修改，事务1将员工表中编号为1001的员工工资修改为1900元，之后事务2又把该员工的工资更改为3000元，那么最后员工的工资为3000元，导致事务1的修改丢失。

使用锁可以实现并发控制，能够保证多个用户同时操作同一数据库中的数据而不发生上述数据不一致的现象。

## 11.2.2 可锁定资源与锁的类型

### 1. 可锁定资源

使用SQL Server 2022中的锁机制可以锁定不同类型的资源，即具有多粒度锁，为了使锁的成本降至最低，SQL Server会自动将资源锁定在合适的层次，锁的层次越高，它的粒度就越粗。锁定在较高的层次，例如表，就限制了其他事务对表中任意部分进行访问，但需要的资源较少，因为需要维护的锁较少；锁定在较低的层次，例如行，可以增加并发，但需要较大的开销，因为锁定了许多行，需要控制更多的锁。对于SQL Server来说，可以根据粒度大小分为6种可锁定的资源，这些资源由粗到细分别说明如下：

- 数据库：锁定整个数据库，这是一种最高层次的锁，使用数据库锁将禁止任何事务或者用户对当前数据库的访问。
- 表：锁定整个数据表，包括实际的数据行以及与该表相关联的所有索引中的键。其他任何事务在同一时刻都不能访问表中的任何数据。表锁定的特点是占用较少的系统资源，但是数据资源占用量较大。
- 区段页：一组连续的 8 个数据页，例如数据页或索引页。区段锁可以锁定控制区段内的 8 个数据或索引页以及在这 8 页中的所有数据行。
- 页：锁定该页中的所有数据或索引键。在事务处理过程中，不管事务处理数据量的大小，每一次都锁定一页，在这个页上的数据不能被其他事务占用。使用页层次锁时，即使一个事务只处理一个页上的一行数据，该页上的其他数据行也不能被其他事务使用。
- 键：索引中的特定键或一系列键上的锁，相同索引页中的其他键不受影响。
- 行：SQL Server 2022 中可以锁定的最小对象空间，行锁可以在事务处理过程中锁定单行或多行数据，行级锁占用资源较少，因而在事务处理过程中，其他事务可以继续处理同一张表或同一页的其他数据，极大地降低了其他事务等待处理所需要的时间，提高了系统的并发性。

### 2. 锁的类型

SQL Server 2022中提供了多种锁模式，在这些类型的锁中，有些类型的锁之间可以兼容，有些类型的锁之间是不可以兼容的。锁模式决定了并发事务访问资源的方式。下面将介绍几种常用的锁类型。

- 更新锁：一般用于可更新的资源，可以防止多个会话在读取、锁定以及进行资源更新时出现死锁的情况，当一个事务查询数据以便进行修改时，可以对数据项施加更新锁，如果事务修改资源，则更新锁会转换成排他锁，否则会转换成共享锁。一次只有一个事务可以获得资源上的更新锁，它允许其他事务对资源的共享访问，但阻止排他式的访问。
- 排他锁：用于数据修改操作，例如 INSERT、UPDATE 或 DELETE。确保不会同时对同一资源进行多重更新。
- 共享锁：用于读取数据操作，允许多个事务读取相同的数据，但不允许其他事务修改当前数据，如 SELECT 语句。当多个事务读取同一个资源时，资源上存在共享锁，任何其他事务都不能修改数据，除非将事务隔离级别设置为可重复读或者更高的级别，或者在事务生存周期内用锁定提示对共享锁进行保留，那么一旦数据完成读取，资源上的共享锁立即得以释放。
- 键范围锁：可防止幻读。通过保护行之间键的范围，还可以防止对事务访问的记录集进行幻象插入或删除。
- 架构锁：执行表的数据定义操作时使用架构修改锁，在架构修改锁起作用的期间，会防止对表的并发访问。这意味着在释放架构修改锁之前，该锁之外的所有操作都将被阻止。

## 11.2.3 死锁

在两个或多个任务中，如果每个任务锁定了其他任务试图锁定的资源，就会造成这些任务永久阻塞，从而出现死锁。此时系统处于死锁状态。

### 1. 死锁的原因

在多用户环境下，死锁的发生是由于两个事务都锁定了不同的资源而又都在申请对方锁定的资源，即一组进程中的各个进程均占有不会释放的资源，但因互相申请其他进程占用的不会释放的资源而处于一种永久等待的状态。形成死锁有以下4个必要条件。

- 请求与保持条件：获取资源的进程可以同时申请新的资源。
- 非剥夺条件：已经分配的资源不能从该进程中剥夺。
- 循环等待条件：多个进程构成环路，并且其中每个进程都在等待相邻进程正占用的资源。
- 互斥条件：资源只能被一个进程使用。

### 2. 可能会造成死锁的资源

每个用户会话可能有一个或多个代表它运行的任务，其中每个任务可能获取或等待获取各种资源。以下类型的资源可能会造成阻塞，并最终导致死锁。

（1）锁。等待获取资源（如对象、页、行、元数据和应用程序）的锁可能导致死锁。例如，事务T1在行r1上有共享锁（S锁）并等待获取行r2的排他锁（X锁）。事务T2在行r2上有共享锁（S锁）并等待获取行r1的排他锁（X锁）。这将导致一个锁循环，其中T1和T2都等待对方释放已锁定的资源。

（2）工作线程。排队等待可用工作线程的任务可能导致死锁。如果排队等待的任务拥有阻塞所有工作线程的资源，则将导致死锁。例如，会话S1启动事务并获取行r1的共享锁（S 锁）后，进入睡眠状态。在所有可用工作线程上运行的活动会话正尝试获取行r1的排他锁（X锁）。因为会话S1无法获取工作线程，所以以无法提交事务并释放行r1的锁。这将导致死锁。

（3）内存。当并发请求等待获取内存，而当前的可用内存无法满足其需要时，可能发生死锁。例如，两个并发查询（Q1和Q2）作为用户定义函数执行，分别获取10MB和20MB的内存。如果每个查询还需要30MB的内存，而可用总内存为20MB，则Q1和Q2必须等待对方释放内存，这将导致死锁。

（4）并行查询执行的相关资源。通常与交换端口关联的处理协调器、发生器或使用者线程至少包含一个不属于并行查询的进程时，可能会相互阻塞，从而导致死锁。此外，当并行查询启动执行时，SQL Server将根据当前的工作负荷确定并行度或工作线程数。如果系统工作负荷发生意外更改，例如，当新查询开始在服务器中运行或系统用完工作线程时，则可能发生死锁。

### 3. 减少死锁的策略

在复杂的系统中，不可能百分之百地避免死锁，从实际出发，为了减少死锁，可以采用以下策略：

- 在所有事务中以相同的次序使用资源。
- 使事务尽可能简短并且在一个批处理中。
- 为死锁超时参数设置一个合理范围，如 3～30 分钟。若超时，则自动放弃本次操作，避免进程挂起。
- 避免在事务内和用户进行交互，以减少资源的锁定时间。
- 使用较低的隔离级别，相比较高的隔离级别，能够有效减少持有共享锁的时间，减少锁之间的竞争。
- 使用 Bound Connections。Bound Connections 允许两个或多个事务连接共享事务和锁，而且任何一个事务连接都要申请锁，因此可以运行这些事务共享数据而不会有加锁冲突。
- 使用基于行版本控制的隔离级别。持快照事务隔离和指定 READ_COMMITTED 隔离级别的事务使用行版本控制，可以将读与写操作之间发生死锁的概率降至最低。SET ALLOW_SNAPSHOT_ISOLATION ON 事务可以指定 SNAPSHOT 事务隔离级别，SET READ_COMMITTED_SNAPSHOT ON 指定 READ_COMMITTED 隔离级别的事务将使用行版本控制而不是锁定。在默认情况下，SELECT 语句会对请求的资源加 S（共享）锁，而开启了此选项后，SELECT 不会对请求的资源加 S 锁。

## 11.2.4　锁的应用案例

锁的应用情况比较多，本小节将对锁可能出现的几种情况进行具体分析，使读者更加深刻地理解事务的使用。

### 1. 锁定行

【例11.2】锁定stu_info表中s_id=2的学生记录，输入语句如下：

```
USE test_db;
GO
SET TRANSACTION ISOLATION LEVEL READ UNCOMMITTED
SELECT * FROM stu_info ROWLOCK WHERE s_id=2;
```

输入完成后，单击【执行】按钮，执行结果如图11-3所示。

### 2. 锁定数据表

【例11.3】锁定stu_info表中的记录，输入语句如下：

```
USE test_db;
GO
SELECT s_age FROM stu_info  TABLELOCKX  WHERE s_age=18;
```

输入完成后，单击【执行】按钮，结果如图11-4所示。对表加锁后，其他用户将不能对该表进行访问。

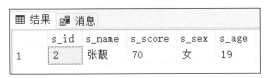

图 11-3　行锁

图 11-4　对数据表加锁

### 3. 排他锁

【例11.4】创建名称为transaction1和transaction2的事务，在transaction1事务上面添加排他锁，事务1执行10s之后才能执行transaction2事务，输入语句如下：

```
USE test_db;
GO
BEGIN TRAN transaction1
UPDATE stu_info SET s_score=88 WHERE s_name='许三' ;
WAITFOR DELAY '00:00:10';
COMMIT TRAN
BEGIN TRAN transaction2
SELECT * FROM stu_info WHERE s_name='许三';
COMMIT TRAN
```

输入完成后，单击【执行】按钮，执行结果如图11-5所示。

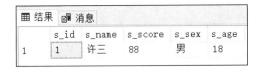

图 11-5　排他锁

transaction2事务中的SELECT语句必须等待transaction1执行完毕10s之后才能执行。

### 4. 共享锁

【例11.5】创建名称为transaction1和transaction2的事务，在transaction1事务上面添加共享锁，允许两个事务同时执行查询操作，如果第二个事务要执行更新操作，必须等待10s，输入语句如下：

```
USE test_db;
GO
BEGIN TRAN transaction1
SELECT s_score,s_sex,s_age FROM stu_info WITH(HOLDLOCK) WHERE s_name='许三';
WAITFOR DELAY '00:00:10';
COMMIT TRAN

BEGIN TRAN transaction2
SELECT * FROM stu_info  WHERE s_name='许三';
COMMIT TRAN
```

输入完成后，单击【执行】按钮，执行结果如图11-6所示。

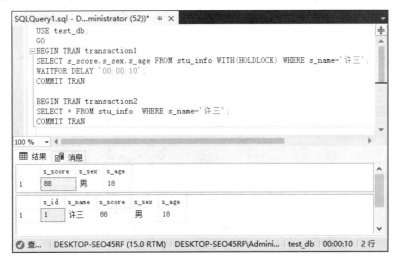

图 11-6　共享锁

### 5. 死锁

死锁的造成是因为多个任务都锁定了自己的资源，而又在等待其他事务释放资源，由此造成资源的竞争而产生死锁。

例如，事务A与事务B是两个并发执行的事务，事务A锁定了表A的所有数据，同时请求使用表B中的数据，而事务B锁定了表B中的所有数据，同时请求使用表A中的数据。两个事务都在等待对方释放资源，而造成了一个死循环，即死锁。除非某一个外部程序来结束其中一个事务，否则这两个事务就会无限期地等待下去。

当发生死锁时，SQL Server将选择一个死锁牺牲，对死锁牺牲的事务进行回滚，另一个事务将继续正常运行。默认情况下，SQL Server将会选择回滚代价最低的事务牺牲掉。

随着应用系统复杂性的提高，不可能百分之百地避免死锁，但是采取一些相应的规则，可以有效地减少死锁，可以采用的规则如下。

1）按同一顺序访问对象

如果所有并发事务按同一顺序访问对象，则发生死锁的可能性会降低。例如，如果两个并发事务先获取suppliers表上的锁，然后获取fruits表上的锁，则在其中一个事务完成之前，另一个事务将在suppliers表上被阻塞。当第一个事务提交或回滚之后，第二个事务将继续执行，这样就不会发生死锁。将存储过程用于所有数据修改可以使对象的访问顺序标准化。

2）避免事务中的用户交互

避免编写包含用户交互的事务，因为没有用户干预的批处理的运行速度远快于用户必须手动响应查询时的速度（例如回复输入应用程序请求的参数的提示）。例如，如果事务正在等待用户输入，而用户去吃午餐甚至回家过周末了，则用户就耽误了事务的完成。这将降低系统的吞吐量，因为事务持有的任何锁只有在事务提交或回滚后才会释放。即使不出现死锁的情况，在占用资源的事务完成之前，访问同一资源的其他事务也会被阻塞。

3）保持事务简短并处于一个批处理中

在同一数据库中并发执行多个需要长时间运行的事务时通常会发生死锁。事务的运行时间越长，它持有排他锁更新锁的时间也就越长，从而会阻塞其他活动并可能导致死锁。

保持事务处于一个批处理中可以最小化事务中的网络通信往返量，减少完成事务和释放锁可能遭遇的延迟。

4）使用较低的隔离级别

确定事务是否能在较低的隔离级别上运行。实现读取别的事务已经读取但是没有修改的数据，而不必等待第一个事务完成。使用较低的隔离级别（例如已提交读）比使用较高的隔离级别（例如可序列化）持有共享锁的时间更短，这样就减少了锁争用。

5）使用基于行版本控制的隔离级别

如果将READ_COMMITTED_SNAPSHOT数据库选项设置为ON，则在已提交读隔离级别下运行的事务在读操作期间将使用行版本控制而不是共享锁。

快照隔离也使用行版本控制，该级别在读操作期间不使用共享锁，必须将ALLOW_SNAPSHOT_ISOLATION数据库选项设置为ON，事务才能在快照隔离下运行。

实现这些隔离级别可使得在读写操作之间发生死锁的可能性降至最低。

6）使用绑定连接

使用绑定连接，同一应用程序打开的两个或多个连接可以相互合作。可以像主连接获取的锁那样持有次级连接获取的任何锁，反之亦然。这样它们就不会互相阻塞。

# 第 12 章
# 游　标

查询语句可能返回多条记录，如果数据量非常大，就需要使用游标来逐条读取查询结果集中的记录。应用程序可以根据需要滚动或浏览其中的数据。本章将介绍游标的概念、分类以及基本操作等内容。

# 12.1　认　识　游　标

游标是SQL Server 2022的一种数据访问机制，它允许用户访问单独的数据行。用户可以对每一行进行单独处理，从而降低系统开销和潜在的阻隔情况，用户也可以使用这些数据生成SQL代码并立即执行或输出。

## 12.1.1　游标的概念

游标是一种处理数据的方法，主要用于存储过程、触发器和Transact-SQL脚本中，它们使结果集的内容可用于其他Transact-SQL语句。在查看或处理结果集中的数据时，游标可以提供在结果集中向前或向后浏览数据的功能。类似于C语言中的指针，它可以指向结果集中的任意位置。当要对结果集进行逐行单独处理时，必须声明一个指向该结果集的游标变量。

SQL Server中的数据操作结果都是面向集合的，并没有一种描述表中单一记录的表达形式，除非使用WHERE子句限定查询结果，使用游标可以提供这种功能，并且游标的使用使操作过程更加灵活、高效。

## 12.1.2　游标的优点

SELECT语句返回的是一个结果集，但有的时候应用程序并不总是能有效地处理整个结果集，游标便提供了这样一种机制，它能从包括多条数据记录的结果集中每次提取一条记录，游标总是与一条SQL选择语句相关联，由结果集和指向特定记录的游标位置组成。使用游标具有以下优点：

（1）允许程序对由SELECT查询语句返回的行集中的每一行执行相同或不同的操作，而不是对整个集合执行同一个操作。

（2）提供对基于游标位置的表中的行进行删除和更新的能力。

（3）游标作为数据库管理系统和应用程序设计之间的桥梁，将两种处理方式连接起来。

### 12.1.3　游标的分类

SQL Server 2022支持3种游标实现，分别是Transact-SQL游标，应用程序编程接口（API）服务器游标和客户端游标。

#### 1. Transact-SQL游标

Transact-SQL游标基于DECLARE　CURSOR语法，主要用于Transact-SQL脚本、存储过程和触发器。Transact-SQL游标在服务器上实现，并由从客户端发送到服务器的Transact-SQL语句管理。它还可能包含在批处理、存储过程或触发器中。

#### 2．应用程序编程接口（API）服务器游标

应用程序编程接口（API）服务器游标支持OLE DB和ODBC 中的API游标函数，API服务器游标在服务器上实现。每次客户端应用程序调用API游标函数时，SQL Server Native Client OLE DB访问接口或ODBC驱动程序会把请求传输到服务器，以便对API服务器游标进行操作。

#### 3．客户端游标

客户端游标由SQL Server Native Client ODBC驱动程序和实现ADO API 的DLL在内部实现。客户端游标通过在客户端高速缓存所有结果集中的行来实现。每次客户端应用程序调用API游标函数时，SQL Server Native Client ODBC驱动程序或ADO DLL会对客户端上高速缓存的结果集中的行执行游标操作。

由于Transact-SQL游标和API服务器游标都在服务器上实现，因此它们统称为服务器游标。

ODBC和ADO定义了Microsoft　SQL　Server支持的4种游标类型，这样就可以为Transact-SQL游标指定4种游标类型。

SQL Server支持的4种API服务器游标类型如下。

1）只进游标

只进游标不支持滚动，它只支持游标从头到尾顺序提取。行只在从数据库中提取出来后才能检索。对所有由当前用户发出或由其他用户提交并影响结果集中的行的 INSERT、UPDATE 和DELETE语句，其结果在这些行从游标中提取时是可见的。

由于游标无法向后滚动，因此在提取行后对数据库中的行进行的大多数更改通过游标均不可见。当值用于确定所修改的结果集（例如更新聚集索引涵盖的列）中行的位置时，修改后的值通过游标可见。

2）静态游标

SQL Server静态游标始终是只读的，其完整结果集在打开游标时建立在tempdb中。静态游标总是按照打开游标时的原样显示结果集。

游标不反映在数据库中所做的任何影响结果集成员身份的更改，也不反映对组成结果集的行的列值所做的更改。静态游标不会显示打开游标以后在数据库中新插入的行，即使这些行符合游标SELECT语句的搜索条件。如果组成结果集的行被其他用户更新，则新的数据值不会显示在静态游标中。静态游标会显示打开游标以后从数据库中删除的行。静态游标中不反映 UPDATE、INSERT或者DELETE操作（除非关闭游标，然后重新打开），甚至不反映使用打开游标的同一连接所做的修改。

### 3）由键集驱动的游标

该游标中各行的成员身份和顺序是固定的。由键集驱动的游标由一组唯一标识符（键）控制，这组键称为键集。键是根据以唯一方式标识结果集中各行的一组列生成的。键集是打开游标时来自符合SELECT语句要求的所有行中的一组键值。由键集驱动的游标对应的键集是打开该游标时在tempdb中生成的。

### 4）动态游标

动态游标与静态游标相对。当滚动游标时，动态游标反映结果集中所做的所有更改。结果集中的行数据值、顺序和成员在每次提取时都会改变。所有用户做的全部UPDATE、INSERT和DELETE语句均通过游标可见。如果使用API函数（如SQLSetPos）或Transact-SQL WHERE CURRENT OF子句通过游标进行更新，它们将立即可见。在游标外部所做的更新直到提交时才可见，除非将游标的事务隔离级别设为未提交读。

## 12.2　游标的基本操作

前面介绍了游标的概念和分类等内容，本节将向各位读者介绍如何操作游标，对于游标的操作主要有以下内容：声明游标、打开游标、读取游标中的数据、关闭游标和释放游标。下面依次介绍这些内容。

### 12.2.1　声明游标

游标主要包括游标结果集和游标位置两部分，游标结果集是由定义游标的SELECT语句返回的行集合，游标位置则是指向这个结果集中的某一行的指针。

使用游标之前，要声明游标，SQL Server中声明游标使用DECLARE CURSOR语句，声明游标包括定义游标的滚动行为和用户生成游标所操作的结果集的查询，其语法格式如下：

```
DECLARE cursor_name CURSOR [ LOCAL | GLOBAL ]
    [ FORWARD_ONLY | SCROLL ]
    [ STATIC | KEYSET | DYNAMIC | FAST_FORWARD ]
    [ READ_ONLY | SCROLL_LOCKS | OPTIMISTIC ]
    [ TYPE_WARNING ]
    FOR select_statement
    [ FOR UPDATE [ OF column_name [ ,...n ] ] ]
```

- cursor_name：是所定义的 Transact-SQL 服务器游标的名称。
- LOCAL：对于在其中创建的批处理、存储过程或触发器来说，该游标的作用域是局部的。
- GLOBAL：指定该游标的作用域是全局的。
- FORWARD_ONLY：指定游标只能从第一行滚动到最后一行。FETCH NEXT 是唯一支持的提取选项。如果在指定 FORWARD_ONLY 时不指定 STATIC、KEYSET 和 DYNAMIC 关键字，则游标作为 DYNAMIC 游标进行操作。如果 FORWARD_ONLY 和 SCROLL 均未指定，则除非指定 STATIC、KEYSET 或 DYNAMIC 关键字，否则默认为 FORWARD_ONLY。STATIC、KEYSET 和 DYNAMIC 游标默认为 SCROLL。与 ODBC 和 ADO 这类数据库 API 不同，STATIC、KEYSET 和 DYNAMIC Transact-SQL 游标支持 FORWARD_ONLY。
- STATIC：定义一个游标，以创建将由该游标使用的数据的临时复本。对游标的所有请求都从 tempdb 中的这一临时表中得到应答；因此，在对该游标进行提取操作时，返回的数据不反映对基表所做的修改，并且该游标不允许修改。
- KEYSET：指定当游标打开时，游标中行的成员身份和顺序已经固定。对行进行唯一标识的键集内置在 tempdb 内一个称为 keyset 的表中。

对基表中的非键值所做的更改（由游标所有者更改或由其他用户提交），可以在用户滚动游标时看到。其他用户执行的插入是不可见的（不能通过Transact-SQL服务器游标执行插入）。如果删除行，则在尝试提取行时返回值为-2的@@FETCH_STATUS。从游标以外更新键值类似于删除旧行，然后插入新行。具有新值的行是不可见的，并且在尝试提取具有旧值的行时，将返回值为-2的@@FETCH_STATUS。如果通过指定WHERE CURRENT OF子句利用游标来完成更新，则新值是可见的。

- DYNAMIC：定义一个游标，以反映在滚动游标时对结果集内的各行所做的所有数据更改。行的数据值、顺序和成员身份在每次提取时都会更改。动态游标不支持 ABSOLUTE 提取选项。
- FAST_FORWARD：指定启用了性能优化的 FORWARD_ONLY、READ_ONLY 游标。如果指定了 SCROLL 或 FOR_UPDATE，则不能指定 FAST_FORWARD。
- SCROLL_LOCKS：指定通过游标进行的定位更新或删除一定会成功。将行读入游标时，SQL Server 将锁定这些行，以确保随后可对它们进行修改。如果还指定了 FAST_FORWARD 或 STATIC，则不能指定 SCROLL_LOCKS。
- OPTIMISTIC：指定如果行自读入游标以来已得到更新，则通过游标进行的定位更新或定位删除不成功。当将行读入游标时，SQL Server 不锁定行。它改用 timestamp 列值的比较结果来确定行读入游标后是否发生了修改，如果表不含 timestamp 列，则改用校验和值进行确定。如果已修改该行，则尝试进行的定位更新或删除将失败。如果还指定了 FAST_FORWARD，则不能指定 OPTIMISTIC。
- TYPE_WARNING：指定将游标从所请求的类型隐式转换为另一种类型时，向客户端发送警告消息。
- select_statement：是定义游标结果集的标准 SELECT 语句。

【例12.1】声明名称为cursor_fruit的游标，输入语句如下：

```
USE test_db;
```

```
GO
DECLARE cursor_fruit CURSOR FOR
SELECT f_name, f_price FROM fruits ;
```

在上面的代码中，定义光标的名称为cursor_fruit，SELECT语句表示从fruits表中查询出f_name和f_price字段的值。

## 12.2.2 打开游标

在使用游标之前，必须打开游标，打开游标的语法格式如下：

```
OPEN [GLOBAL] cursor_name | cursor_variable_name
```

- GLOBAL：指定 cursor_name 是全局游标。
- cursor_name：已声明的游标的名称。如果全局游标和局部游标都使用 cursor_name 作为其名称，那么如果指定了 GLOBAL，则 cursor_name 指的是全局游标；否则 cursor_name 指的是局部游标。
- cursor_variable_name：游标变量的名称，该变量引用一个游标。

【例12.2】打开上例中声明的名称为cursor_fruit的游标，输入语句如下：

```
USE test_db;
GO
OPEN cursor_fruit ;
```

输入完成后，单击【执行】按钮，即可打开游标。

## 12.2.3 读取游标中的数据

打开游标之后，就可以读取游标中的数据了，FETCH命令可以读取游标中的某一行数据。FETCH语句的语法格式如下：

```
FETCH
        [ [ NEXT | PRIOR | FIRST | LAST
              | ABSOLUTE { n | @nvar }
              | RELATIVE { n | @nvar }
            ]
            FROM
        ]
{ { [ GLOBAL ] cursor_name } | @cursor_variable_name }
[ INTO @variable_name [ ,...n ] ]
```

- NEXT：紧跟当前行返回结果行，并且当前行递增为返回行。如果 FETCH NEXT 为对游标的第一次提取操作，则返回结果集中的第一行。NEXT 为默认的游标提取选项。
- PRIOR：返回紧邻当前行前面的结果行，并且当前行递减为返回行。如果 FETCH PRIOR 为对游标的第一次提取操作，则没有行返回并且游标置于第一行之前。
- FIRST：返回游标中的第一行并将其作为当前行。
- LAST：返回游标中的最后一行并将其作为当前行。

- ABSOLUTE { n | @nvar}：如果 n 或@nvar 为正，则返回从游标头开始向后的第 n 行，并将返回行变成新的当前行。如果 n 或@nvar 为负，则返回从游标末尾开始向前的第 n 行，并将返回行变成新的当前行。如果 n 或@nvar 为 0，则不返回行。n 必须是整数常量，并且@nvar 的数据类型必须为 smallint、tinyint 或 int。

- RELATIVE { n | @nvar}：如果 n 或@nvar 为正，则返回从当前行开始向后的第 n 行，并将返回行变成新的当前行。如果 n 或@nvar 为负，则返回从当前行开始向前的第 n 行，并将返回行变成新的当前行。如果 n 或@nvar 为 0，则返回当前行。在对游标进行第一次提取时，如果在将 n 或@nvar 设置为负数或 0 的情况下指定 FETCH RELATIVE，则不返回行。n 必须是整数常量，@nvar 的数据类型必须为 smallint、tinyint 或 int。

- GLOBAL：指定 cursor_name 是全局游标。

- cursor_name：要从中提取的打开的游标的名称。如果全局游标和局部游标都使用 cursor_name 作为它们的名称，那么指定 GLOBAL 时，cursor_name 指的是全局游标；未指定 GLOBAL 时，cursor_name 指的是局部游标。

- @ cursor_variable_name：游标变量名，引用要从中提取的打开的游标。

- INTO @variable_name[ ,...n]：允许将提取的列数据放到局部变量中。列表中的各个变量从左到右与游标结果集中的相应列相关联。各变量的数据类型必须与相应的结果集列的数据类型相匹配。变量的数目必须与游标选择列表中的列数一致。

【例12.3】使用名称为cursor_fruit的光标检索fruits表中的记录，输入语句如下：

```
USE test_db;
GO
FETCH NEXT FROM cursor_fruit
WHILE @@FETCH_STATUS = 0
BEGIN
    FETCH NEXT FROM cursor_fruit
END
```

输入完成，单击【执行】按钮，执行结果如图12-1所示。

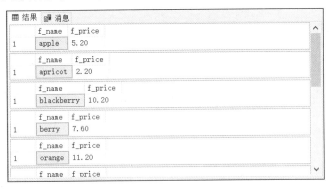

图 12-1　读取游标中的数据

### 12.2.4　关闭游标

SQL Server 2022在打开游标以后，服务器会专门为游标开辟一定的内存空间存放游标操作的数据结果集合,同时游标的使用也会根据具体情况对某些数据进行封锁。所以在不使用游标的时候,可以将其关闭,以释放游标所占用的服务器资源。关闭游标使用CLOSE语句,语法格式如下:

```
CLOSE [GLOBAL ] cursor_name | cursor_variable_name
```

- GLOBAL:指定 cursor_name 是全局游标。
- cursor_name:已声明的游标的名称。当全局游标和局部游标都使用 cursor_name 作为其名称时,如果指定了 GLOBAL,则 cursor_name 指的是全局游标;否则 cursor_name 指的是局部游标。
- cursor_variable_name:游标变量的名称,该变量引用一个游标。

【例12.4】关闭名称为cursor_fruit的游标,输入语句如下:

```
CLOSE  cursor_fruit;
```

输入完成后,单击【执行】按钮,执行关闭游标的操作。

### 12.2.5  释放游标

游标操作的结果集空间虽然被释放了,但是游标结构本身也会占用一定的计算机资源,所以在使用完游标之后,为了收回被游标占用的资源,应该将游标释放。释放游标使用DEALLOCATE语句,其语法格式如下:

```
DEALLOCATE [GLOBAL] cursor_name | @cursor_variable_name
```

- cursor_name:已声明游标的名称。当同时存在以 cursor_name 作为名称的全局游标和局部游标时,如果指定 GLOBAL,则 cursor_name 指全局游标;如果未指定 GLOBAL,则 cursor_name 指局部游标。
- @cursor_variable_name:游标变量的名称。@cursor_variable_name 必须为 cursor 类型。

DEALLOCATE @cursor_variable_name语句只删除对游标变量名称的引用,直到批处理、存储过程或触发器结束时,变量离开作用域,才释放变量。

【例12.5】使用DEALLOCATE语句释放名称为cursor_fruit的变量,输入语句如下:

```
USE test;
GO
DEALLOCATE cursor_fruit;
```

输入完成后,单击【执行】按钮,释放游标。

## 12.3  游标的运用

12.2节向读者介绍了游标的基本操作流程,用户可以创建、打开、关闭或者释放游标,本节将对游标的功能进行进一步的介绍,包括如何使用游标变量,使用游标修改、删除数据,以及在游标中对数据进行排序。

### 12.3.1  使用游标变量

在前面的章节中介绍了如何声明并使用变量，声明变量需要使用DECLARE语句，为变量赋值可以使用SET或SELECT语句，对于游标变量的声明和赋值，其操作过程基本相同。在具体使用时，首先要创建一个游标，将其打开之后，将游标的值赋给游标变量，并通过FETCH语句从游标变量中读取值，最后关闭并释放游标。

【例12.6】声明名称为@VarCursor的游标变量，输入语句如下：

```
USE test_db;
GO
DECLARE @VarCursor Cursor                 --声明游标变量
DECLARE cursor_fruit CURSOR FOR           --创建游标
SELECT f_name, f_price FROM fruits ;
OPEN cursor_fruit                         --打开游标
SET @VarCursor = cursor_fruit             --为游标变量赋值
FETCH NEXT FROM @VarCursor                --从游标变量中读取值
WHILE @@FETCH_STATUS = 0                  --判断FETCH语句是否执行成功
BEGIN
    FETCH NEXT FROM @VarCursor            --读取游标变量中的数据
END
CLOSE @VarCursor                          --关闭游标
DEALLOCATE @VarCursor                     --释放游标
```

输入完成后，单击【执行】按钮，执行结果如图12-2所示。

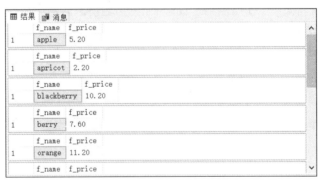

图 12-2　使用游标变量

### 12.3.2  用游标为变量赋值

在使用游标的过程中，可以使用FETCH语句将数据值存入变量，这些保持表中列值的变量可以在后面的程序中使用。

【例12.7】创建游标cursor_variable，将fruits表中记录的f_name、f_price值赋给变量@fruitName和@fruitPrice，并打印输出，输入语句如下：

```
USE test_db;
GO
```

```
DECLARE @fruitName VARCHAR(20), @fruitPrice DECIMAL(8,2)
DECLARE cursor_variable CURSOR FOR
SELECT f_name, f_price FROM fruits
WHERE s_id=101;
OPEN cursor_variable
FETCH NEXT FROM cursor_variable
INTO @fruitName, @fruitPrice
PRINT '编号为101的供应商提供的水果种类和价格为：'
PRINT '类型：' +'   价格：'
WHILE @@FETCH_STATUS = 0
BEGIN
    PRINT @fruitName +' '+ STR(@fruitPrice,8,2)
FETCH NEXT FROM cursor_variable
INTO @fruitName, @fruitPrice
END
CLOSE cursor_variable
DEALLOCATE cursor_variable
```

输入完成后，单击【执行】按钮，执行结果如图12-3所示。

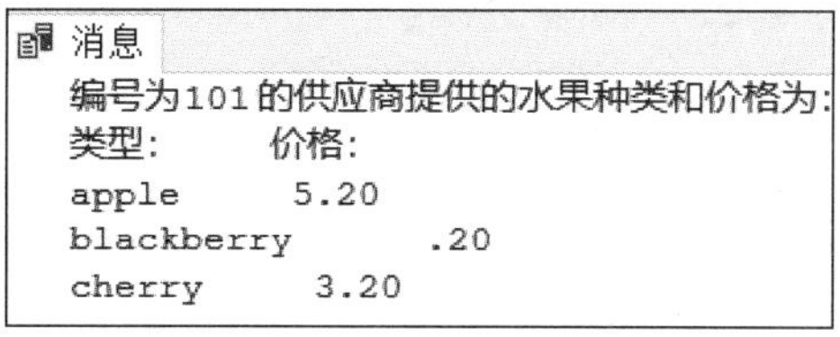

```
消息
编号为101的供应商提供的水果种类和价格为：
类型：    价格：
apple      5.20
blackberry      .20
cherry     3.20
```

图 12-3　使用游标为变量赋值

## 12.3.3　用ORDER BY子句改变游标中行的顺序

游标是一个查询结果集，那么能否对结果进行排序呢？答案是肯定的。与基本的SELECT语句中的排序方法相同，将ORDER BY子句添加到查询语句中，可以对游标查询的结果进行排序。

> 提示　只有出现在游标中的SELECT语句，其中的列才能作为ORDER BY子句的排序列。而对于非游标的SELECT语句，表中的任何列都可以作为ORDER BY的排序列，即使该列没有出现在SELECT语句的查询结果列中。

【例12.8】声明名称为Cursor_order的游标，对fruits表中的记录按照价格字段降序排列，输入语句如下：

```
USE test_db;
GO
DECLARE Cursor_order CURSOR FOR
SELECT f_id,f_name, f_price FROM fruits
ORDER BY f_price DESC
OPEN Cursor_order
FETCH NEXT FROM Cursor_order
WHILE @@FETCH_STATUS = 0
FETCH NEXT FROM Cursor_order
```

```
CLOSE Cursor_order
DEALLOCATE Cursor_order;
```

输入完成后，单击【执行】按钮，执行结果如图12-4所示。

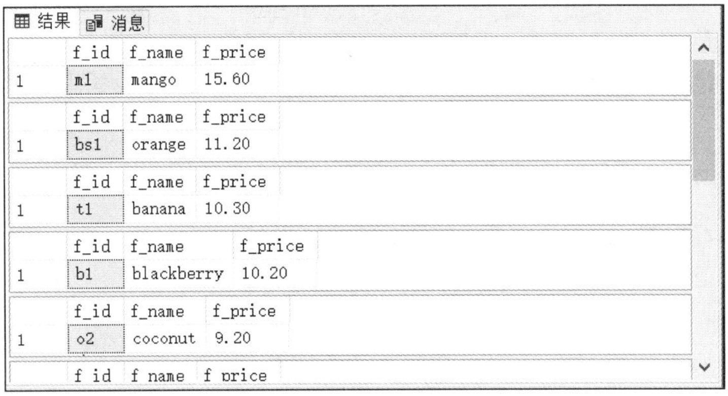

图 12-4　使用游标对结果集排序

从图12-4中可以看到，这里返回的记录行中，其f_price字段是依次减小、按降序显示的。

### 12.3.4　用游标修改数据

相信读者已经掌握了如何使用游标变量查询表中的记录，接下来介绍使用游标对表中的数据进行修改。

【例12.9】声明整型变量@sID=101，然后声明一个对fruits表进行操作的游标，打开该游标，使用FETCH NEXT方法来获取游标中的每一行数据，如果获取到的记录的s_id字段值与@sID值相同，将s_id=@sID的记录中的f_price字段修改为11.1，最后关闭并释放游标，输入语句如下：

```
USE test_db;
GO
DECLARE @sID INT                --声明变量
DECLARE @ID INT =101
DECLARE cursor_fruit1 CURSOR FOR
SELECT s_id FROM fruits ;
OPEN cursor_fruit1
FETCH NEXT FROM cursor_fruit1 INTO @sID
WHILE @@FETCH_STATUS = 0
BEGIN
        IF @sID = @ID
    BEGIN
        UPDATE fruits SET f_price =11.1 WHERE s_id=@ID
    END
FETCH NEXT FROM cursor_fruit1 INTO @sID
END
CLOSE cursor_fruit1
DEALLOCATE cursor_fruit1
SELECT * FROM fruits WHERE s_id = 101;
```

输入完成后，单击【执行】按钮，执行结果如图12-5所示。

| | f_id | s_id | f_name | f_price |
|---|---|---|---|---|
| 1 | a1 | 101 | apple | 11.10 |
| 2 | b1 | 101 | blackberry | 11.10 |
| 3 | c0 | 101 | cherry | 11.10 |

图 12-5 使用游标修改数据

由最后一条SELECT查询语句返回的结果可以看到，使用游标修改操作执行成功，所有编号为101的供应商提供的水果的价格都修改为11.10。

## 12.3.5 用游标删除数据

在使用游标删除数据时，既可以删除游标结果集中的数据，也可以删除基本表中的数据。

**【例12.10】**使用游标删除fruits表中s_id=102的记录，输入语句如下：

```
USE test_db;
GO
DECLARE @sID INT                --声明变量
DECLARE @ID INT =102
DECLARE cursor_delete CURSOR FOR
SELECT s_id FROM fruits ;
OPEN cursor_delete
FETCH NEXT FROM cursor_delete INTO @sID
WHILE @@FETCH_STATUS = 0
BEGIN
   IF @sID = @ID
    BEGIN
        DELETE FROM fruits WHERE s_id=@ID
    END
FETCH NEXT FROM cursor_delete INTO @sID
END
CLOSE cursor_delete
DEALLOCATE cursor_delete
SELECT * FROM fruits WHERE s_id = 102;
```

输入完成后，单击【执行】按钮，执行结果如图12-6所示，可以看到记录被删光了。

| f_id | s_id | f_name | f_price |
|---|---|---|---|

图 12-6 使用游标删除表中的记录

# 12.4　使用系统存储过程管理游标

使用系统存储过程 sp_cursor_list、sp_describe_cursor、sp_describe_cursor_columns 或者 sp_describe_cursor_tables可以分别查看服务器游标的属性、游标结果集中列的属性、被引用对象或基本表的属性，本节将分别介绍这些存储过程的使用方法。

## 12.4.1　sp_cursor_list存储过程

sp_cursor_list存储过程报告当前为连接打开的服务器游标的属性，其语法格式如下：

```
sp_cursor_list [ @cursor_return = ] cursor_variable_name OUTPUT , [ @cursor_scope
= ] cursor_scope
```

- [@cursor_return = ]cursor_variable_name OUTPUT：已声明的游标变量的名称。cursor_variable_name 的数据类型为 cursor，无默认值。游标是只读的可滚动动态游标。
- [@cursor_scope = ] cursor_scope：指定要报告的游标级别。cursor_scope 的数据类型为 int，无默认值，可以是下列值之一。

  - 1：报告所有本地游标。
  - 2：报告所有全局游标。
  - 3：报告本地游标和全局游标。

【例12.11】打开一个全局游标，并使用sp_cursor_list报告该游标的属性，输入语句如下：

```
USE test_db;
GO
--声明游标
DECLARE testcur CURSOR  FOR
SELECT f_name
FROM test_db.dbo.fruits
WHERE f_name LIKE 'b%'
--打开游标
OPEN testcur

--声明游标变量
DECLARE @Report CURSOR

--执行sp_cursor_list存储过程，将结果保存到@Report游标变量中
EXEC sp_cursor_list @cursor_return = @Report OUTPUT,@cursor_scope = 2

--输出游标变量中的每一行
FETCH NEXT from @Report
WHILE (@@FETCH_STATUS <> -1)
BEGIN
   FETCH NEXT from @Report
```

```
END

--关闭并释放游标变量
CLOSE @Report
DEALLOCATE @Report
GO

--关闭并释放原始游标
CLOSE testcur
DEALLOCATE testcur
GO
```

输入完成后，单击【执行】按钮，执行结果如图12-7所示。

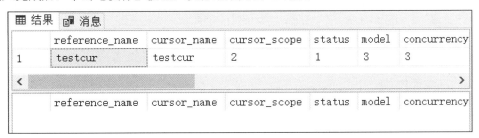

| | reference_name | cursor_name | cursor_scope | status | model | concurrency |
|---|---|---|---|---|---|---|
| 1 | testcur | testcur | 2 | 1 | 3 | 3 |
| | reference_name | cursor_name | cursor_scope | status | model | concurrency |

图 12-7　使用 sp_cursor_list 报告游标属性

## 12.4.2　sp_describe_cursor存储过程

sp_describe_cursor存储过程报告服务器游标的属性，其语法格式如下：

```
sp_describe_cursor [ @cursor_return = ] output_cursor_variable OUTPUT
    {
  [ , [ @cursor_source = ] N'local' , [ @cursor_identity = ] N'local_cursor_name' ]
    | [ , [ @cursor_source = ] N'global' , [ @cursor_identity = ]
N'global_cursor_name' ]
    | [ , [ @cursor_source = ] N'variable' , [ @cursor_identity = ]
N'input_cursor_variable' ]
      }
```

- [@cursor_return = ] output_cursor_variable OUTPUT：用于接收游标输出的声明游标变量的名称。output_cursor_variable 的数据类型为 cursor，无默认值。调用 sp_describe_cursor 时，该参数不得与任何游标关联。返回的游标是可滚动的动态只读游标。

- [ @cursor_source = ] { N 'local' | N 'global' | N 'variable'}：确定是使用局部游标、全局游标还是游标变量的名称来指定要报告的游标。

- [ @cursor_identity = ] N 'local_cursor_name' ]：由具有 LOCAL 关键字或默认设置为 LOCAL 的 DECLARE CURSOR 语句创建的游标名称。

- [ @cursor_identity = ] N 'global_cursor_name' ]：由具有 GLOBAL 关键字或默认设置为 GLOBAL 的 DECLARE CURSOR 语句创建的游标名称。

- [ @cursor_identity = ] N 'input_cursor_variable' ]：与所打开游标相关联的游标变量的名称。

【例12.12】打开一个全局游标，并使用sp_describe_cursor报告该游标的属性，输入语句如下：

```
USE test_db;
GO
--声明游标
DECLARE testcur CURSOR  FOR
SELECT  f_name
FROM test_db.dbo.fruits
--打开游标
OPEN testcur
--声明游标变量
DECLARE @Report CURSOR

--执行sp_describe_ cursor存储过程，将结果保存到@Report游标变量中
EXEC sp_describe_cursor @cursor_return = @Report OUTPUT,
@cursor_source=N'global',@cursor_identity = N'testcur'

--输出游标变量中的每一行
FETCH NEXT from @Report
WHILE (@@FETCH_STATUS <> -1)
BEGIN
   FETCH NEXT from @Report
END

--关闭并释放游标变量
CLOSE @Report
DEALLOCATE @Report
GO

--关闭并释放原始游标
CLOSE testcur
DEALLOCATE testcur
GO
```

输入完成后，单击【执行】按钮，执行结果如图12-8所示。

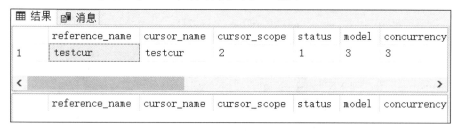

图 12-8　使用 sp_describe_cursor 报告服务器游标属性

### 12.4.3　sp_describe_cursor_columns存储过程

sp_describe_cursor_columns存储过程报告服务器游标结果集中的列属性，其语法格式如下：

```
sp_describe_cursor_columns  [ @cursor_return = ] output_cursor_variable OUTPUT
    {
  [ , [ @cursor_source = ] N'local', [ @cursor_identity = ] N'local_cursor_name' ]
    | [ , [ @cursor_source = ] N'global', [ @cursor_identity = ] N'global_cursor_name' ]
    | [ , [ @cursor_source = ] N'variable', [ @cursor_identity = ]
N'input_cursor_variable' ]
    }
```

该存储过程的各个参数与**sp_describe_cursor**存储过程中的参数相同，不再赘述。

【**例12.13**】打开一个全局游标，并使用**sp_describe_cursor_columns**报告游标所使用的列，输入语句如下：

```
USE test_db;
GO
--声明游标
DECLARE testcur CURSOR  FOR
SELECT f_name
FROM test_db.dbo.fruits
--打开游标
OPEN testcur
--声明游标变量
DECLARE @Report CURSOR

--执行sp_describe_cursor_columns存储过程，将结果保存到@Report游标变量中
EXEC master.dbo.sp_describe_cursor_columns
    @cursor_return = @Report OUTPUT
    ,@cursor_source = N'global'
    ,@cursor_identity = N'testcur';

--输出游标变量中的每一行
FETCH NEXT from @Report
WHILE (@@FETCH_STATUS <> -1)
BEGIN
   FETCH NEXT from @Report
END
--关闭并释放游标变量
CLOSE @Report
DEALLOCATE @Report
GO

--关闭并释放原始游标
CLOSE testcur
DEALLOCATE testcur
GO
```

输入完成后，单击【执行】按钮，执行结果如图12-9所示。

203

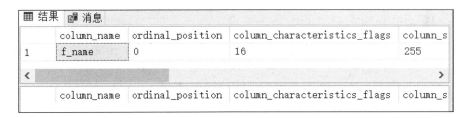

图 12-9　使用 sp_describe_cursor_columns 报告服务器游标属性

### 12.4.4　sp_describe_cursor_tables存储过程

sp_describe_cursor_tables存储过程报告服务器游标被引用对象或基本表的属性，其语法格式如下：

```
sp_describe_cursor_tables [ @cursor_return = ] output_cursor_variable OUTPUT
    {
[ , [ @cursor_source = ] N'local' , [@cursor_identity = ] N'local_cursor_name' ]
    | [ , [ @cursor_source = ] N'global' , [ @cursor_identity = ]
N'global_cursor_name' ]
    | [ , [ @cursor_source = ] N'variable' , [ @cursor_identity = ]
N'input_cursor_variable' ]
    }
```

【例12.14】打开一个全局游标，并使用sp_describe_cursor_tables 报告游标所引用的表，输入
语句如下：

```
USE test_db;
GO
--声明游标
DECLARE testcur CURSOR  FOR
SELECT f_name
FROM test_db.dbo.fruits
WHERE f_name LIKE 'b%'
--打开游标
OPEN testcur

--声明游标变量
DECLARE @Report CURSOR

--执行sp_describe_cursor_tables存储过程，将结果保存到@Report游标变量中
EXEC sp_describe_cursor_tables
    @cursor_return = @Report OUTPUT,
    @cursor_source = N'global', @cursor_identity = N'testcur'

--输出游标变量中的每一行
FETCH NEXT from @Report
WHILE (@@FETCH_STATUS <> -1)
BEGIN
  FETCH NEXT from @Report
END

--关闭并释放游标变量
```

```
CLOSE @Report
DEALLOCATE @Report
GO

--关闭并释放原始游标
CLOSE testcur
DEALLOCATE testcur
GO
```

输入完成后，单击【执行】按钮，执行结果如图12-10所示。

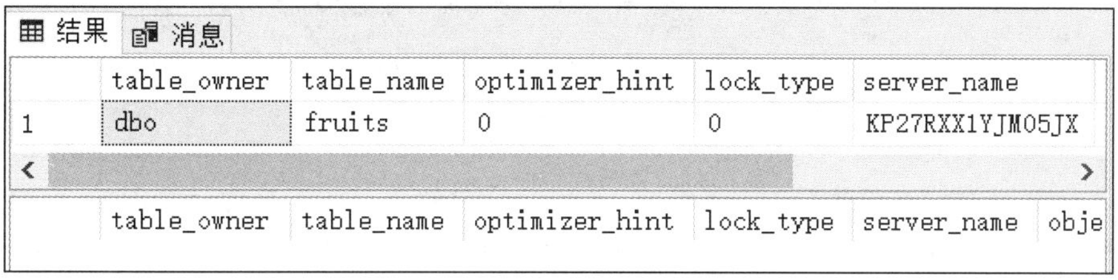

| | table_owner | table_name | optimizer_hint | lock_type | server_name |
|---|---|---|---|---|---|
| 1 | dbo | fruits | 0 | 0 | KP27RXX1YJM05JX |

| table_owner | table_name | optimizer_hint | lock_type | server_name | obje |
|---|---|---|---|---|---|

图 12-10　使用 sp_describe_cursor_tables 报告服务器游标属性

# 第 13 章
# 存储过程和自定义函数

简单地说，存储过程就是一条或者多条 SQL 语句的集合，可视为批处理文件，但是其作用不仅限于批处理。本章主要介绍变量的使用、存储过程和存储函数的创建、调用、查看、修改以及删除等。

## 13.1 存储过程概述

系统存储过程是 SQL Server 2022 系统创建的存储过程，它的目的在于能够方便地从系统表中查询信息，或者完成与更新数据库表相关的管理任务或其他的系统管理任务。Transact-SQL 语句是 SQL Server 2022 数据库与应用程序之间的编程接口。在很多情况下，一些代码会被开发者重复编写多次，如果每次都编写相同功能的代码，不但烦琐、容易出错，而且由于 SQL Server 2022 逐条执行语句，会降低系统的运行效率。

简而言之，存储过程就是 SQL Server 2022 为了实现特定任务，而将一些需要多次调用的固定操作语句编写成程序段，这些程序段存储在服务器上，由数据库服务器通过子程序来调用。

存储过程的优点如下：

- 存储过程可以加快系统的运行速度，存储过程只在创建时编译，以后每次执行时不需要重新编译。
- 存储过程可以封装复杂的数据库操作，简化操作流程，例如对多个表的更新、删除等。
- 存储过程可实现模块化的程序设计，存储过程可以多次调用，提供统一的数据库访问接口，改进应用程序的可维护性。
- 存储过程可以增强代码的安全性，用户不能直接操作存储过程中引用的对象，SQL Server 2022 可以设定用户对指定存储过程的执行权限。
- 存储过程可以降低网络流量，存储过程代码直接存储于数据库中，在客户端与服务器的通信过程中，不会产生大量的 Transact-SQL 代码流量。

存储过程的缺点如下：

- 数据库移植不方便，存储过程依赖于数据库管理系统，SQL Server 2022 存储过程中封装的操作代码不能直接移植到其他的数据库管理系统中。
- 不支持面向对象设计，无法采用面向对象的方式将逻辑业务进行封装，甚至形成通用的可支持服务的业务逻辑框架。
- 代码可读性差，不易维护。
- 不支持集群。

# 13.2 存储过程分类

SQL Server 2022中的存储过程是使用Transact-SQL代码编写的代码段。在存储过程中可以声明变量、执行条件判断语句等其他编程功能。SQL Server 2022中有多种类型的存储过程，总体可以分为如下3类，分别是系统存储过程、自定义存储过程和扩展存储过程。本节将分别介绍这3种类型的存储过程的用法。

## 13.2.1 系统存储过程

系统存储过程是由SQL Server 2022系统自身提供的存储过程，可以作为命令执行各种操作。

存储过程主要用来从系统表中获取信息，使用系统存储过程完成数据库服务器的管理工作，为系统管理员提供帮助，为用户查看数据库对象提供方便。系统存储过程位于数据库服务器中，并且以sp_开头，系统存储过程定义在系统定义和用户定义的数据库中，在调用时不必在存储过程前加数据库限定名。例如，前面介绍的sp_rename系统存储过程可以更改当前数据库中用户创建对象的名称，sp_helptext存储过程可以显示规则、默认值或视图的文本信息。SQL Server 2022服务器中的许多管理工作都是通过执行系统存储过程来完成的，许多系统信息也可以通过执行系统存储过程来获得。

系统存储过程创建并存放于系统数据库master中，一些系统存储过程只能由系统管理员使用，而有些系统存储过程通过授权可以被其他用户所使用。

## 13.2.2 自定义存储过程

自定义存储过程即用户使用Transact-SQL语句编写的、为了实现某一特定业务需求在用户数据库中编写的Transact-SQL语句集合，用户存储过程可以接受输入参数、向客户端返回结果和信息、返回输出参数等。创建自定义存储过程时，存储过程名前面加上"##"表示创建一个全局的临时存储过程，存储过程名前面加上"#"表示创建局部临时存储过程。局部临时存储过程只能在创建它的会话中使用，会话结束时将被删除。这两种存储过程都存储在tempdb数据库中。

用户定义存储过程可以分为两类：Transact-SQL和CLR。

- Transact-SQL 存储过程是指保存的 Transact-SQL 语句集合，可以接受和返回用户提供的参数。存储过程也可能从数据库向客户端应用程序返回数据。
- CLR 存储过程是指引用 Microsoft .NET Framework 公共语言方法的存储过程，可以接受和返回用户提供的参数，它们在.NET Framework 程序集中是作为类的公共静态方法实现的。

### 13.2.3　扩展存储过程

扩展存储过程是以在SQL Server 2022环境外执行的动态链接库（DLL文件）来实现的，可以加载到SQL Server 2022实例运行的地址空间中执行，扩展存储过程可以使用SQL Server 2022扩展存储过程API完成编程。扩展存储过程以前缀"xp_"来标识，对于用户来说，扩展存储过程和普通存储过程一样，可以用相同的方式来执行。

# 13.3　创建存储过程

在SQL Server 2022中，可以使用CREATE PROCEDURE语句或在对象资源管理器中创建存储过程，使用EXEC语句来调用存储过程。本节将介绍如何创建并调用存储过程。

### 13.3.1　如何创建存储过程

#### 1. 使用CREATE PROCEDURE语句创建存储过程

CREATE PROCEDURE语句的语法格式如下：

```
CREATE PROCEDURE [schema_name.] procedure_name [ ; number ]
{ @parameter data_type }
[ VARYING ] [ = default ] [ OUT | OUTPUT ] [READONLY]
[ WITH  <ENCRYPTION ]|[ RECOMPILE ]|[ EXECUTE AS Clause ]> ]
[ FOR REPLICATION ]
AS  <sql_statement>
```

- procedure_name：新存储过程的名称，并且在架构中必须唯一。可在 procedure_name 前面使用一个数字符号（#）（#procedure_name）来创建局部临时过程，使用两个数字符号（##procedure_name）来创建全局临时过程。对于 CLR 存储过程，不能指定临时名称。
- number：是可选整数，用于对同名的过程分组。使用一个 DROP PROCEDURE 语句可将这些分组过程一起删除。例如，名为 orders 的应用程序可能使用名为 orderproc;1、orderproc;2 等的过程。DROP PROCEDURE orderproc 语句将删除整个组。如果名称中包含分隔标识符，则数字不应包含在标识符中，只应在 procedure_name 前后使用适当的分隔符。
- @ parameter：存储过程中的参数。在 CREATE PROCEDURE 语句中可以声明一个或多个参数。除非定义了参数的默认值或者将参数设置为等于另一个参数，否则用户必须在调用过程时为每个声明的参数提供值。存储过程最多可以有 2100 个参数。如果过程包含表值参数，并且该参数在调用中缺失，则传入空表默认值。

通过将@符号用作第一个字符来指定参数名称。每个过程的参数仅用于该过程本身，其他过程中可以使用相同的参数名称。默认情况下，参数只能代替常量表达式，而不能代替表名、列名或其他数据库对象的名称。如果指定了 FOR REPLICATION，则无法声明参数。

- Date_type：指定参数的数据类型，所有数据类型都可以用作 Transact-SQL 存储过程的参数。可以使用用户定义表类型来声明表值参数作为 Transact-SQL 存储过程的参数。只能将表值参数指定为输入参数，这些参数必须带有 READONLY 关键字。cursor 数据类型只能用于 OUTPUT 参数。如果指定了 cursor 数据类型，则还必须指定 VARYING 和 OUTPUT 关键字。可以为 cursor 数据类型指定多个输出参数。对于 CLR 存储过程，不能指定 char、varchar、text、ntext、image、cursor、用户定义表类型和 table 作为参数。
- Default：存储过程中参数的默认值。如果定义了 default 值，则无须指定此参数的值即可执行过程。默认值必须是常量或 NULL。如果过程使用带 LIKE 关键字的参数，则可包含下列通配符：%、_、[] 和[^]。
- OUTPUT：指示参数是输出参数。此选项的值可以返回给调用 EXECUTE 的语句。使用 OUTPUT 参数将值返回给过程的调用方。除非是 CLR 过程，否则 text、ntext 和 image 参数不能用作 OUTPUT 参数。使用 OUTPUT 关键字的输出参数可以为游标占位符，CLR 过程除外。不能将用户定义表类型指定为存储过程的 OUTPUT 参数。
- READONLY：指示不能在过程的主体中更新或修改参数。如果参数类型为用户定义的表类型，则必须指定 READONLY。
- RECOMPILE：表明 SQL Server 2022 不会保存该存储过程的执行计划，该存储过程每执行一次都要重新编译。在使用非典型值或临时值而不希望覆盖保存在内存中的执行计划时，就可以使用 RECOMPILE 选项。
- ENCRYPTION：表示 SQL Server 2022 加密后的 syscomments 表，该表的 text 字段是包含 CREATE PROCEDURE 语句的存储过程文本。使用 ENCRYPTION 关键字无法通过查看 syscomments 表来查看存储过程的内容。
- FOR REPLICATION：使用此选项创建的存储过程可用作存储过程筛选，且只能在复制过程中执行。本选项不能和 WITH RECOMPILE 选项一起使用。
- AS：用于指定该存储过程要招待的操作。
- sql_statement：是存储过程中要包含的任意数目和类型的 Transact-SQL 语句，但有一些限制。

【例13.1】创建查看test_db数据库中fruits表的存储过程，输入语句如下：

```
USE test_db;
GO
CREATE PROCEDURE SelProc
AS
SELECT * FROM fruits;
GO
```

这行代码创建了一个查看fruits表的存储过程，每次调用这个存储过程的时候都会执行SELECT语句来查看表的内容，这个存储过程和使用SELECT语句查看表的内容得到的结果是一样的，当然存储过程也可以是很多语句的复杂组合，其本身也可以调用其他函数来组成更加复杂的操作。

【例13.2】创建名称为CountProc的存储过程，输入语句如下：

```
USE test_db;
GO
CREATE PROCEDURE CountProc
AS
SELECT COUNT(*) AS 总数 FROM fruits;
GO
```

输入完成之后，单击【执行】按钮，上述代码的作用是创建一个获取fruits表记录条数的存储过程，名称是CountProc。

### 2. 创建存储过程的规则

为了创建有效的存储过程，需要满足一定的约束和规则，这些规则如下：

- 可以引用在同一存储过程中创建的对象，只要引用时已经创建了该对象即可。
- 可以在存储过程中引用临时表。
- 如果在存储过程中创建本地临时表，则临时表仅在该存储过程中存在，退出存储过程后，临时表将消失。
- 如果执行的存储过程将调用另一个存储过程，则被调用的存储过程可以访问由第一个存储过程创建的所有对象，包括临时表。
- 存储过程中的参数最大数目为2100。
- 存储过程的最大容量可达128MB。
- 存储过程中的局部变量的最大数目仅受可用内存的限制。

存储过程中不能使用下列语句：

```
CREATE AGGREGATE
CREATE DEFAULT
CREATE/ALTER FUNCTION
CREATE PROCEDURE
CREATE SCHEMA
CREATE/ALTER TRIGGER
CREATE/ALTER VIEW
SET PARSEONLY
SET SHOWPLAN_ALL/SHOWPLAN/TEXT/SHOWPLAN/XML
SET database_name
```

### 3. 使用图形工具创建存储过程

使用SSMS创建存储过程的操作步骤如下：

**01** 打开SSMS窗口，连接到test_db数据库。依次打开【数据库】→【test_db】→【可编程性】节点。在【可编程性】节点下，右击【存储过程】节点，在弹出的快捷菜单中选择【新建】→【存储过程】菜单命令，如图13-1所示。

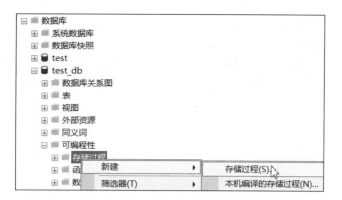

图 13-1　选择【新建存储过程】菜单命令

**02** 打开创建存储过程的代码模板，这里显示了CREATE PROCEDURE语句模板，可以修改要创建的存储过程的名称，然后在存储过程的BEGIN END代码块中添加需要的SQL语句，如图13-2所示。

```
SQLQuery6.sql - K...ministrator (75))    ⚐ ×
    SET ANSI_NULLS ON
    GO
    SET QUOTED_IDENTIFIER ON
    GO
    -- =============================================
    -- Author:       <Author,,Name>
    -- Create date: <Create Date,,>
    -- Description: <Description,,>
    -- =============================================
    CREATE PROCEDURE <Procedure_Name, sysname, ProcedureName>
        -- Add the parameters for the stored procedure here
        <@Param1, sysname, @p1> <Datatype_For_Param1, , int> = <Default_V
        <@Param2, sysname, @p2> <Datatype_For_Param2, , int> = <Default_V
    AS
    BEGIN
        -- SET NOCOUNT ON added to prevent extra result sets from
        -- interfering with SELECT statements.
        SET NOCOUNT ON;

        -- Insert statements for procedure here
        SELECT <@Param1, sysname, @p1>, <@Param2, sysname, @p2>
    END
    GO
```

图 13-2　使用模板创建存储过程

**03** 添加完SQL语句之后，单击【执行】按钮即可创建一个存储过程。

## 13.3.2　调用存储过程

在SQL Server 2022中执行存储过程时，需要使用EXECUTE语句，如果存储过程是批处理中的第一条语句，那么不使用EXECUTE关键字也可以执行该存储过程，EXECUTE语句的语法格式如下：

```
[ { EXEC | EXECUTE } ]
    {
    [ @return_status = ]
    { module_name [ ;number ] | @module_name_var }
    [ [ @parameter = ] { value | @variable [ OUTPUT ] | [ DEFAULT ]  } ]
    [ ,...n ]
```

```
    [ WITH RECOMPILE ]
    }
```

- @return_status：可选的整型变量，存储模块的返回状态。这个变量在用于 EXECUTE 语句前，必须在批处理、存储过程或函数中声明过。在用于调用标量值的用户定义函数时，@return_status 变量可以为任意标量数据类型。
- module_name：是要调用的存储过程的完全限定或者不完全限定名称。用户可以执行在另一数据库中创建的模块，只要运行模块的用户拥有此模块或具有在该数据库中执行该模块的适当权限即可。
- number：可选整数，用于对同名的过程分组。该参数不能用于扩展存储过程。
- @module_name_var：是局部定义的变量名，代表模块名称。
- @parameter：存储过程中使用的参数，与在模块中定义的相同。参数名称前必须加上符号@。在与@parameter_name=value 格式一起使用时，参数名和常量不必按它们在模块中定义的顺序提供。但是，如果对任何参数使用了@parameter_name=value 格式，则对所有后续参数都必须使用此格式。默认情况下，参数可为空值。
- Value：传递给模块或传递命令的参数值。如果参数名称没有指定，则参数值必须以在模块中定义的顺序提供。
- @variable：是用来存储参数或返回参数的变量。
- OUTPUT：指定模块或命令字符串返回一个参数。该模块或命令字符串中的匹配参数也必须已使用关键字 OUTPUT 创建。使用游标变量作为参数时使用该关键字。
- DEFAULT：根据模块的定义，提供参数的默认值。当模块需要的参数值没有定义默认值并且缺少参数或指定了 DEFAULT 关键字时，会出现错误。
- WITH RECOMPILE：执行模块后，强制编译、使用和放弃新计划。如果该模块存在现有查询计划，则该计划将保留在缓存中。如果所提供的参数为非典型参数或者数据有很大的改变，使用该选项。该选项不能用于扩展存储过程。建议尽量少使用该选项，因为它消耗了较多系统资源。

【例13.3】例如调用SelProc和CountProc两个存储过程，输入语句如下：

```
USE test_db;
GO
EXEC SelProc;
EXEC CountProc;
```

> 提示　EXECUTE语句的执行是不需要任何权限的，但是操作EXECUTE字符串内引用的对象需要相应的权限。例如，如果要使用DELETE语句执行删除操作，则调用EXECUTE语句执行存储过程的用户必须具有DELETE权限。

### 13.3.3　创建带输入参数的存储过程

在设计数据库应用系统时，可能需要根据用户的输入信息产生对应的查询结果，这时就需要把用户的输入信息作为参数传递给存储过程，即开发者需要创建带输入参数的存储过程。

在前面创建的存储过程中是没有输入参数的，这样的存储过程缺乏灵活性，如果用户只希望看到与自己相关的信息，那么查询时的条件就应该是可变的。

连接到服务器之后，在SQL Server 2022管理平台中单击【新建查询】按钮，打开查询编辑器窗口。

【例13.4】创建存储过程QueryById，根据用户输入的参数返回特定的记录，输入语句如下：

```
USE test_db;
GO
CREATE PROCEDURE QueryById @sID INT
AS
SELECT * FROM fruits WHERE s_id=@sID;
GO
```

输入完成之后，单击【执行】按钮。这段代码创建了一个名为QueryById的存储过程，使用一个整数类型的参数@sID来执行存储过程。执行带输入参数的存储过程时，SQL Server 2022提供了如下两种传递参数的方式。

（1）直接给出参数的值，当有多个参数时，给出的参数的顺序与创建存储过程的语句中的参数的顺序一致，即参数传递的顺序就是定义的顺序。

（2）使用"参数名=参数值"的形式给出参数值，这种传递参数的方式的好处是，参数可以按任意的顺序给出。

分别使用这两种方式执行存储过程QueryById，输入语句如下：

```
USE test_db;
GO
EXECUTE QueryById 101;
EXECUTE QueryById @sID=101;
```

语句执行结果如图13-3所示。

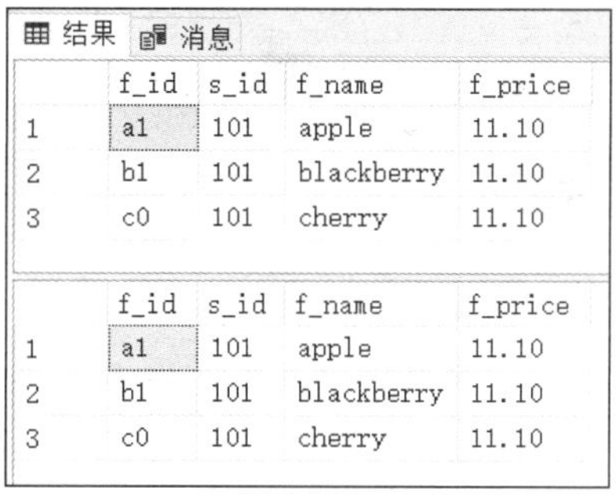

执行QueryById存储过程时需要指定参数，如果没有指定参数，系统就会提示错误，如果希望不给出参数时存储过程也能正常运行，或者希望为用户提供一个默认的返回结果，可以通过设置参数的默认值来实现。

图 13-3　调用带输入参数的存储过程

【例13.5】创建带默认参数的存储过程，输入语句如下：

```
USE test_db;
GO
CREATE PROCEDURE QueryById2 @sID INT=101
AS
SELECT * FROM fruits WHERE s_id=@sID;
GO
```

输入完成之后，单击【执行】按钮。这段代码创建的存储过程QueryById2在调用时即使不指定参数值也可以返回一个默认的结果集。读者可以参照上面的执行过程调用该存储过程。

除使用Transact-SQL语句调用存储过程外，还可以在图形化界面中执行存储过程，具体步骤如下：

**01** 右击要执行的存储过程，这里选择名称为QueryById的存储过程，在弹出快捷菜单中选择【执行存储过程】菜单命令，如图13-4所示。

**02** 打开【执行过程】窗口，在【值】下输入参数值：@sID=101，如图13-5所示。

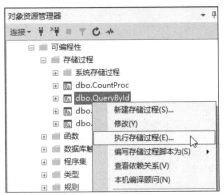

图 13-4　选择【执行存储过程】菜单命令

图 13-5　【执行过程】窗口

**03** 单击【确定】按钮，执行带输入参数的存储过程，执行结果如图13-6所示。

| | f_id | s_id | f_name | f_price |
|---|---|---|---|---|
| 1 | a1 | 101 | apple | 11.10 |
| 2 | b1 | 101 | blackberry | 11.10 |
| 3 | c0 | 101 | cherry | 11.10 |

| | Return Value |
|---|---|
| 1 | 0 |

图 13-6　存储过程执行结果

### 13.3.4　创建带输出参数的存储过程

在系统开发过程中，执行一组数据库操作后，需要对操作的结果进行判断，并把判断的结果返回给用户，通过定义输出参数，可以从存储过程中返回一个或多个值。为了使用输出参数，必须在CREATE PROCEDURE语句和EXECUTE语句中指定OUTPUT关键字，如果忽略了OUTPUT关键字，存储过程虽然能执行，但没有返回值。

【例13.6】定义存储过程QueryById3，根据用户输入的供应商id，返回该供应商总共提供的水果种类，输入语句如下：

```
USE test_db;
GO
CREATE PROCEDURE QueryById3
@sID INT=101,
@fruitscount INT OUTPUT
```

```
AS
SELECT @fruitscount=COUNT(fruits.s_id)  FROM fruits WHERE s_id=@sID;
GO
```

这段代码创建了一个名称为QueryById3的存储过程，该存储过程中有两个参数，@sID为输出参数，指定要查询的供应商的id，默认值为101；@fruitscount为输出参数，用来返回该供应商提供的水果的数量。

下面来看如何执行带输出参数的存储过程。既然有一个返回值，为了接收这一返回值，需要一个变量来存放返回参数的值，同时，在调用这个存储过程时，该变量必须加上OUTPUT关键字来声明。

【例13.7】调用QueryById3，并将返回结果保存到@fruitscount变量中。

```
USE test_db;
GO
DECLARE @fruitscount INT;
DECLARE @sID INT =101;
EXEC QueryById3 @sID, @fruitscount OUTPUT
SELECT '该供应商一共提供了' +LTRIM(STR(@fruitscount)) + ' 种水果'
GO
```

执行结果如图13-7所示。

图 13-7　执行带输出参数的存储过程

# 13.4　管理存储过程

在SQL Server 2022中，可以使用OBJECT_DEFINITION系统函数来查看存储过程的内容，如果要修改存储过程，可使用ALTER PROCEDURE语句。本节将介绍如何管理存储过程，包括修改存储过程、查询存储过程、重命名存储过程和删除存储过程。

## 13.4.1　修改存储过程

使用ALTER语句可以修改存储过程或函数的特性，本小节将介绍如何使用ALTER语句修改存储过程和函数。使用ALTER PROCEDURE语句修改存储过程时，SQL Server 2022会覆盖以前定义的存储过程。ALTER PROCEDURE语句的基本语法格式如下：

```
ALTER PROCEDURE [schema_name.] procedure_name [ ; number ]
{ @parameter data_type }
[ VARYING ] [ = default ] [ OUT | OUTPUT ] [READONLY]
[ WITH  <ENCRYPTION ]|[ RECOMPILE ]|[ EXECUTE AS Clause ]> ]
```

```
[ FOR REPLICATION ]
AS  <sql_statement>
```

除ALTER关键字外，这里其他的参数与CREATE PROCEDURE中的参数作用相同。下面介绍修改存储过程的操作步骤。

**01** 登录SQL Server 2022服务器之后，在SSMS中打开对象资源管理器窗口，选择【数据库】节点下创建存储过程的数据库，选择【可编程性】→【存储过程】节点，右击要修改的存储过程，在弹出的快捷菜单中选择【修改】菜单命令，如图13-8所示。

**02** 打开存储过程的修改窗口，用户即可再次修改存储语句，然后单击【保存】按钮即可，如图13-9所示。

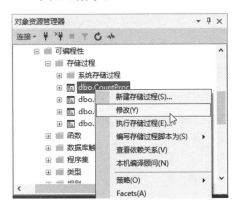

图 13-8　选择【修改】菜单命令

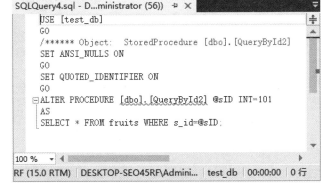

图 13-9　修改存储过程窗口

【例13.8】修改名称为CountProc的存储过程，将SELECT语句查询的结果按s_id进行分组，修改内容如下：

```
USE [test_db]
GO
/****** Object:  StoredProcedure [dbo].[CountProc]   Script Date: 12/06/2011
21:12:29 ******/
SET ANSI_NULLS ON
GO
SET QUOTED_IDENTIFIER ON
GO
ALTER PROCEDURE [dbo].[CountProc]
AS
SELECT s_id,COUNT(*) AS 总数 FROM fruits GROUP BY s_id;
```

修改完成之后，单击【执行】命令，执行修改之后的存储过程，可以使用EXECUTE语句执行新的CountProc存储过程。这里还可以修改存储过程的参数列表，增加输入参数、输出参数等。

> **提示**　ALTER PROCEDURE语句只能修改一个单一的存储过程，如果过程调用了其他存储过程，嵌套的存储过程不受影响。

## 13.4.2　查询存储过程

创建或修改完存储过程之后，如果需要查看存储过程的内容，可以通过两种方法来查看，一种是使用SSMS对象资源管理器查看，另一种是使用Transact-SQL语句查看。

### 1. 使用SSMS查看存储过程信息

**01** 登录SQL Server 2022服务器之后，在SSMS中打开对象资源管理器窗口，选择【数据库】节点下创建存储过程的数据库，选择【可编程性】→【存储过程】节点，右击要修改的存储过程，在弹出的快捷菜单中选择【属性】菜单命令，如图13-10所示。

**02** 弹出【存储过程属性】窗口，用户即可查看存储过程的具体属性，如图13-11所示。

图 13-10　选择【属性】菜单命令　　　　　　图 13-11　【存储过程属性】窗口

### 2. 使用Transact-SQL语句查看存储过程

如果希望使用系统函数查看存储过程的定义信息，可以使用系统存储过程，即OBJECT_DEFINITION、sp_help或者sp_helptext。这3个存储过程的使用方法是相同的，即在过程名称后指定要查看信息的对象名称。

【例13.9】分别使用OBJECT_DEFINITION、sp_help或者sp_helptext系统存储过程查看QueryById存储过程的定义信息，输入语句如下：

```
USE test_db;
GO
SELECT OBJECT_DEFINITION(OBJECT_ID('QueryById'));
EXEC sp_help QueryById
EXEC sp_helptext QueryById
```

执行结果如图13-12所示。

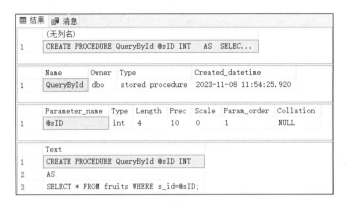

图 13-12　使用系统存储过程查看存储过程定义信息

### 13.4.3　重命名存储过程

重命名存储过程可以修改存储过程的名称，这样可以将不符合命名规则的存储过程的名称根据统一的命名规则进行更改。

重命名存储过程可以在对象资源管理器中轻松地完成，具体操作步骤如下：

**01** 选择需要重命名的存储过程，右击并在弹出的快捷菜单中选择【重命名】菜单命令，如图13-13所示。

**02** 在显示的文本框中输入要修改的新的存储过程的名称，按Enter键确认即可，如图13-14所示。

图 13-13　选择【重命名】菜单命令

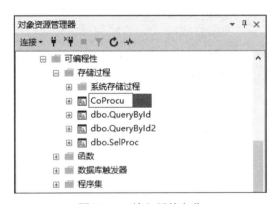

图 13-14　输入新的名称

输入新名称之后，在对象资源管理器的空白处单击，或者直接按Enter键确认，即可完成修改操作。也可以在选择一个存储过程之后，间隔一小段时间，再次单击该存储过程；或者选择存储过程之后，直接按F2快捷键。这几种方法都可以完成存储过程名称的修改。

读者还可以使用系统存储过程sp_rename来重命名存储过程。其语法格式为：

```
sp_rename oldObjectName,newObjectName
```

sp_rename的用法已经在前面的章节中介绍过了，读者可以参考有关章节。

## 13.4.4　删除存储过程

不需要的存储过程可以删除，删除存储过程有两种方法，一种是通过图形化工具删除，另一种是使用Transact-SQL语句删除。

### 1. 在对象资源管理器中删除存储过程

删除存储过程可以在对象资源管理器中轻松地完成，具体操作步骤如下。

**01** 选择需要删除的存储过程，右击并在弹出的快捷菜单中选择【删除】菜单命令，如图13-15所示。

**02** 打开【删除对象】窗口，单击【确定】按钮，完成存储过程的删除，如图13-16所示。

图 13-15　选择【删除】命令

图 13-16　【删除对象】窗口

> 提示　该方法一次只能删除一个存储过程。

### 2. 使用Transact-SQL语句删除存储过程

使用Transact-SQL语句删除存储过程的语句如下：

```
DROP { PROC | PROCEDURE } { [ schema_name. ] procedure } [ ,...n ]
```

- schema_name：存储过程所属架构的名称。不能指定服务器名称或数据库名称。
- procedure：要删除的存储过程或存储过程组的名称。

该语句可以从当前数据库中删除一个或多个存储过程或过程组。

【例13.10】登录SQL Server 2022服务器之后，打开SQL Server 2022管理平台，单击【新建查询】命令，打开查询编辑器窗口，输入如下语句：

```
USE test_db;
GO
DROP PROCEDURE dbo.SelProc
```

输入完成之后，单击【执行】命令，即可删除名称为SelProc的存储过程，删除之后，可以刷新【存储过程】节点，查看删除结果。

# 13.5 扩展存储过程

扩展存储过程使用户能够在编程语言（如C、C++）中创建自己的外部例程。扩展存储过程的显示方式和执行方式与常规存储过程一样，可以将参数传递给扩展存储过程，且扩展存储过程也可以返回结果和状态。

扩展存储过程是SQL Server 2022实例可以动态加载和运行的DLL。扩展存储过程是使用SQL Server 2022扩展存储过程API编写的，可直接在 SQL Server 2022实例的地址空间中运行。

SQL Server 2022中包含如下几个常规扩展存储过程。

- xp_enumgroups：提供 Windows 本地组列表或在指定 Windows 域中定义的全局组列表。
- xp_findnextmsg：接受输入的邮件 ID 并返回输出的邮件 ID，需要与 xp_processmail 配合使用。
- xp_grantlogin：授予 Windows 组或用户对 SQL Server 2022 的访问权限。
- xp_logevent：将用户定义消息记入 SQL Server 2022 日志文件和 Windows 事件查看器。
- xp_loginconfig：报告 SQL Server 2022 实例在 Windows 上运行时的登录安全配置。
- xp_logininfo：报告账户、账户类型、账户的特权级别、账户的映射登录名和账户访问 SQL Server 2022 的权限路径。
- xp_msver：返回有关 SQL Server 2022 的版本信息。
- xp_revokelogin：撤销 Windows 组或用户对 SQL Server 2022 的访问权限。
- xp_sprintf：设置一系列字符和值的格式并将其存储到字符串输出参数值。每个格式参数都用相应的参数替换。
- xp_sqlmaint：用包含 SQLMaint 开关的字符串调用 SQLMaint 实用工具，在一个或多个数据库上执行一系列维护操作。
- xp_sscanf：将数据从字符串读入每个格式参数所指定的参数位置。
- xp_availablemedia：查看系统上可用的磁盘驱动器的空间信息。
- xp_dirtree：查看某个目录子目录的结构。

【例13.11】执行xp_msver扩展存储过程，查看系统版本信息，在查询编辑窗口输入语句如下：

```
EXEC xp_msver
```

执行结果如图13-17所示。

这里返回的信息包含数据库的产品信息、产品编号、运行平台、操作系统的版本号以及处理器类型信息等。

| | Index | Name | Internal_Value | Character_Value |
|---|---|---|---|---|
| 1 | 1 | ProductName | NULL | Microsoft SQL Server |
| 2 | 2 | ProductVersion | 1048576 | 16.0.1000.6 |
| 3 | 3 | Language | 2052 | 中文(简体，中国) |
| 4 | 4 | Platform | NULL | NT x64 |
| 5 | 5 | Comments | NULL | SQL |
| 6 | 6 | CompanyName | NULL | Microsoft Corporation |
| 7 | 7 | FileDescription | NULL | SQL Server Windows NT - 6 |
| 8 | 8 | FileVersion | NULL | 2022.0160.1000.06 ((SQL22 |
| 9 | 9 | InternalName | NULL | SQLSERVR |
| 10 | 10 | LegalCopyright | NULL | Microsoft. All rights res |

图 13-17　查询数据库系统信息

# 13.6　自定义函数

用户自定义函数可以像系统函数一样在查询或存储过程中调用，也可以像存储过程一样使用 EXECUTE命令来执行。与编程语言中的函数类似，Microsoft SQL Server 2022 用户定义函数可以接受参数、执行操作（例如复杂计算）并将操作结果以值的形式返回。返回值可以是单个标量值或结果集。用户定义函数可以像系统函数一样在查询或存储过程等程序段中使用，也可以像存储过程一样通过EXECUTE命令来执行。

### 1．标量函数

标量函数返回一个确定类型的标量值，对于多语句标量函数，定义在BEGIN END块中的函数体包含一系列返回单个值的Transact-SQL语句。返回类型可以是除text、ntext、image、cursor 和 timestamp外的任何数据类型。

### 2．表值函数

表值函数是返回数据类型为table的函数，内联表值函数没有由BEGIN END语句括起来的函数体，返回的表值是单个SELECT语句的查询结果。内联表值函数的功能相当于一个参数化的视图。

对于多语句表值函数，在BEGIN END语句块中定义的函数体包含一系列Transact-SQL语句，这些语句可生成行并将其插入将返回的表中。

### 3．多语句表值函数

多语句表值函数可以看作标量型函数和表值函数的结合体。该函数的返回值是一个表，但它和标量值自定义函数一样，有一个用BEGIN END包含起来的函数体，返回值的表中的数据是由函数体中的语句插入的。由此可见，它可以进行多次查询，对数据进行多次筛选与合并，弥补了表值自定义函数的不足。

在SQL Server 2022中使用用户定义函数有以下优点：

（1）允许模块化程序设计。只需创建一次函数并将其存储在数据库中，以后便可以在程序中调用任意次。用户定义函数可以独立于程序源代码进行修改。

（2）执行速度更快。与存储过程相似，Transact-SQL用户定义函数通过缓存计划并在重复执行时重用它来降低Transact-SQL代码的编译开销。这意味着每次使用用户定义函数时均无须重新解析和重新优化，从而缩短了执行时间。

和用于计算任务、字符串操作和业务逻辑的Transact-SQL函数相比，CLR函数具有显著的性能优势。Transact-SQL函数更适用于数据访问密集型逻辑。

（3）减少网络流量。基于某种无法用单一标量的表达式表示的复杂约束来过滤数据的操作，可以表示为函数。然后，此函数便可以在WHERE子句中调用，以减少发送至客户端的数字或行数。

### 13.6.1　创建标量函数

创建标量函数的语法格式如下：

```
CREATE FUNCTION [ schema_name. ] function_name
(
[ { @parameter_name [ AS ] parameter_data_type [ = default ] [ READONLY ] } [ ,...n ] ]
)
RETURNS return_data_type
    [ WITH < ENCRYPTION > [ ,...n ] ]
    [ AS ]
    BEGIN
        function_body
        RETURN scalar_expression
    END
```

- function_name：用户定义函数的名称。
- @ parameter_name：用户定义函数中的参数，可声明一个或多个参数。一个函数最多可以有 2100 个参数。执行函数时，如果未定义参数的默认值，则用户必须提供每个已声明参数的值。
- parameter_data_type：参数的数据类型。
- [ = default ]：参数的默认值。
- return_data_type：标量用户定义函数的返回值。
- function_body：指定一系列定义函数值的 Transact-SQL 语句。function_body 仅用于标量函数和多语句表值函数。
- RETURN scalar_expression：指定标量函数返回的标量值。

【例13.12】创建标量函数GetStuNameById，根据指定的学生Id值返回该编号学生的姓名，输入语句如下：

```
CREATE FUNCTION GetStuNameById(@stuid INT)
RETURNS VARCHAR(30)
AS
BEGIN
DECLARE @stuName CHAR(30)
```

```
SELECT @stuName=(SELECT s_name FROM stu_info WHERE s_id = @stuid)
RETURN @stuName
END
```

代码输入完毕，单击【执行】按钮。这段代码定义的函数名称为GetStuNameById，该函数带一个整数类型的输入变量；RETURNS VARCHAR(30)定义返回数据的类型；@stuName为定义的用户返回数据的局部变量，通过查询语句对@stuName变量赋值；最后RETURN语句返回学生姓名。

## 13.6.2　创建表值函数

创建表值函数的语法格式如下：

```
CREATE FUNCTION [ schema_name. ] function_name
(
 [ { @parameter_name [ AS ] parameter_data_type [ = default ] [ READONLY ] } [ ,...n ]  ]
)
 RETURNS TABLE
    [ WITH < ENCRYPTION > [ ,...n ] ]
    [ AS ]
    RETURN [ ( ] select_stmt [ ) ]
```

select_stmt定义内联表值函数返回值的单个SELECT语句。

【例13.13】创建内联表值函数，返回stu_info表中的学生记录，输入语句如下：

```
CREATE FUNCTION getStuRecordBySex(@stuSex CHAR(2) )
RETURNS TABLE
AS
RETURN
(
  SELECT s_id, s_name,s_sex, (s_score-10) AS newScore
  FROM stu_info
  WHERE s_sex=@stuSex
)
```

代码输入完毕，单击【执行】按钮。这段代码创建一个表值函数，该函数根据用户输入的参数值分别返回所有男同学或女同学的记录。SELECT语句查询结果集组成了返回表值的内容。输入以下语句执行该函数：

```
SELECT * FROM getStuRecordbySex('男');
```

执行结果如图13-18所示。

| | s_id | s_name | s_sex | newScore |
|---|---|---|---|---|
| 1 | 1 | 许三 | 男 | 78 |
| 2 | 3 | 王宝 | 男 | 15 |
| 3 | 4 | 马华 | 男 | 0 |
| 4 | 6 | 刘杰 | 男 | 78 |
| 5 | 21 | 王凯 | 男 | 80 |

图 13-18　调用自定义表值函数

由返回结果可以看到，这里返回了所有男同学的成绩，在返回的表中还有一个名称为newScore的字段，该字段是与原表值s_score字段计算后生成的结果字段。

### 13.6.3 删除函数

当不再需要自定义函数时，可以将其删除。在SQL Server 2022中，可以在对象资源管理器中删除自定义函数，也可以使用Transact-SQL语言中的DROP语句进行删除。

#### 1. 使用对象资源管理器删除自定义函数

删除自定义函数可以在对象资源管理器中轻松地完成，具体操作步骤如下：

**01** 选择需要删除的表值函数，右击并在弹出的快捷菜单中选择【删除】菜单命令，如图13-19所示。

**02** 打开【删除对象】窗口，单击【确定】按钮，完成自定义函数的删除，如图13-20所示。

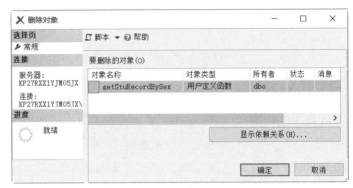

图 13-19 【删除】自定义函数命令　　　　　　图 13-20 【删除对象】窗口

该方法一次只能删除一个自定义函数。

#### 2. 使用DROP语句删除自定义函数

DROP语句可以从当前数据库中删除一个或多个用户定义函数，DROP语句的语法格式如下：

```
DROP FUNCTION { [ schema_name. ] function_name } [ ,...n ]
```

- schema_name：用户定义函数所属的架构的名称。
- function_name：要删除的用户定义函数的名称，可以选择是否指定架构名称。

【例13.14】删除前面定义的标量函数GetStuNameById，输入语句如下：

```
DROP FUNCTION GetStuNameById
```

# 第 14 章
# 视图操作

数据库中的视图是一个虚拟表。同真实的表一样，视图包含一系列带有名称的行和列数据。行和列数据用来自由定义视图的查询所引用的表，并且在引用视图时动态生成。本章将通过一些实例来介绍视图的概念、视图的作用、创建视图、查看视图、修改视图、更新视图和删除视图等 SQL Server 的数据库知识。

## 14.1 视图概述

视图是从一个或者多个表中导出的，它的行为与表非常相似，但视图是一个虚拟表。在视图中，用户可以使用SELECT语句查询数据，以及使用INSERT、UPDATE和DELETE语句修改记录。对于视图的操作最终转换为对基本数据表的操作。视图不仅可以方便用户操作，而且可以保障数据库系统的安全。

### 14.1.1 视图的概念

视图是一个虚拟表，是从数据库中一个或多个表中导出来的表。视图还可以在已经存在的视图的基础上定义。

视图一经定义便存储在数据库中，与其相对应的数据并没有像表那样在数据库中再存储一份，通过视图看到的数据只是存放在基本表中的数据。对视图的操作与对表的操作一样，可以对其进行查询、修改和删除。当对通过视图看到的数据进行修改时，相应的基本表的数据也要发生变化，同时，若基本表的数据发生变化，则这种变化也可以自动反映到视图中。

下面有个student表和stu_detail表，在student表中包含学生的id号和姓名，stu_detail表中包含学生的id号、班级和家庭住址，而现在公布分班信息，只需要id号、姓名和班级，这该如何解决？通过学习后面的内容就可以找到完美的解决方案。

在数据库test中设计数据表student和stu_detail的语句如下：

```
CREATE TABLE student
```

```
(
  s_id  INT,
  name  VARCHAR(40)
);

CREATE TABLE stu_detail
(
  s_id   INT,
  glass  VARCHAR(40),
  addr   VARCHAR(90)
);
```

视图提供了一个很好的解决方法，创建一个视图，这些信息来自表的一部分，其他的信息不取，这样既能满足要求，也不会破坏表原来的结构。

## 14.1.2  视图的分类

SQL Server 2022中的视图可以分为3类，分别是标准视图、索引视图和分区视图。

### 1. 标准视图

标准视图组合了一个或多个表中的数据，可以获得使用视图的大多数好处，包括将重点放在特定数据上及简化数据操作。

### 2. 索引视图

索引视图是被具体化了的视图，即它已经过计算并存储。可以为视图创建索引，即对视图创建一个唯一的聚集索引。索引视图可以显著提高某些类型查询的性能。索引视图尤其适用于聚合许多行的查询，但它们不太适用于经常更新的基本数据集。

### 3. 分区视图

分区视图在一台或多台服务器间水平连接一组成员表中的分区数据。这样，数据看上去如同来自一个表。连接同一个SQL Server 实例中的成员表的视图是一个本地分区视图。

## 14.1.3  视图的优点和作用

与直接从数据表中读取相比，视图有以下优点。

### 1. 简单化

看到的就是需要的。视图不仅可以简化用户对数据的理解，也可以简化用户的操作。那些被经常使用的查询可以被定义为视图，从而使得用户不必为以后的每次操作指定全部的条件。

### 2. 安全性

通过视图用户只能查询和修改他们所能见到的数据。而数据库中的其他数据既看不见又取不到。数据库授权命令可以使每个用户对数据库的检索限制到特定的数据库对象上，但不能授权到数据库特定行和特定的列上。通过视图，用户可以被限制在数据的不同子集上：

（1）使用权限可被限制在基表的行的子集上。

（2）使用权限可被限制在基表的列的子集上。

（3）使用权限可被限制在基表的行和列的子集上。

（4）使用权限可被限制在多个基表的连接所限定的行上。

（5）使用权限可被限制在基表中的数据的统计汇总上。

（6）使用权限可被限制在另一视图的一个子集上，或是一些视图和基表合并后的子集上。

### 3．逻辑数据独立性

视图可帮助用户屏蔽真实表结构变化带来的影响。

# 14.2　创 建 视 图

由于视图中包含SELECT查询的结果，因此视图的创建基于SELECT语句和已存在的数据表。视图可以建立在一张表上，也可以建立在多张表上。创建视图有两种方法，分别是使用SSMS中的视图设计器和使用Transact-SQL命令，本节分别介绍这两种方法。

## 14.2.1　使用视图设计器创建视图

使用视图设计器很容易，因为创建视图的人可能并不需要了解实际做了什么，用户也不需要知道许多关于查询的内容。

在创建视图之前，需要在数据库test中创建一张基本表。接下来将基于该表创建视图，执行下面的语句：

```
CREATE TABLE t (quantity INT, price INT);
INSERT INTO t VALUES(3, 50);
```

使用视图设计器创建视图的具体操作步骤如下：

**01** 启动SSMS，打开【数据库】节点中创建t表的数据库的节点，右击【视图】节点，在弹出的快捷菜单中选择【新建视图】菜单命令，如图14-1所示。

**02** 弹出【添加表】对话框。在【表】选项卡中列出了用来创建视图的基本表，选择t表，单击【添加】按钮，然后单击【关闭】按钮，如图14-2所示。

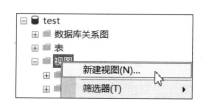

图 14-1　选择【新建视图】菜单命令

图 14-2　【添加表】对话框

> 🎮➕提示　视图的创建也可以基于多个表，如果要选择多个数据表，按住Ctrl键，然后分别选择列表中的数据表即可。

**03** 此时，即可打开【视图编辑器】窗口，该窗口包含3块区域，第一块区域是【关系图】窗格，在这里可以添加或者删除表。第二块区域是【条件】窗格，在这里可以对视图的显示格式进行修改。第三块区域是【SQL】窗格，在这里用户可以输入SQL执行语句。在【关系图】窗格区域中单击表中字段左边的复选框选择需要的字段，如图14-3所示。

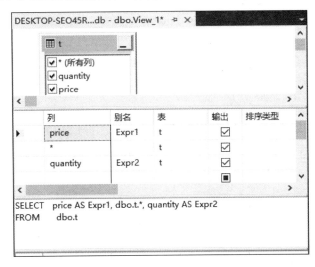

图 14-3　【视图编辑器】窗口

> 🎮➕提示　在【SQL】窗格区域中，可以进行以下操作：
>
> （1）通过输入SQL语句创建新查询。
> （2）根据在【关系图】窗格和【条件】窗格中进行的设置，对查询和视图设计器创建的SQL语句进行修改。
> （3）输入语句可以利用所使用数据库的特有功能。

**04** 单击工具栏上的【保存】按钮，打开【选择名称】对话框，输入视图的名称后，单击【确定】按钮即可完成视图的创建，如图14-4所示。

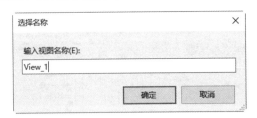

图 14-4　【选择名称】对话框

　　用户也可以单击工具栏上的对应按钮来选择打开或关闭这些窗格 ▦ ▦ ▦ ▦ ，在使用时将鼠标放在相应的按钮上，将会提示该按钮的作用。

## 14.2.2 使用Transact-SQL命令创建视图

使用Transact-SQL命令创建视图的基本语法格式如下：

```
CREATE VIEW [schema_name. ]view_name [column_list]
[ WITH <ENCRYPTION | SCHEMABINDING | VIEW_METADATA>]
AS select_statement
[ WITH CHECK OPTION ];
```

- schema_name：视图所属架构的名称。
- view_name：视图的名称。视图名称必须符合有关标识符的规则，可以选择是否指定视图所有者名称。
- column_list：视图中各个列使用的名称。
- AS：指定视图要执行的操作。
- select_statement：定义视图的 SELECT 语句。该语句可以使用多个表和其他视图。
- WITH CHECK OPTION：强制针对视图执行的所有数据修改语句，都必须符合在 select_statement 中设置的条件。通过视图修改行时，WITH CHECK OPTION 可确保提交修改后，仍可通过视图看到数据。

视图定义中的SELECT子句不能包括下列内容：

（1）COMPUTE或COMPUTE BY子句。

（2）ORDER BY子句，除非在 SELECT 语句的选择列表中也有一个TOP子句。

（3）INTO关键字。

（4）OPTION子句。

（5）引用临时表或表变量。

> 提示　ORDER BY子句仅用于确定视图定义中的TOP子句返回的行。ORDER BY不保证在查询视图时得到有序结果，除非在查询本身中也指定了ORDER BY。

### 1. 在单个表上创建视图

【例14.1】在数据表t上创建一个名为view_t的视图，输入语句如下：

```
CREATE VIEW view_t
AS SELECT quantity, price, quantity *price AS Total_price
FROM test.dbo.t;
GO
USE test;
SELECT * FROM view_t;
```

执行结果如图14-5所示。

由结果可以看到，从视图view_t中查询的内容和基本表中是一样的，这里的view_t中还包含一个表达式列，该列计算了数量和价格相乘之后的总价格。

| | quantity | price | Total_price |
|---|---|---|---|
| 1 | 3 | 50 | 150 |

图 14-5　在单个表上创建视图

> **提示** 如果用户创建完视图后立刻查询该视图，有时会提示该对象不存在，此时刷新一下视图列表即可解决问题。

#### 2. 在多表上创建视图

【例14.2】在表student和表stu_detail上创建视图stu_glass，输入语句如下。

首先向两个表中插入一些数据，输入代码如下：

```
INSERT INTO student VALUES(1,'wanglin1'),(2,'gaoli'),(3,'zhanghai');
INSERT INTO stu_detail VALUES(1, 'wuban','henan'),(2,'liuban','hebei'),
(3,'qiban','shandong');
```

创建stu_glass视图，输入代码如下：

```
USE test;
GO
CREATE VIEW stu_glass (id,name, glass)
AS SELECT student.s_id,student.name ,stu_detail.glass
FROM student ,stu_detail
WHERE student.s_id=stu_detail.s_id;
GO
SELECT * FROM stu_glass;
```

执行结果如图14-6所示。

这个例子就解决了刚开始提出的那个问题，这个视图可以很好地保护基本表中的数据。视图中的信息很简单，只包含id、name和glass，id字段对应表student中的s_id字段，name字段对应表student中的name字段，glass字段对应表stu_detail中的glass字段。

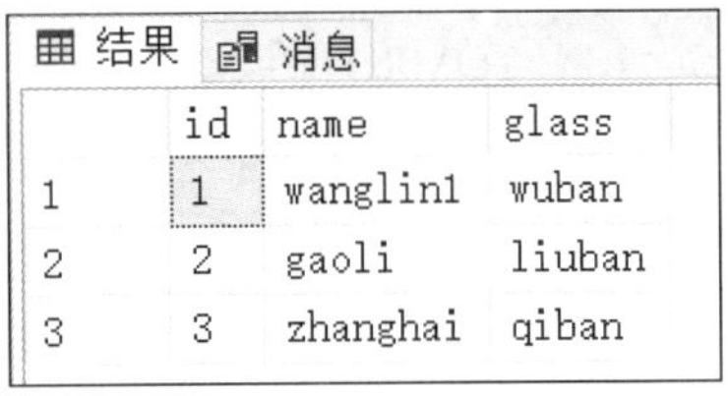

| | id | name | glass |
|---|---|---|---|
| 1 | 1 | wanglin1 | wuban |
| 2 | 2 | gaoli | liuban |
| 3 | 3 | zhanghai | qiban |

图 14-6 在多表上创建视图

# 14.3 修 改 视 图

SQL Server提供了两种修改视图的方法：

（1）在SQL Server管理平台中，右击要修改的视图，从弹出的快捷菜单中选择【设计】选项，出现修改视图的对话框。该对话框与创建视图的对话框相同，可以按照创建视图的方法修改视图。

（2）使用ALTER VIEW语句修改视图，但首先必须拥有使用视图的权限，然后才能使用ALTER VIEW语句。除关键字不同外，ALTER VIEW语句的语法格式与CREATE VIEW语句的语法格式基本相同。下面向用户介绍如何使用Transact-SQL命令修改视图。

【例14.3】使用ALTER语句修改视图view_t，输入语句如下：

```
ALTER VIEW view_t AS SELECT quantity FROM t;
```

代码执行之后，查看视图的设计窗口，结果如图14-7所示。

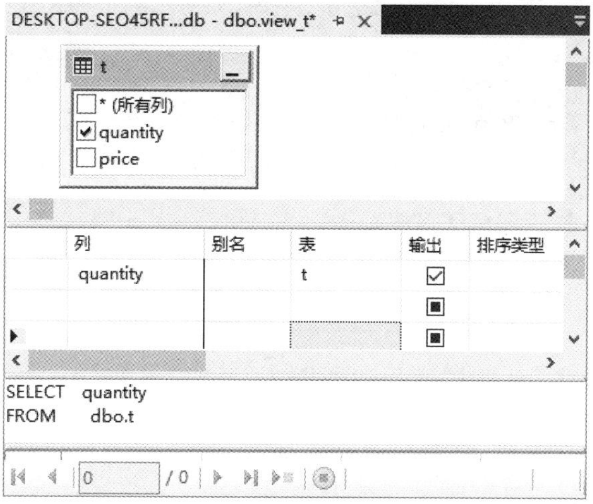

图 14-7  使用 ALTER VIEW 语句修改视图

与前面相比，可以看到，这里定义发生了变化，视图中只包含一个字段。

# 14.4  查看视图信息

视图定义好之后，用户可以随时查看视图的信息，可以直接在SQL Server查询编辑窗口中查看，也可以使用系统的存储过程查看。

### 1. 使用SSMS图形化工具查看视图定义信息

启动SSMS之后，选择视图所在的数据库位置，选择要查看的视图，右击并在弹出的快捷菜单中选择【属性】菜单命令，打开【视图属性】窗口，即可查看视图的定义信息。

### 2. 使用系统存储过程查看视图定义信息

sp_help系统存储过程用于报告有关数据库对象、用户定义数据类型或SQL Server所提供的数据类型的信息。语法格式如下：

```
sp_help view_name
```

其中，view_name表示要查看的视图名，如果不加参数名称，将列出有关 master 数据库中每个对象的信息。

【例14.4】使用sp_help存储过程查看view_t视图的定义信息，输入语句如下：

```
USE test;
GO
EXEC sp_help 'test.dbo.view_t';
```

执行结果如图14-8所示。

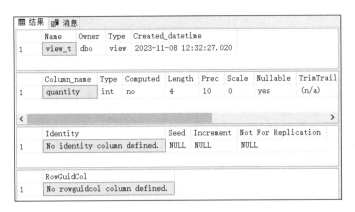

图 14-8　使用 sp_help 查看 view_t 视图信息

sp_helptext系统存储过程用来显示规则、默认值、未加密的存储过程、用户定义函数、触发器或视图的文本。语法格式如下：

```
sp_helptext view_name
```

其中，view_name表示要查看的视图名。

【例14.5】使用sp_helptext存储过程查看view_t视图的定义信息，输入语句如下：

```
USE test;
GO
EXEC sp_helptext 'test_db.dbo.view_t';
```

执行结果如图14-9所示。

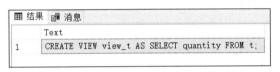

图 14-9　使用 sp_helptext 查看 view_t 视图定义语句

# 14.5　使用视图修改数据

更新视图是指通过视图来插入、更新、删除表中的数据，因为视图是一个虚拟表，其中没有数据。通过视图更新的时候都是转到基本表进行更新的，如果对视图增加或者删除记录，实际上是对其基本表增加或者删除记录。本节将介绍更新视图的3种方法：INSERT、UPDATE和DELETE。

修改视图时需要注意以下几点：

（1）修改视图中的数据时，不能同时修改两个或多个基本表。

（2）不能修改视图中通过计算得到的字段，例如包含算术表达式或者聚合函数的字段。

（3）执行UPDATE或DELETE命令时，无法用DELETE命令删除数据，若使用UPDATE命令，则应当与INSERT命令一样，被更新的列必须属于同一个表。

## 14.5.1　通过视图向基本表中插入数据

【例14.6】通过视图向基本表中插入一条新记录，输入语句如下：

```
USE test_db;
GO
CREATE VIEW view_stuinfo(编号,名字,成绩,性别)
AS
SELECT s_id,s_name,s_score,s_sex
FROM stu_info
WHERE  s_name='张靓';
GO
SELECT * FROM stu_info;          --查看插入记录之前基本表中的内容
INSERT INTO view_stuinfo         --向stu_info基本表中插入一条新记录
VALUES(8, '雷永',90,'男');
SELECT * FROM stu_info;          --查看插入记录之后基本表中的内容
```

执行结果如图14-10所示。

| | s_id | s_name | s_score | s_sex | s_age |
|---|---|---|---|---|---|
| 1 | 1 | 许三 | 88 | 男 | 18 |
| 2 | 2 | 张靓 | 70 | 女 | 19 |
| 3 | 3 | 王宝 | 25 | 男 | 18 |
| 4 | 4 | 马华 | 10 | 男 | 20 |
| 5 | 5 | 李岩 | 65 | 女 | 18 |
| 6 | 6 | 刘杰 | 88 | 男 | 19 |
| 7 | 21 | 王凯 | 90 | 男 | 19 |

| | s_id | s_name | s_score | s_sex | s_age |
|---|---|---|---|---|---|
| 1 | 1 | 许三 | 88 | 男 | 18 |
| 2 | 2 | 张靓 | 70 | 女 | 19 |
| 3 | 3 | 王宝 | 25 | 男 | 18 |
| 4 | 4 | 马华 | 10 | 男 | 20 |
| 5 | 5 | 李岩 | 65 | 女 | 18 |
| 6 | 6 | 刘杰 | 88 | 男 | 19 |
| 7 | 8 | 雷永 | 90 | 男 | NULL |
| 8 | 21 | 王凯 | 90 | 男 | 19 |

图 14-10　通过视图向基本表插入记录

可以看到，通过在视图view_stuinfo中执行一条INSERT操作，实际上向基本表中插入了一条记录。

## 14.5.2　通过视图修改基本表中的数据

除可以插入一条完整的记录外，通过视图也可以更新基本表中的记录的某些列值。

【例14.7】通过view_stuinfo更新表中姓名为"张靓"的同学的成绩，输入语句如下：

```
USE test_db;
GO
```

```
SELECT * FROM view_stuinfo;
UPDATE view_stuinfo
SET 成绩=88
WHERE 名字='张靓'
SELECT * FROM stu_info;
```

执行结果如图14-11所示。

| | 编号 | 名字 | 成绩 | 性别 |
|---|---|---|---|---|
| 1 | 2 | 张靓 | 70 | 女 |

| | s_id | s_name | s_score | s_sex | s_age |
|---|---|---|---|---|---|
| 1 | 1 | 许三 | 88 | 男 | 18 |
| 2 | 2 | 张靓 | 88 | 女 | 19 |
| 3 | 3 | 王宝 | 25 | 男 | 18 |
| 4 | 4 | 马华 | 10 | 男 | 20 |
| 5 | 5 | 李岩 | 65 | 女 | 18 |
| 6 | 6 | 刘杰 | 88 | 男 | 19 |
| 7 | 8 | 雷永 | 90 | 男 | NULL |
| 8 | 21 | 王凯 | 90 | 男 | 19 |

图 14-11　通过视图修改基本表中的数据

UPDATE语句修改view_stuinfo视图中的成绩字段，更新之后，基本表中的s_score字段同时被修改为新的数值。

### 14.5.3　通过视图删除基本表中的数据

当数据不再使用时，可以通过DELETE语句在视图中将其删除。

【例14.8】通过视图删除基本表stu_info中的记录，输入语句如下：

```
DELETE view_stuinfo WHERE 名字='张靓'
SELECT * FROM view_stuinfo;
SELECT * FROM stu_info;
```

执行结果如图14-12所示。

| | 编号 | 名字 | 成绩 | 性别 |
|---|---|---|---|---|

| | s_id | s_name | s_score | s_sex | s_age |
|---|---|---|---|---|---|
| 1 | 1 | 许三 | 88 | 男 | 18 |
| 2 | 3 | 王宝 | 25 | 男 | 18 |
| 3 | 4 | 马华 | 10 | 男 | 20 |
| 4 | 5 | 李岩 | 65 | 女 | 18 |
| 5 | 6 | 刘杰 | 88 | 男 | 19 |
| 6 | 8 | 雷永 | 90 | 男 | NULL |
| 7 | 21 | 王凯 | 90 | 男 | 19 |

图 14-12　通过视图删除基本表 stu_info 中的一条记录

可以看到，视图view_stuinfo中已经不存在记录了，基本表中"s_name=张靓"的记录也同时被删除了。

提示 建立在多个表上的视图，无法使用DELETE语句进行删除。

# 14.6 删 除 视 图

对于不再使用的视图，可以使用SQL Server管理平台或者Transact-SQL命令来删除视图。

## 1. 使用对象资源管理器删除视图

具体操作步骤如下：

**01** 在SSMS的【对象资源管理器】窗口中，打开视图所在的数据库节点，右击要删除的视图名称，在弹出的快捷菜单中选择【删除】菜单命令，或者按键盘上的DELETE删除键，如图14-13所示。

**02** 在弹出的【删除对象】窗口中单击【确定】按钮，即可完成视图的删除，如图14-14所示。

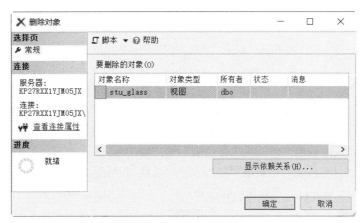

图 14-13 选择【删除】菜单命令　　　　　图 14-14 【删除对象】窗口

## 2. 使用Transact-SQL命令删除视图

Transact-SQL中可以使用DROP VIEW语句删除视图，其语法格式如下：

```
DROP VIEW [schema. ] view_name1, view_name2,..., view_nameN;
```

该语句可以同时删除多个视图，只需要在要删除的各视图名称之间用逗号分隔即可。

【例14.9】同时删除系统中的View_1和view_t视图，输入语句如下：

```
DROP VIEW dbo.View_1,dbo.view_t;
exec sp_help 'View_1'
exec sp_help 'view_t'
```

# 第 15 章

# 触 发 器

本章将为读者介绍 SQL Server 中一种特殊的存储过程——触发器。触发器可以执行复杂的数据库操作和完整性约束过程。触发器最大的特点是其被调用执行 Transact-SQL 语句时是自动进行的。本章将介绍触发器的概念、工作原理以及如何创建和管理触发器。

# 15.1　触发器概述

触发器是一种特殊类型的存储过程，与前面介绍过的存储过程不同。触发器主要是通过事件进行触发而被执行的，而存储过程可以通过存储过程名称直接被调用。触发器是一个功能强大的工具，它使每个站点可以在有数据修改时自动强制执行其业务规则。触发器可以用于SQL Server约束、默认值和规则的完整性检查。

当往某一个表格中插入、修改或者删除记录时，SQL Server会自动执行触发器所定义的SQL语句，从而确保对数据的处理必须符合由这些SQL语句所定义的规则。在触发器中可以查询其他表格或者复杂的SQL语句。触发器和引起触发器执行的SQL语句被当作一次事务处理，如果这次事务未获得成功，SQL Server就会自动返回该事务执行前的状态。和CHECK约束相比较，触发器可以强制实现更加复杂的数据完整性，而且可以参考其他表的字段。

## 15.1.1　什么是触发器

触发器是一个在修改指定表值的数据时执行的存储过程，不同的是执行存储过程要使用EXEC语句来调用，而触发器的执行不需要使用EXEC语句来调用。通过创建触发器可以保证不同表中的逻辑相关数据的引用完整性或一致性。

触发器的主要优点如下：

（1）触发器是自动的。对表中的数据做了任何修改（比如手工输入或者应用程序采取的操作）之后立即被激活。

（2）触发器可以通过数据库中的相关表进行层叠更改。

（3）触发器可以强制限制。这些限制比用CHECK约束所定义的更复杂。与CHECK约束不同的是，触发器可以引用其他表中的列。

## 15.1.2　触发器的作用

触发器的主要作用是实现由主键和外键所不能保证的复杂的参照完整性和数据的一致性，它能够对数据库中的相关表进行级联修改，能提供比CHECK约束更复杂的数据完整性，并自定义错误信息。

触发器的主要作用如下：

- 强制数据库间的引用完整性。
- 级联修改数据库中所有相关的表，自动触发其他与之相关的操作。
- 跟踪变化，撤销或回滚违法操作，防止非法修改数据。
- 返回自定义的错误信息，约束无法返回信息，而触发器可以返回信息。
- 触发器可以调用更多的存储过程。

触发器与存储过程的主要区别在于触发器的运行方式，存储过程需要用户、应用程序或者触发器来显式地调用并执行，而触发器是当特定事件（INSERT、UPDATE、DELETE）出现的时候自动执行。

## 15.1.3　触发器分类

触发器有两种类型：数据操作语言（Data Manipulation Language，DML）触发器和数据定义语言（Data Definition Language，DDL）触发器。

### 1. 数据操作语言触发器

DML触发器是一些附加在特定表或视图上的操作代码，当数据库服务器中发生数据操作语言事件时执行这些操作。SQL Server中DML触发器有3种：INSERT触发器、UPDATE触发器和DELETE触发器。当遇到下面的情形时，考虑使用DML触发器。

- 通过数据库中的相关表实现级联更改。
- 防止恶意或者错误的 INSERT、UPDATE 和 DELETE 操作，并强制执行比 CHECK 约束定义的限制更为复杂的其他限制。
- 评估数据修改前后表的状态，并根据该差异采取措施。

在SQL Server 2022中，针对每个DML触发器定义了两个特殊的表：DELETED表和INSERTED表，这两个逻辑表在内存中存放，由系统来创建和维护，用户不能对它们进行修改。触发器执行完成之后，与该触发器相关的两个表也会被删除。

- DELETED 表存放在执行 DELETE 或者 UPDATE 语句时需要从表中删除的所有行。在执行 DELETE 或 UPDATE 时，被删除的行从触发触发器的表中被移动到 DELETED 表，这两个表值会有公共的行。

- INSERTED 表存放在执行 INSERT 或 UPDATE 语句时需要向表中插入的所有行，在执行 INSERT 或 UPDATE 事务时，新行同时添加到触发触发器的表和 INSERTED 表。INSERTED 表的内容是触发触发器的表中新行的副本，即 INSERTED 表中的行总是与作用表中的新行相同。

### 2. 数据定义语言触发器

DDL触发器是当服务器或者数据库中发生数据定义语言事件时被激活调用的，使用DDL触发器可以防止对数据库架构进行的某些更改或记录数据库架构中的更改或事件。

# 15.2　创建DML触发器

DML触发器是指当数据库服务器中发生数据库操作语言事件时要执行的操作，DML事件包括对表或视图发出的UPDATE、INSERT或者DELETE语句。本节将介绍如何创建各种类型的DML触发器。

## 15.2.1　INSERT触发器

因为触发器是一种特殊类型的存储过程，所以创建触发器的语法格式与创建存储过程的语法格式相似，使用Transact-SQL语句创建触发器的基本语法格式如下：

```
CREATE TRIGGER trigger_name
ON {table | view}
[ WITH < ENCRYPTION >]
{
{
{FOR | AFTER | INSTEAD OF}{[DELETE][,][INSERT][,][UPDATE]}
AS
sql_statement[,...n]
}
}
```

其中，各参数说明如下。

- trigger_name：用于指定触发器的名称。其名称在当前数据库中必须是唯一的。
- table | view：用于指定在其上执行触发器的表或视图，有时称为触发器表或触发器视图。
- WITH<ENCRYPTION>：用于加密 syscomments 表中包含 CREATE TRIGGER 语句文本的条目。使用此选项可以防止将触发器作为系统复制的一部分发布。
- AFTER：用于指定触发器只有在触发 SQL 语句中指定的所有操作都已成功执行后才激发。所有的引用级联操作和约束检查也必须成功完成后，才能执行此触发器。如果仅指定 FOR 关键字，则 AFTER 是默认设置。注意该类型的触发器仅能在表上创建，而不能在视图上定义。

- INSTEAD OF：用于规定执行的是触发器而不是执行触发 SQL 语句，从而用触发器替代触发语句的操作。在表或视图上，每个 INSERT、UPDATE 或 DELETE 语句最多可以定义一个 INSTEAD OF 触发器。然而，可以在每个具有 INSTEAD OF 触发器的视图上定义视图。INSTEAD OF 触发器不能在 WITH CHECK OPTION 的可更新视图上定义。如果向指定的 WITH CHECK OPTION 选项的可更新视图添加 INSTEAD OF 触发器，系统将产生一个错误。用户必须用 ALTER VIEW 删除该选项后才能定义 INSTEAD OF 触发器。

- {[DELETE][,][INSERT][,][UPDATE]}：用于指定在表或视图上执行哪些数据修改语句时，将激活触发器的关键字。必须至少指定一个选项。在触发器定义中允许使用以任何顺序组合这些关键字。如果指定的选项多于一个，则需要用逗号分隔。

- AS：触发器要执行的操作。

- sql_statement：触发器的条件和操作。触发器条件指定其他准则，以确定 DELETE、INSERT 或 UPDATE 语句是否导致执行触发器操作。

当用户向表中插入新的记录行时，被标记为FOR INSERT的触发器的代码就会执行，如前所述，同时SQL Server会创建一个新行的副本，将副本插入一个特殊表中。该表只在触发器的作用域内存在。下面来创建当用户执行INSERT操作时触发的触发器。

【例15.1】在stu_info表上创建一个名称为Insert_Student的触发器，在用户向stu_info表中插入数据时触发，输入语句如下：

```
CREATE TRIGGER Insert_Student
ON stu_info
AFTER INSERT
AS
BEGIN
  IF OBJECT_ID(N'stu_Sum',N'U') IS NULL              --判断stu_Sum表是否存在
    CREATE TABLE stu_Sum(number INT DEFAULT 0);      --创建存储学生人数的stu_Sum表
  DECLARE @stuNumber INT;
  SELECT @stuNumber = COUNT(*) FROM stu_info;
  IF NOT EXISTS (SELECT * FROM stu_Sum)              --判断表中是否有记录
    INSERT INTO stu_Sum VALUES(0);
  UPDATE stu_Sum SET number = @stuNumber;       --把更新后总的学生人数插入stu_Sum表中
END
GO
```

单击【执行】按钮，执行创建触发器操作。

语句执行过程分析如下：

```
IF OBJECT_ID(N'stu_Sum',N'U') IS NULL              --判断stu_Sum表是否存在
CREATE TABLE stu_Sum(number INT DEFAULT 0);        --创建存储学生人数的stu_Sum表
```

IF语句用于判断是否存在名称为stu_Sum的表，如果不存在，则创建该表。

```
DECLARE @stuNumber INT;
SELECT @stuNumber = COUNT(*) FROM stu_info;
```

这两行语句用于声明一个整数类型的变量@stuNumber，其中存储了SELECT语句，用于查询stu_info表中所有学生的人数。

```
IF NOT EXISTS (SELECT * FROM stu_Sum)              --判断表中是否有记录
    INSERT INTO stu_Sum VALUES(0);
```

如果是第一次操作stu_Sum表，需要向该表中插入一条记录，否则下面的UPDATE语句将不能执行。

当创建完触发器之后，向stu_info表中插入记录，触发触发器的执行。执行下面的语句：

```
SELECT COUNT(*) stu_info表中总人数 FROM  stu_info;
INSERT INTO stu_info (s_id,s_name,s_score,s_sex) VALUES(20,'白雪',87,'女');
SELECT COUNT(*) stu_info表中总人数 FROM  stu_info;
SELECT number AS stu_Sum表中总人数 FROM stu_Sum;
```

执行结果如图15-1所示。

由触发器的触发过程可以看到，查询语句中的第2行执行了一条INSERT语句，向stu_info表中插入一条记录，结果显示插入前后stu_info表中总的记录数；第4行语句查看触发器执行之后stu_Sum表中的结果，可以看到，这里成功地将stu_info表中总的学生人数计算之后插入stu_Sum表，实现了表的级联操作。

图 15-1　激活 Insert_Student 触发器

在某些情况下，根据数据库设计需要，可能会禁止用户对某些表的操作，可以在表上指定拒绝执行插入操作。例如前面创建的stu_Sum表，其中插入的数据是根据stu_info表计算得到的，用户不能随便插入数据。

【例15.2】创建触发器，当用户向stu_Sum表中插入数据时，禁止操作，输入语句如下：

```
CREATE TRIGGER Insert_forbidden
ON stu_Sum
AFTER INSERT
AS
BEGIN
  RAISERROR('不允许直接向该表插入记录,操作被禁止',1,1)
ROLLBACK TRANSACTION
END
```

输入下面的语句调用触发器：

```
INSERT INTO stu_Sum VALUES(5);
```

执行结果如图15-2所示。

消息
不允许直接向该表插入记录，操作被禁止
消息 50000, 级别 1, 状态 1
消息 3609, 级别 16, 状态 1, 第 1 行
事务在触发器中结束。批处理已中止。

图 15-2　调用 Insert_forbidden 触发器

## 15.2.2　DELETE触发器

用户执行DELETE操作时，就会激活DELETE触发器，从而可以控制用户从数据库中删除的数

据记录。触发DELETE触发器之后，用户删除的记录行会被添加到DELETED表中，原来表中的相应记录被删除，所以可以在DELETED表中查看删除的记录。

【例15.3】创建DELETE触发器，用户对stu_info表执行删除操作后触发，并返回删除的记录信息，输入语句如下：

```
CREATE TRIGGER Delete_Student
ON stu_info
AFTER DELETE
AS
BEGIN
  SELECT s_id AS 已删除学生编号,s_name,s_score,s_sex,s_age
FROM DELETED
END
GO
```

与创建INSERT触发器的过程相同，这里AFTER后面指定DELETE关键字，表明这是一个用户执行DELETE删除操作触发的触发器。输入完成后，单击【执行】按钮，创建该触发器。

创建完成后，执行一条DELETE语句触发该触发器，输入语句如下：

```
DELETE FROM stu_info WHERE s_id=6;
```

执行结果如图15-3所示。

图 15-3　调用 Delete_Student 触发器

 提示　这里返回的结果记录是从DELETED表中查询得到的。

## 15.2.3　UPDATE触发器

UPDATE触发器是当用户在指定表上执行UPDATE语句时被调用的。这种类型的触发器用来约束用户对现有数据的修改。

UPDATE触发器可以执行两种操作：更新前的记录存储到DELETED表，更新后的记录存储到INSERTED表。

【例15.4】创建UPDATE触发器，用户对stu_info表执行更新操作后触发，并返回更新的记录信息，输入语句如下：

```
CREATE TRIGGER Update_Student
ON stu_info
AFTER UPDATE
AS
BEGIN
DECLARE @stuCount INT;
SELECT @stuCount = COUNT(*) FROM stu_info;
```

```
UPDATE  stu_Sum SET number = @stuCount;

SELECT s_id AS 更新前学生编号 ,s_name AS 更新前学生姓名 FROM DELETED
SELECT s_id AS 更新后学生编号 ,s_name AS 更新后学生姓名  FROM INSERTED
END
GO
```

输入完成后，单击【执行】按钮，创建该触发器。

创建完成后，执行一条UPDATE语句触发该触发器，输入语句如下：

```
UPDATE stu_info SET s_name='张懿' WHERE s_id=1;
```

执行结果如图15-4所示。

由执行过程可以看到，UPDATE语句触发触发器之后，可以看到DELETED和INSERTED两个表中保存的数据分别为执行更新前后的数据。该触发器同时更新了保存所有学生人数的stu_Sum表，该表中number字段的值也同时被更新。

图 15-4　调用 Update_Student 触发器

### 15.2.4　替代触发器

与前面介绍的3种AFTER触发器不同，SQL Server服务器在执行触发AFTER触发器的SQL代码后，先建立临时的INSERTED和DELETED表，然后执行SQL代码中对数据的操作，最后才激活触发器中的代码。而对于替代（INSTEAD OF）触发器，SQL Server服务器在执行触发INSTEAD OF触发器的代码时，先建立临时的INSERTED和DELETED表，然后直接触发INSTEAD OF触发器，而拒绝执行用户输入的DML操作语句。

基于多个基本表的视图必须使用INSTEAD OF触发器来对多个表中的数据进行插入、更新和删除操作。

【例15.5】创建INSTEAD OF触发器，当用户插入stu_info表中的学生记录中的成绩大于100分时，拒绝插入，同时提示"插入成绩错误"的信息，输入语句如下：

```
CREATE TRIGGER InsteadOfInsert_Student
ON stu_info
INSTEAD OF INSERT
AS
BEGIN
DECLARE @stuScore INT;
SELECT @stuScore = (SELECT s_score FROM inserted)
If @stuScore > 100
    SELECT '插入成绩错误' AS 失败原因
END
GO
```

输入完成后，单击【执行】按钮，创建该触发器。

创建完成后，执行一条INSERT语句触发该触发器，输入语句如下：

```
INSERT INTO stu_info (s_id,s_name,s_score,s_sex)
VALUES(22,'周鸿',110,'男');
SELECT * FROM stu_info;
```

执行结果如图15-5所示。

结果 消息

| | 失败原因 |
|---|---|
| 1 | 插入成绩错误 |

| | s_id | s_name | s_score | s_sex | s_age |
|---|---|---|---|---|---|
| 1 | 1 | 张懿 | 88 | 男 | 18 |
| 2 | 3 | 王宝 | 25 | 男 | 18 |
| 3 | 4 | 马华 | 10 | 男 | 20 |
| 4 | 5 | 李岩 | 65 | 女 | 18 |
| 5 | 8 | 雷永 | 90 | 男 | NULL |
| 6 | 20 | 白雪 | 87 | 女 | NULL |
| 7 | 21 | 王凯 | 90 | 男 | 19 |

图 15-5　调用 InsteadOfInsert_Student 触发器

由返回结果可以看到，插入的记录的s_score字段值大于100，将无法插入基本表，基本表中的记录没有新增记录。

### 15.2.5　允许使用嵌套触发器

如果一个触发器在执行操作时调用了另一个触发器，而这个触发器又接着调用了下一个触发器，那么就形成了嵌套触发器。嵌套触发器在安装时就被启用，但是可以使用系统存储过程sp_configure禁用和重新启用嵌套触发器。

触发器最多可以嵌套32层，如果嵌套的次数超过限制，那么该触发器将被终止，并回滚整个事务。使用嵌套触发器需要考虑以下注意事项：

（1）默认情况下，嵌套触发器配置选项是开启的。

（2）在同一个触发器事务中，一个嵌套触发器不能被触发两次。

（3）由于触发器是一个事务，如果在一系列嵌套触发器的任意层中发生错误，则整个事务都将取消，而且所有数据将回滚。

（4）嵌套是用来保持整个数据库的完整性的重要功能，但有时可能需要禁用嵌套，如果禁用了嵌套，那么修改一个触发器的实现不会再触发该表上的任何触发器。在下述情况下，用户可能需要禁止使用嵌套。

嵌套触发要求复杂而有条理的设计，级联修改可能会修改用户不想涉及的数据。

在一系列嵌套触发器中的任意时间点的修改操作都会触发一些触发器，尽管这时数据库提供了很强的保护，但如要以特定的顺序更新表，就会产生问题。

使用如下语句禁用嵌套：

```
EXEC sp_configure 'nested triggers',0
```

如要再次启用嵌套，可以使用如下语句：

```
EXEC sp_configure 'nested triggers',1
```

如果不想对触发器进行嵌套，还可以通过【允许触发器激发其他触发器】的服务器配置选项来控制。但不管此设置是什么，都可以嵌套INSTEAD OF触发器。

### 15.2.6 递归触发器

触发器的递归是指一个触发器从其内部再次激活该触发器，例如UPDATE操作激活的触发器内部还有一条对数据表的更新语句，这个更新语句就有可能再次激活这个触发器本身，当然，这种递归的触发器内部还会有判断语句，只有在一定情况下才会执行那个Transact-SQL语句，否则就成了无限调用的死循环了。

SQL Server 2022中的递归触发器包括两种：直接递归和间接递归。

- 直接递归：触发器被触发并执行一个操作，而该操作又使同一个触发器再次被触发。
- 间接递归：触发器被触发并执行一个操作，而该操作又使另一个表中的某个触发器被触发，第二个触发器使原始表得到更新，从而再次触发第一个触发器。

默认情况下，递归触发器选项是禁用的，但可以通过管理平台来设置启用递归触发器，操作步骤如下：

**01** 选择需要修改的数据库并右击，在弹出的快捷菜单中选择【属性】菜单命令，如图15-6所示。

**02** 打开【数据库属性】窗口。选择【选项】选项，在该界面的【杂项】选项组中，在【递归触发器已启用】后的下拉列表框中选择True，单击【确定】按钮，完成修改，如图15-7所示。

图 15-6　设置触发器嵌套是否激活

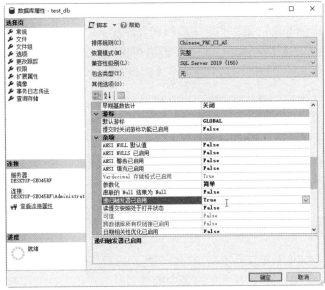

图 15-7　设置递归触发器已启用

> **提示**　递归触发器最多只能递归16层，如果递归中的第16个触发器激活了第17个触发器，则结果与发布ROLLBACK命令一样，所有数据将回滚。

# 15.3 创建DDL触发器

与DML触发器相同，DDL触发器可以通过用户的操作而激活。对于DDL触发器而言，其创建和管理过程与DML触发器类似。本节将介绍如何创建DDL触发器。

## 15.3.1 创建DDL触发器的语法

创建DDL触发器的语法格式如下：

```
CREATE TRIGGER trigger_name
ON {ALL SERVER |  DATABASE}
[ WITH < ENCRYPTION >]
{
{FOR | AFTER | { event_type}}
AS  sql_statement
}
```

- DATABASE：表示将 DDL 触发器的作用域应用于当前数据库。
- ALL SERVER：表示将 DDL 或登录触发器的作用域应用于当前服务器。
- event_type：指定激发 DDL 触发器的 Transact-SQL 语言事件的名称。

## 15.3.2 创建服务器作用域的DDL触发器

创建服务器作用域的DDL触发器需要指定ALL SERVER参数。

【例15.6】创建数据库作用域的DDL触发器，拒绝用户对数据库中表的删除和修改操作，输入语句如下：

```
USE test;
GO
CREATE TRIGGER DenyDelete_test
ON DATABASE
FOR DROP_TABLE,ALTER_TABLE
AS
BEGIN
PRINT '用户没有权限执行删除操作！'
ROLLBACK TRANSACTION
END
GO
```

ON关键字后面的test用于指定触发器作用域；DROP_TABLE,ALTER_TABLE用于指定DDL触发器的触发事件，即删除和修改表；最后定义BEGIN END语句块，输出提示信息。输入完成后，单击【执行】按钮，创建该触发器。

创建完成后，执行一条DROP语句触发该触发器，输入语句如下：

```
DROP TABLE test;
```

执行结果如图15-8所示。

图 15-8　激活数据库级别的 DDL 触发器

**【例15.7】** 创建服务器作用域的DDL触发器，拒绝用户对数据库中表的删除和修改操作，输入语句如下：

```
CREATE TRIGGER DenyCreate_AllServer
ON ALL SERVER
FOR CREATE_DATABASE,ALTER_DATABASE
AS
BEGIN
PRINT '用户没有权限创建或修改服务器上的数据库！'
ROLLBACK TRANSACTION
END
GO
```

输入完成后，单击【执行】按钮，创建该触发器。

创建成功之后，依次打开服务器的【服务器对象】下的【触发器】节点，可以看到创建的服务器作用域的触发器DenyCreate_AllServer，如图15-9所示。

上述代码成功创建了整个服务器作为作用域的触发器，当用户创建或修改数据库时触发触发器，禁止用户的操作，并显示提示信息。执行下面的语句来测试触发器的执行过程：

```
CREATE DATABASE test01;
```

执行结果如图15-10所示，可以看到触发器已经激活。

图 15-9　【触发器】节点　　　　图 15-10　激活服务器域的 DDL 触发器

# 15.4　管理触发器

介绍完触发器的创建和调用过程，本节介绍管理触发器。管理触发器包含查看、修改和删除触发器，以及启用和禁用触发器。

## 15.4.1　查看触发器

查看已经定义好的触发器有两种方法：使用对象资源管理器查看和使用系统存储过程查看。

### 1. 使用对象资源管理器查看触发器信息

⓵ 首先登录SQL Server 2022图形化管理平台，在【对象资源管理器】窗口中打开需要查看的触发器所在的数据表节点。在存储过程列表中选择要查看的触发器，右击并在弹出的快捷菜单中选择【修改】菜单命令，或者双击该触发器，如图15-11所示。

⓶ 在查询编辑窗口中将显示创建该触发器的代码内容，如图15-12所示。

图 15-11　选择【修改】菜单命令

图 15-12　查看触发器内容

### 2. 使用系统存储过程查看触发器

因为触发器是一种特殊的存储过程，所以也可以使用查看存储过程的方法来查看触发器的内容，例如使用so_helptext、sp_help以及sp_depends等系统存储过程来查看触发器的信息。

【例15.8】使用sp_helptext查看Insert_student触发器的信息，输入语句如下：

```
sp_helptext Insert_student;
```

执行结果如图15-13所示。

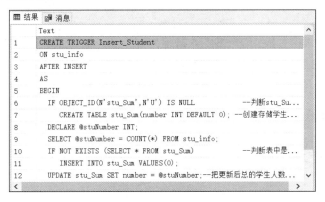

图 15-13　使用 sp_helptext 查看触发器的定义信息

由结果可以看到，使用系统存储过程sp_helptext查看的触发器的定义信息，与用户输入的代码是相同的。

## 15.4.2　修改触发器

当触发器不满足需求时，可以修改触发器的定义和属性，在SQL Server中可以通过两种方式进行修改：先删除原来的触发器，再重新创建与之名称相同的触发器；直接修改现有触发器的定义。

修改触发器定义可以使用ALTER TRIGGER语句，ALTER TRIGGER语句的基本语法格式如下：

```
ALTER TRIGGER trigger_name
ON {table | view}
[ WITH < ENCRYPTION >]
{
{
{FOR | AFTER | INSTEAD OF}{[DELETE][,][INSERT][,][UPDATE]}
AS  sql_statement[,...n]
}
}
```

除关键字由CREATE换成ALTER外，修改触发器的语句和创建触发器的语法格式完全相同。各个参数的作用这里不再赘述，读者可以参考创建触发器的内容。

【例15.9】修改Insert_Student触发器，将INSERT触发器修改为DELETE触发器，输入语句如下：

```
ALTER TRIGGER Insert_Student
ON stu_info
AFTER DELETE
AS
BEGIN
  IF OBJECT_ID(N'stu_Sum',N'U') IS NULL            --判断stu_Sum表是否存在
    CREATE TABLE stu_Sum(number INT DEFAULT 0);    --创建存储学生人数的stu_Sum表
  DECLARE @stuNumber INT;
  SELECT @stuNumber = COUNT(*) FROM stu_info;
  IF NOT EXISTS (SELECT * FROM stu_Sum)
    INSERT INTO stu_Sum VALUES(0);
  UPDATE stu_Sum SET number = @stuNumber;          --把更新后总的学生人数插入stu_Sum表中
END
```

这里将INSERT关键字替换为DELETE，其他内容不变，输入完成后，单击【执行】按钮，执行对触发器的修改，这里也可以根据需要修改触发器中操作语句的内容。

读者也可以在使用图形化工具查看触发器信息时对触发器进行修改，具体查看方法参考15.4.1节。

### 15.4.3  删除触发器

当触发器不再需要使用时，可以将其删除，删除触发器不会影响其操作的数据表，而当某个表被删除时，该表上的触发器也同时被删除。

删除触发器有两种方式：在对象资源管理器中删除和使用DROP TRIGGER语句删除。

#### 1. 在对象资源管理器中删除触发器

与前面介绍的删除数据库、数据表以及存储过程类似，在对象资源管理器中选择要删除的触发器并右击，在弹出的快捷菜单中选择【删除】命令或者按键盘上的Delete键进行删除，在弹出的【删除对象】窗口中单击【确定】按钮。

#### 2. 使用DROP TRIGGER语句删除触发器

DROP TRIGGER语句可以删除一个或多个触发器，其语法格式如下：

```
DROP TRIGGER trigger_name [ ,...n ]
```

trigger_name为要删除的触发器的名称。

【例15.10】使用DROP TRIGGER语句删除Insert_Student触发器，输入语句如下：

```
USE test_db;
GO
DROP TRIGGER Insert_Student;
```

输入完成后，单击【执行】按钮，删除该触发器。

【例15.11】删除服务器作用域的触发器DenyCreate_AllServer，输入语句如下：

```
DROP TRIGGER DenyCreate_AllServer ON ALL Server;
```

## 15.4.4 启用和禁用触发器

触发器创建之后便会启用，如果暂时不需要使用某个触发器，可以将其禁用。触发器被禁用后并没有删除，它仍然作为对象存储在当前数据库中。但是当用户执行触发操作（INSERT、DELETE、UPDATE）时，触发器不会被调用。禁用触发器可以使用ALTER TABLE语句或者DISABLE TRIGGER语句。

### 1. 禁用触发器

【例15.12】禁止使用Update_Student触发器，输入语句如下：

```
ALTER TABLE stu_info
DISABLE TRIGGER Update_Student
```

输入完成后，单击【执行】按钮，禁止使用名称为Update_Student的触发器。
也可以使用下面的语句禁用Update_Student触发器：

```
DISABLE TRIGGER Update_Student ON stu_info
```

可以看到，这两种方法的思路是相同的，都是指定要删除的触发器的名称和触发器所在的表。读者在删除时选择其中一种方法即可。

### 2. 启用触发器

被禁用的触发器可以通过ALTER TABLE语句或ENABLE TRIGGER语句重新启用。

【例15.13】启用Update_Student触发器，输入语句如下：

```
ALTER TABLE stu_info ENABLE TRIGGER Update_Student
```

输入完成后，单击【执行】按钮，启用名称为Update_Student的触发器。
也可以使用下面的语句启用Update_Student触发器：

```
ENABLE TRIGGER Update_Student ON stu_info
```

# 第 16 章

# SQL Server 2022的安全机制

随着电子信息技术的发展，数据库系统在工作生活中的应用也越来越广泛，而且在某些领域，如电子商务、ERP 系统，在数据库中保存着非常重要的商业数据和客户资料。数据库安全方面的管理在数据库管理系统中有着非常重要的地位。作为数据库系统管理员，需要了解 SQL Server 2022 的安全性控制策略，以保障数据库中数据的安全。本章将详细介绍 SQL Server 2022 的安全机制、验证方式、登录名管理、管理用户账户、角色和权限配置等内容。

## 16.1　SQL Server 2022的安全机制概述

随着互联网应用的范围越来越广，数据库的安全性也变得越来越重要，数据库中存储着重要的客户或资产信息等，这些无形的资产是公司的宝贵财富，必须对其进行严格的保护。SQL Server 的安全机制就是用来保护服务器和存储在服务器中的数据的，SQL Server 2022的安全机制可以决定哪些用户可以登录服务器，登录服务器的用户可以对哪些数据库对象执行操作或管理任务等。

### 16.1.1　SQL Server 2022的安全机制简介

SQL Server 2022整个安全体系结构从顺序上可以分为认证和授权两个部分，其安全机制可以分为以下5个层级。

（1）客户机安全机制。
（2）网络传输安全机制。
（3）实例级别安全机制。
（4）数据库级别安全机制。
（5）对象级别安全机制。

这些层级由高到低，所有的层级之间相互关联，用户只有通过了高一层级的安全验证，才能继续访问数据库中低一层级的内容。

### 1. 客户机安全机制

数据库管理系统需要运行在某一特定的操作系统平台下，客户机操作系统的安全性直接影响SQL Server 2022的安全性。在用户使用客户计算机通过网络访问SQL Server 2022服务器时，用户首先要获得客户计算机操作系统的使用权限。保证操作系统的安全性是操作系统管理员或网络管理员的任务。SQL Server 2022采用了集成Windows NT网络安全性机制，提高了操作系统的安全性，但与此同时也加大了管理数据库系统安全的难度。

### 2. 网络传输安全机制

SQL Server 2022对关键数据进行了加密，即使攻击者通过防火墙和服务器上的操作系统到达了数据库，还要对数据进行破解。SQL Server 2022有两种对数据加密的方式：数据加密和备份加密。

#### 1）数据加密

数据加密执行所有的数据库级别的加密操作，消除了应用程序开发人员创建定制的代码来加密和解密数据的过程。数据在写到磁盘时进行加密，从磁盘读取的时候解密。使用SQL Server来管理加密和解密，可以保护数据库中的业务数据，而不必对现有应用程序做任何更改。

#### 2）备份加密

对备份进行加密可以防止数据泄露和被篡改。

### 3. 实例级别安全机制

SQL Server 2022采用标准SQL Server登录和集成Windows登录两种登录方式。无论使用哪种登录方式，用户在登录时都必须提供登录密码和账号，管理和设计合理的登录方式是SQL Server数据库管理员的重要任务，也是SQL Server安全体系中重要的组成部分。SQL Server服务器中预先设定了许多固定服务器的角色，用来为具有服务器管理员资格的用户分配使用权利，固定服务器角色的成员可以拥有服务器级的管理权限。

### 4. 数据库级别安全机制

在建立用户的登录账号信息时，SQL Server提示用户选择默认的数据库，并为用户分配权限，以后每次用户登录服务器后，都会自动转到默认数据库上。对于任何用户来说，如果在设置登录账号时没有指定默认数据库，则用户的权限将限制在master数据库以内。

SQL Server 2022允许用户在数据库上建立新的角色，然后为该角色授予多个权限，最后通过角色将权限赋予SQL Server 2022的用户，使其他用户获取具体数据库的操作权限。

### 5. 对象级别安全机制

在进行对象安全性检查时，数据库管理系统的最后一个安全等级。创建数据库对象时，SQL Server 2022将自动把该数据库对象的用户权限赋予该对象的所有者，该对象的所有者可以实现对该对象的安全控制。数据库对象访问权限定义了用户对数据库中数据对象的引用和数据操作语句的许可权限，这通过定义对象和语句的许可权限来实现。

SQL Server 2022安全模式下的层次对于用户权限的划分并不是孤立的，相邻的层级之间通过账号建立关联，用户访问的时候需要经过3个阶段的处理。

第一阶段：对用户登录SQL Server的实例进行身份鉴别，被确认合法才能登录SQL Server实例。

第二阶段：用户在每个要访问的数据库中必须有一个账号，SQL Server实例将登录映射到数据库用户账号上，在这个数据库的账号上定义数据库的管理和数据对象访问的安全策略。

第三阶段：检查用户是否具有访问数据库对象、执行操作的权限，经过语句许可权限的验证，才能够实现对数据的操作。

### 16.1.2 基本安全术语

基本安全术语是SQL Server安全性的一些基本概念，这些术语对理解SQL Server的安全性起着非常重要的作用，下面介绍关于安全性的一些基本术语。

#### 1. 数据库所有者

数据库所有者（Database Owner，DBO）是数据库的创建者，每个数据库只有一个数据库所有者。数据库所有者有数据库中的所有特权，可以提供给其他用户访问权限。

#### 2. 数据库对象

数据库对象包含表、索引、视图、触发器、规则和存储过程，创建数据库对象的用户是数据库对象的所有者，数据库对象可以授予其他用户使用其拥有的对象的权利。

#### 3. 域

域是一组计算机的集合，它们可以共享一个通用安全性数据库。

#### 4. 数据库组

数据库组是一组数据库用户的集合。这些用户接受相同的数据库用户的许可。使用组可以简化大量数据库用户的管理，组提供了让大量用户授权和取消许可的一种简便方法。

#### 5. 系统管理员

系统管理员是负责管理SQL Server全面性能和综合应用的管理员，简称sa。系统管理员的工作包括安装SQL Server 2022、配置服务器、管理和监视磁盘空间、内存和连接的使用、创建设备和数据库、确认用户和授权许可、从SQL Server数据库导入导出数据、备份和恢复数据库、实现和维护复制调度任务、监视和调配SQL Server性能、诊断系统问题等。

#### 6. 许可

使用许可可以增强SQL Server数据库的安全性，SQL Server许可系统用于指定哪些用户被授予使用哪些数据库对象的操作，指定许可的能力由每个用户的状态（系统管理员、数据库所有者或者数据库对象所有者）决定。

#### 7. 用户名

SQL Server服务器分配给登录ID的名字，用户使用用户名连接到SQL Server 2022。

#### 8. 主体

主体是可以请求对SQL Server资源访问权限的实体，包括用户、组或进程。主体有以下特征：

每个主体都有自己的安全标识号（SID），每个主体有一个作用域，作用域基于定义主体的级别，主体可以是主体的集合（Windows组）或者不可分割的主体（Windows登录名）。

Windows级别的主体包括Windows域登录名和Windows本地登录名。SQL Server级别的主体包括SQL Server登录名和服务器角色。数据库级别的主体包括数据库用户、数据库角色以及应用程序角色。

### 9. 角色

角色中包含SQL Server 2022预定义的一些特殊权限，可以将角色分别授予不同的主体。使用角色可以提供有效而复杂的安全模型，以及管理可保护对象的访问权限。SQL Server 2022中包含4类不同的角色，分别是固定服务器角色、固定数据库角色、用户自定义数据库角色和应用程序角色。

# 16.2　安全验证方式

验证方式也就是用户登录，这是SQL Server实施安全性的第一步，用户只有登录服务器之后才能对SQL Server数据库系统进行管理。如果把数据库作为大楼的一个个房间的话，那么用户登录数据库就是首先进入这栋大楼。

SQL Server提供了两种验证模式：Windows身份验证模式和混合模式。

## 16.2.1　Windows身份验证模式

一般情况下SQL Server数据库系统都运行在Windows服务器上，作为一个网络操作系统，Windows本身就提供账号的管理和验证功能。Windows身份验证模式利用了操作系统用户安全性和账号管理机制，允许SQL Server使用Windows的用户名和口令。在这种模式下，SQL Server把登录验证的任务交给了Windows操作系统，用户只要通过Windows的验证，就可以连接到SQL Server服务器。

使用Windows身份验证模式可以获得最佳工作效率，在这种模式下，域用户不需要独立的SQL Server账户和密码就可以访问数据库。如果用户更新了自己的域密码，也不必更改SQL Server 2022的密码，但是在该模式下用户要遵从Windows安全模式的规则。默认情况下，SQL Server 2022使用Windows身份验证模式，即本地账号来登录。

## 16.2.2　混合模式

使用混合模式登录时，可以同时使用Windows身份验证和SQL Server身份验证。如果用户使用TCP/IP Sockets进行登录验证，则使用SQL Server身份验证；如果用户使用命名管道，则使用Windows身份验证。

在SQL Server 2022身份验证模式中，用户可以安全地连接到SQL Server 2022。在该认证模式下，用户连接到SQL Server 2022时必须提供登录账号和密码，这些信息保存在数据库的syslogins系统表中，与Windows的登录账号无关。如果登录的账号是在服务器中注册的，则身份验证失败。

登录数据库服务器时，可以选择任意一种方式登录SQL Server。

### 16.2.3  设置验证模式

SQL Server 2022两种登录模式可以根据不同用户的实际情况
来进行选择。在SQL Server 2022的安装过程中，需要执行服务器
的身份验证登录模式。登录SQL Server 2022之后，就可以设置服
务器身份验证了，具体操作步骤如下：

**01** 打开SSMS，在【对象资源管理器】窗口右击服务器名称，在
弹出的快捷菜单中选择【属性】菜单命令，如图16-1所示。

**02** 打开【服务器属性】窗口，选择左侧的【安全性】选项卡，
系统提供了设置身份验证的模式：Windows身份验证模式和
SQL Server和Windows身份验证模式，选择其中的一种模式，
单击【确定】按钮，重新启动 SQL Server 服务
（MSSQLSERVER），完成身份验证模式的设置，如图16-2
所示。

图 16-1　选择【属性】菜单命令

图 16-2　【服务器属性】窗口

# 16.3　SQL Server 2022登录名

管理登录名包括创建登录名、设置密码查看登录策略、查看登录名信息、修改和删除登录名。
通过使用不同的登录名可以配置不同的访问级别，本节将介绍如何为SQL Server 2022服务器创建和
管理登录账户。

### 16.3.1　创建登录账户

创建登录账户可以使用图形化管理工具或者 Transact-SQL 语句。Transact-SQL 既可将 Windows 登录名映射到 SQL Server 系统中，也可以创建 SQL Server 登录账户，创建登录账户的 Transact-SQL 语句的语法格式如下：

```
CREATE LOGIN loginName { WITH <option_list1> | FROM <sources> }

<option_list1> ::=
    PASSWORD = { 'password' | hashed_password HASHED } [ MUST_CHANGE ]
    [ , <option_list2> [ ,... ] ]

<option_list2> ::=
    SID = sid
    | DEFAULT_DATABASE = database
    | DEFAULT_LANGUAGE = language
    | CHECK_EXPIRATION = { ON | OFF}
    | CHECK_POLICY = { ON | OFF}
    | CREDENTIAL = credential_name

<sources> ::=
    WINDOWS [ WITH <windows_options> [ ,... ] ]
    | CERTIFICATE certname
    | ASYMMETRIC KEY asym_key_name

<windows_options> ::=
    DEFAULT_DATABASE = database
    | DEFAULT_LANGUAGE = language
```

- loginName：指定创建的登录名。有 4 种类型的登录名：SQL Server 登录名、Windows 登录名、证书映射登录名和非对称密钥映射登录名。如果从 Windows 域账户映射 loginName，则 loginName 必须使用方括号（[ ]）括起来。
- PASSWORD = 'password'：仅适用于 SQL Server 登录名。为正在创建的登录名指定密码。应使用强密码。
- PASSWORD = hashed_password：仅适用于 HASHED 关键字。为正在创建的登录名指定登录密码的哈希值。
- HASHED：仅适用于 SQL Server 登录名。指定在 PASSWORD 参数后输入的密码已经过哈希运算。如果未选择此选项，则在将作为密码输入的字符串存储到数据库之前，对其进行哈希运算。
- MUST_CHANGE：仅适用于 SQL Server 登录名。如果包括此选项，则 SQL Server 将在首次使用新登录名时提示用户输入新密码。
- CREDENTIAL = credential_name：将映射到新 SQL Server 登录名的凭据的名称。该凭据必须已存在于服务器中。当前此选项只将凭据链接到登录名。在未来的 SQL Server 版本中可能会扩展此选项的功能。
- SID = sid：仅适用于 SQL Server 登录名。指定新 SQL Server 登录名的 GUID。如果未选择此选项，则 SQL Server 自动指派 GUID。

- DEFAULT_DATABASE = database：指定将指派给登录名的默认数据库。如果未包括此选项，则默认数据库将设置为 master。
- DEFAULT_LANGUAGE = language：指定将指派给登录名的默认语言。如果未包括此选项，则默认语言将设置为服务器的当前默认语言。即使将来服务器的默认语言发生更改，登录名的默认语言仍保持不变。
- CHECK_EXPIRATION = { ON | OFF }：仅适用于 SQL Server 登录名。指定是否对此登录账户强制实施密码过期策略。默认值为 OFF。
- CHECK_POLICY = { ON | OFF }：仅适用于 SQL Server 登录名。指定应对此登录名强制实施运行 SQL Server 的计算机的 Windows 密码策略。默认值为 ON。
- WINDOWS：指定将登录名映射到 Windows 登录名。
- CERTIFICATE certname：指定将与此登录名关联的证书名称。此证书必须已存在于 master 数据库中。
- ASYMMETRIC KEY asym_key_name：指定将与此登录名关联的非对称密钥的名称。此密钥必须已存在于 master 数据库中。

### 1. 创建Windows登录账户

Windows身份验证模式是默认的验证方式，可以直接使用Windows的账户登录。SQL Server 2022中的Windows登录账户可以映射到单个用户、管理员创建的Windows组以及Windows内部组（例如Administrators）。

通常情况下，创建的登录应该映射到单个用户或自己创建的Windows组。创建Windows登录账户的第一步是创建操作系统的用户账户。具体操作步骤如下：

**01** 单击【开始】按钮，在弹出的快捷菜单中选择【控制面板】菜单命令，打开【所有控制面板项】窗口，选择【管理工具】选项，如图16-3所示。

**02** 打开【管理工具】窗口，双击【计算机管理】选项，如图16-4所示。

图 16-3 【所有控制面板项】窗口　　　　　图 16-4 【管理工具】窗口

**03** 打开【计算机管理】窗口，选择【系统工具】→【本地用户和组】选项，选择【用户】节点，右击并在弹出的快捷菜单中选择【新用户】菜单命令，如图16-5所示。

**04** 弹出【新用户】对话框，输入用户名为DataBaseAdmin，描述为【数据库管理员】，设置登录密码之后，选择【密码永不过期】复选框，单击【创建】按钮，完成新用户的创建，如图16-6所示。

图 16-5　【计算机管理】窗口

图 16-6　【新用户】对话框

**05** 新用户创建完成之后，下面就可以创建映射到这些账户的Windows 登录了。登录SQL Server 2022之后，在【对象资源管理器】窗口中依次打开服务器下面的【安全性】→【登录名】节点，右击【登录名】节点，在弹出的快捷菜单中选择【新建登录名】菜单命令，如图16-7所示。

**06** 打开【登录名-新建】窗口，单击【搜索】按钮，如图16-8所示。

**07** 弹出【选择用户或组】对话框，依次单击对话框中的【高级】和【立即查找】按钮，从用户列表中选择刚才创建的名称为DataBaseAdmin的用户，如图16-9所示。

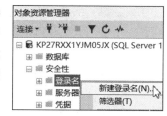

图 16-7　选择【新建登录名】菜单命令

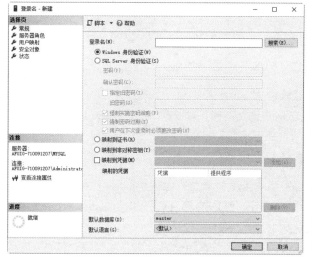

图 16-8　【登录名-新建】窗口

图 16-9　【选择用户或组】对话框 1

**08** 用户选择完毕后，单击【确定】按钮，返回【选择用户或组】对话框，这里列出了刚才选择的用户，如图16-10所示。

**09** 单击【确定】按钮，返回【登录名-新建】窗口，在该窗口中选择【Windows身份验证】单选按钮，同时在下面的【默认数据库】下拉列表框中选择master数据库，如图16-11所示。

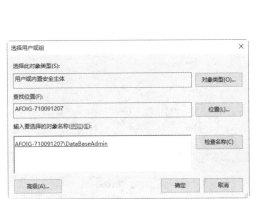

图 16-10　【选择用户或组】对话框 2　　　　图 16-11　新建 Windows 登录

**10** 单击【确定】按钮，完成Windows身份验证账户的创建。为了验证创建结果，创建完成之后，重新启动计算机，使用新创建的操作系统用户DataBaseAdmin登录本地计算机，就可以使用Windows身份验证方式连接服务器了。

用户也可以在创建完新的操作系统用户之后，使用Transact-SQL语句添加Windows登录账户。

【例16.1】添加Windows登录账户，输入语句如下：

```
CREATE LOGIN [KEVIN\DataBaseAdmin] FROM WINDOWS WITH DEFAULT_DATABASE=test;
```

> 🎮✚注意　这里的KEVIN为数据库服务器的名称，读者可以根据自己的服务器名称进行修改。

### 2. 创建SQL Server登录账户

Windows登录账户使用非常方便，只要能获得Windows操作系统的登录权限，就可以与SQL Server建立连接，如果正在为其创建登录的用户无法建立连接，则必须为其创建SQL Server登录账户，具体操作步骤如下：

**01** 打开SSMS，在【对象资源管理器】中依次打开服务器下面的【安全性】→【登录名】节点。右击【登录名】节点，在弹出的快捷菜单中选择【新建登录名】菜单命令，打开【登录名-新建】窗口，选择【SQL Server身份验证】单选按钮，然后输入用户名和密码，取消【强制实施密码策略】复选项，并选择新账户的默认数据库，如图16-12所示。

**02** 选择左侧的【用户映射】选项卡，启用默认数据库test，系统会自动创建与登录名同名的数据库用户，并进行映射，这里可以选择该登录账户的数据库角色，为登录账户设置权限，默认选择public，表示拥有最小权限，如图16-13所示。

**03** 单击【确定】按钮，完成SQL Server登录账户的创建。

图 16-12　创建 SQL Server 登录账户

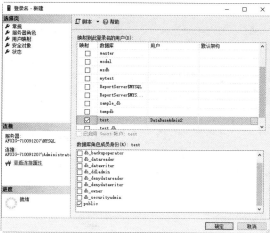

图 16-13　【用户映射】选项卡

创建完成之后，可以断开服务器连接，重新打开SSMS，使用登录名DataBaseAdmin2进行连接，具体操作步骤如下：

**01** 使用Windows登录账户登录服务器之后，右击服务器节点，在弹出的快捷菜单中选择【重新启动】菜单命令，如图16-14所示。

**02** 在弹出的重启确认对话框中单击【是】按钮，如图16-15所示。

**03** 系统开始自动重启，并显示重启的进度条，如图16-16所示。

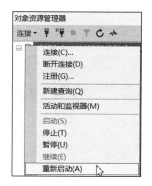

图 16-14　选择【重新启动】菜单命令　　　图 16-15　重启确认对话框　　　图 16-16　重启的进度条

技巧　上述重启步骤并不是必需的。如果在安装SQL Server 2022时指定登录模式为【混合模式】，则不需要重新启动服务器，直接使用新创建的SQL Server账户登录即可；否则需要修改服务器的登录方式，然后重新启动服务器。

**04** 单击【对象资源管理器】左上角的【连接】按钮，在下拉列表框中选择【数据库引擎】命令，弹出【连接到服务器】对话框，从【身份验证】下拉列表框中选择【SQL Server 身份验证】选项，在【登录名】文本框中输入用户名DataBaseAdmin2，在【密码】文本框中输入对应的密码，如图16-17所示。

**05** 单击【连接】按钮，登录服务器，登录成功之后可以查看相应的数据库对象，如图16-18所示。

图 16-17 【连接到服务器】对话框        图 16-18 使用 SQL Server 账户登录

> 提示　使用新建的SQL Server账户登录之后，虽然能看到其他数据库，但是只能访问指定的test数据库，如果访问其他数据库，因为无权访问，系统将提示错误信息。另外，因为系统并没有给该登录账户配置任何权限，所以当前登录只能进入test数据库，不能执行其他操作。

同样，用户也可以使用Transact-SQL语句创建SQL Server登录账户。重新使用Windows身份验证登录SQL Server服务器，运行下面的Transact-SQL语句。

【例16.2】添加SQL Server登录名账户，输入语句如下：

```
CREATE LOGIN DBAdmin WITH PASSWORD= 'dbpwd', DEFAULT_DATABASE=test
```

输入完成后，单击【执行】按钮，执行完成之后会创建一个名称为DBAdmin的SQL Server账户，密码为dbpwd，默认数据库为test。

## 16.3.2 修改登录账户

登录账户创建完成之后，可以根据需要修改登录账户的名称、密码、密码策略、默认数据库以及禁用或启用该登录账户等。

修改登录账户信息使用ALTER LOGIN语句，其语法格式如下：

```
ALTER LOGIN login_name
    {
    <status_option>
    | WITH <set_option> [ ,... ]
    | <cryptographic_credential_option>
    }

<status_option> ::=
        ENABLE | DISABLE

<set_option> ::=
    PASSWORD = 'password' | hashed_password HASHED
    [
      OLD_PASSWORD = 'oldpassword' | MUST_CHANGE | UNLOCK
    ]
    | DEFAULT_DATABASE = database
    | DEFAULT_LANGUAGE = language
```

```
| NAME =login_name
| CHECK_POLICY = { ON | OFF }
| CHECK_EXPIRATION = { ON | OFF }
| CREDENTIAL = credential_name
| NO CREDENTIAL

<cryptographic_credentials_option> ::=
      ADD CREDENTIAL credential_name
      | DROP CREDENTIAL credential_name
```

- login_name：指定正在更改的 SQL Server 登录的名称。
- ENABLE | DISABLE：启用或禁用此登录。

可以看到，其他各个参数与CREATE LOGIN语句中的作用相同，这里不再赘述。

【例16.3】使用ALTER LOGIN语句将登录名DBAdmin修改为NewAdmin，输入语句如下：

```
ALTER LOGIN DBAdmin WITH NAME=NewAdmin
GO
```

输入完成后，单击【执行】按钮。

> **提示** SQL Server系统中登录名的标识符是SID，登录名是一个逻辑上使用的名称，修改登录名之后，由于SID不变，因此与该登录名有关的密码、权限等不会发生任何变化。

用户也可以通过图形化管理工具来修改登录账户，操作步骤如下：

**01** 打开【对象资源管理器】窗口，依次打开【服务器】节点下的【安全性】→【登录名】节点，【登录名】节点下列出了当前服务器中所有登录账户。

**02** 选择要修改的用户，例如这里刚修改过的DataBaseAdmin2，右击该用户节点，在弹出的快捷菜单中选择【重命名】菜单命令，然后输入新的名称即可，如图16-19所示。

**03** 如果要修改账户的其他属性信息，如默认数据库、权限等，可以在弹出的快捷菜单中选择【属性】菜单命令，而后在弹出的【登录属性】窗口中进行修改，如图16-20所示。

图 16-19　选择【重命名】菜单命令

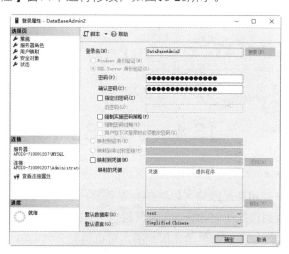

图 16-20　【登录属性】窗口

### 16.3.3 删除登录账户

用户管理的另一项重要内容是删除不再使用的登录账户，及时删除不再使用的账户，以保证数据库的安全。用户可以在【对象资源管理器】中删除登录账户，操作步骤如下：

**01** 打开【对象资源管理器】窗口，依次打开【服务器】节点下的【安全性】→【登录名】节点，【登录名】节点下列出了当前服务器中所有登录账户。

**02** 选择要修改的用户，例如这里选择DataBaseAdmin2，右击该用户节点，在弹出的快捷菜单中选择【删除】菜单命令，弹出【删除对象】窗口，如图16-21所示。

图 16-21　【删除对象】窗口

**03** 单击【确定】按钮，完成登录账户的删除操作。

用户也可以使用DROP LOGIN语句删除登录账户。DROP LOGIN语句的语法格式如下：

```
DROP LOGIN login_name
```

login_name是登录账户的登录名。

【例16.4】使用DROP LOGIN语句删除名称为DataBaseAdmin2的登录账户，输入语句如下：

```
DROP LOGIN DataBaseAdmin2
```

输入完成后，单击【执行】按钮，完成删除操作。删除之后，刷新【登录名】节点，可以看到该节点下面少了两个登录账户。

# 16.4　SQL Server 2022的角色与权限

使用登录账户可以连接到服务器，但是如果不为登录账户分配权限，则依然无法对数据库中的数据进行访问和管理。角色相当于Windows操作系统中的用户组，可以集中管理数据库或服务器的权限。按照角色的作用范围，可以将其分为4类：固定服务器角色、数据库角色、自定义数据库角色和应用程序角色。本节将为读者详细介绍这些内容。

## 16.4.1　固定服务器角色

服务器角色可以授予服务器管理的能力，服务器角色的权限作用域为服务器范围。用户可以向服务器角色中添加SQL Server登录名、Windows账户和Windows组。固定服务器角色的每个成员都可以向其所属角色添加其他登录名。

SQL Server 2022中提供了9个固定服务器角色，在【对象资源管理器】窗口中，依次打开【安全性】→【服务器角色】节点，即可看到所有的固定服务器角色，如图16-22所示。

表16-1列出了各个服务器角色的功能。

图 16-22　固定服务器角色列表

表16-1　固定服务器角色的功能

| 服务器角色名称 | 说　　明 |
| --- | --- |
| sysadmin | 固定服务器角色的成员可以在服务器上执行任何活动。默认情况下，Windows BUILTIN\Administrators 组（本地管理员组）的所有成员都是 sysadmin 固定服务器角色的成员 |
| serveradmin | 固定服务器角色的成员可以更改服务器范围的配置选项和关闭服务器 |
| securityadmin | 固定服务器角色的成员可以管理登录名及其属性。它们可以拥有GRANT、DENY和REVOKE服务器级别的权限，也可以拥有GRANT、DENY和REVOKE数据库级别的权限。此外，它们还可以重置SQL Server登录名的密码 |
| public | 每个SQL Server登录名都属于public服务器角色。如果未向某个服务器主体授予或拒绝对某个安全对象的特定权限，该用户将继承授予该对象的public角色的权限 |
| processadmin | 固定服务器角色的成员可以终止在SQL Server实例中运行的进程 |
| setupadmin | 固定服务器角色的成员可以添加和删除连接服务器 |
| bulkadmin | 固定服务器角色的成员可以运行BULK INSERT语句 |
| diskadmin | 固定服务器角色用于管理磁盘文件 |
| dbcreator | 固定服务器角色的成员可以创建、更改、删除和还原任何数据库 |

## 16.4.2　数据库角色

数据库角色是针对某个具体数据库的权限分配的，数据库用户可以作为数据库角色的成员，继承数据库角色的权限，数据库管理人员也可以通过管理角色的权限来管理数据库用户的权限。SQL Server 2022中常用的固定数据库角色如表16-2所示。

表16-2　固定数据库角色

| 数据库级别的角色名称 | 说　　明 |
| --- | --- |
| db_owner | 固定数据库角色的成员可以执行数据库的所有配置和维护活动，还可以删除数据库 |
| db_securityadmin | 固定数据库角色的成员可以修改角色成员身份和管理权限。向此角色中添加主体可能会导致意外的权限升级 |

(续表)

| 数据库级别的角色名称 | 说　　明 |
|---|---|
| db_accessadmin | 固定数据库角色的成员可以为Windows登录名、Windows组和SQL Server登录名添加或删除数据库访问权限 |
| db_backupoperator | 固定数据库角色的成员可以备份数据库 |
| db_ddladmin | 固定数据库角色的成员可以在数据库中运行任何数据定义语言命令 |
| db_datawriter | 固定数据库角色的成员可以在所有用户表中添加、删除或更改数据 |
| db_datareader | 固定数据库角色的成员可以从所有用户表中读取所有数据 |
| db_denydatawriter | 固定数据库角色的成员不能添加、修改或删除数据库内用户表中的任何数据 |
| db_denydatareader | 固定数据库角色的成员不能读取数据库内用户表中的任何数据 |
| public | 每个数据库用户都属于public数据库角色。如果未向某个用户授予或拒绝对安全对象的特定权限，该用户将继承授予该对象的public角色的权限 |

### 16.4.3　自定义数据库角色

在实际的数据库管理过程中，某些用户可能只能对数据库进行插入、更新和删除的操作，但是固定数据库角色中不能提供这样一个角色，因此，需要创建一个自定义的数据库角色。下面将介绍自定义数据库角色的创建过程。

**01** 打开SSMS，在【对象资源管理器】窗口中依次打开【数据库】→【test_db】→【安全性】→【角色】节点，右击【角色】节点下的【数据库角色】节点，在弹出的快捷菜单中选择【新建数据库角色】菜单命令，如图16-23所示。

**02** 打开【数据库角色-新建】窗口，设置角色名称为Monitor，所有者选择dbo，单击【添加】按钮，如图16-24所示。

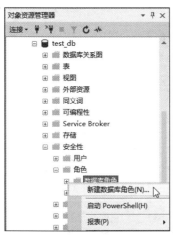

图 16-23　选择【新建数据库角色】
菜单命令

图 16-24　【数据库角色-新建】窗口 1

**03** 打开【选择数据库用户或角色】对话框，单击【浏览】按钮，找到并添加对象public，单击【确定】按钮，如图16-25所示。

**04** 添加用户完成后，返回【数据库角色-新建】窗口，如图16-26所示。

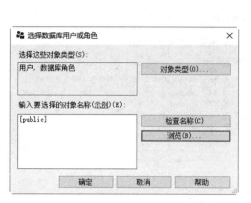

图 16-25　【选择数据库用户或角色】对话框

图 16-26　【数据库角色-新建】窗口 2

**05** 选择【数据库角色-新建】窗口左侧的【安全对象】选项卡，在【安全对象】选项卡中单击【搜索】按钮，如图16-27所示。

图 16-27　【安全对象】选项卡

**06** 打开【添加对象】对话框，选择【特定对象】单选按钮，如图16-28所示。

**07** 单击【确定】按钮，打开【选择对象】对话框，单击【对象类型】按钮，如图16-29所示。

**08** 打开【选择对象类型】对话框，选择【表】复选框，如图16-30所示。

图 16-28　【添加对象】对话框　　图 16-29　【选择对象】对话框 1　　图 16-30　【选择对象类型】对话框

265

09 完成选择后，单击【确定】按钮返回，然后单击【选择对象】对话框中的【浏览】按钮，如图16-31所示。

10 打开【查找对象】对话框，选择匹配的对象列表中的stu_info前面的复选框，如图16-32所示。

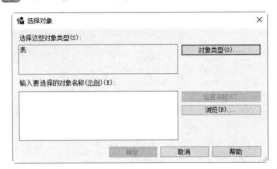

图 16-31　【选择对象】对话框 2　　　　　图 16-32　选择 stu_info 数据表

11 单击【确定】按钮，返回【选择对象】对话框，如图16-33所示。

12 单击【确定】按钮，返回【数据库角色-新建】窗口，如图16-34所示。

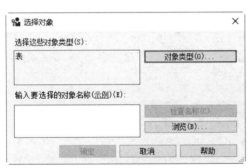

图 16-33　【选择对象】对话框 3　　　　　图 16-34　【数据库角色-新建】窗口 3

13 如果希望限定用户只能对某些列进行操作，可以单击【数据库角色-新建】窗口中的【列权限】按钮，为该数据库角色配置更细致的权限，如图16-35所示。

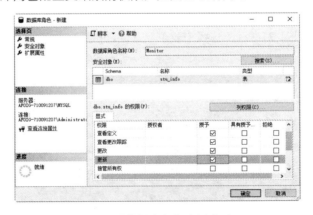

图 16-35　【数据库角色-新建】窗口 4

**14** 权限分配完毕后，单击【确定】按钮，完成角色的创建。

使用SQL Server账户NewAdmin连接到服务器之后，执行下面两条查询语句：

```
SELECT s_name, s_age, s_sex,s_score FROM stu_info;
--SELECT s_id, s_name, s_age, s_sex,s_score FROM stu_info;
```

第一条语句可以正确执行，而第二条语句会在执行过程中出错，这是因为数据库角色NewAdmin没有对stu_info表中s_id列的操作权限。第一条语句中的查询列都是权限范围内的列，所以可以正常执行。

## 16.4.4　应用程序角色

应用程序角色能够用其自身、类似用户的权限来运行，它是一个数据库主体。应用程序主体只允许通过特定应用程序连接的用户访问特定数据。

与服务器角色和数据库角色不同，SQL Server 2022中的应用程序角色在默认情况下不包含任何成员，并且应用程序角色必须激活之后才能发挥作用。当激活某个应用程序角色之后，连接将失去用户权限，转而获得应用程序权限。

添加应用程序角色可以使用CREATE APPLICATION ROLE语句，其语法格式如下：

```
CREATE APPLICATION ROLE application_role_name
WITH PASSWORD = 'password' [ , DEFAULT_SCHEMA = schema_name ]
```

- application_role_name：指定应用程序角色的名称。该名称一定不能被用于引用数据库中的任何主体。
- PASSWORD = 'password'：指定数据库用户将用于激活应用程序角色的密码。应始终使用强密码。
- DEFAULT_SCHEMA = schema_name：指定服务器在解析该角色的对象名时将搜索的第一个架构。如果未定义 DEFAULT_SCHEMA，则应用程序角色将使用 DBO 作为其默认架构。schema_name 可以是数据库中不存在的架构。

【例16.5】使用Windows身份验证登录SQL Server 2022，创建名称为App_User的应用程序角色，输入语句如下：

```
CREATE APPLICATION ROLE App_User WITH PASSWORD = '123pwd'
```

前面提到过，默认情况下应用程序角色是没有被激活的，所以使用之前必须将其激活，系统存储过程sp_setapprole可以完成应用程序角色的激活过程。

【例16.6】使用SQL Server登录账户DBAdmin登录服务器，激活应用程序角色App_User，输入语句如下：

```
sp_setapprole 'App_User', @PASSWORD='123pwd'
USE test_db;
GO
SELECT * FROM stu_info;
```

输入完成后，单击【执行】按钮，插入结果如图16-36所示。

| | s_id | s_name | s_score | s_sex | s_age |
|---|---|---|---|---|---|
| 1 | 1 | 张懿 | 88 | 男 | 18 |
| 2 | 3 | 王宝 | 25 | 男 | 18 |
| 3 | 4 | 马华 | 10 | 男 | 20 |
| 4 | 5 | 李岩 | 65 | 女 | 18 |
| 5 | 8 | 雷永 | 90 | 男 | NULL |
| 6 | 20 | 白雪 | 87 | 女 | NULL |
| 7 | 21 | 王凯 | 90 | 男 | 19 |

图 16-36　激活应用程序角色

使用DataBaseAdmin2登录服务器之后，如果直接执行SELECT语句，将会出错，系统提示如下错误：

```
消息229，级别14，状态5，第1 行
拒绝了对对象'stu_info' (数据库'test'，架构'dbo')的SELECT 权限
```

这是因为DataBaseAdmin2在创建时没有指定对数据库的SELECT权限。而当激活应用程序角色App_User之后，服务器将DBAdmin当作App_User角色，而这个角色拥有对test数据库中stu_info表的SELECT权限，因此执行SELECT语句可以看到正确的结果。

## 16.4.5　将登录指派到角色

登录名类似于公司里面进入公司需要的员工编号，而角色则类似于一个人在公司中的职位，公司会根据每个人的特点和能力，将不同的人安排到所需的岗位上，例如会计、车间工人、经理、文员等，这些不同的职位角色有不同的权限。本小节将介绍如何为登录账户指派不同的角色，具体操作步骤如下：

**01** 打开SSMS窗口，在【对象资源管理器】窗口中，依次展开服务器节点下的【安全性】→【登录名】节点。右击名称为DataBaseAdmin2的登录账户，在弹出的快捷菜单中选择【属性】菜单命令，如图16-37所示。

**02** 打开【登录属性-DataBaseAdmin2】窗口，选择窗口左侧列表中的【服务器角色】选项，在【服务器角色】列表中，通过选择列表中的复选框来授予DataBaseAdmin2用户不同的服务器角色，例如sysadmin，如图16-38所示。

图 16-37　选择【属性】菜单命令

图 16-38　【登录属性-DataBaseAdmin2】窗口

**03** 如果要执行数据库角色，可以打开【用户映射】选项卡，在【数据库角色成员身份】列表中，通过启用复选框来授予DataBaseAdmin2不同的数据库角色，如图16-39所示。

**04** 单击【确定】按钮，返回SSMS主界面。

图 16-39　【用户映射】选项卡

## 16.4.6　将角色指派到多个登录账户

前面介绍的方法可以为某一个登录账户指派角色，如果要批量为多个登录账户指定角色，使用前面的方法将非常烦琐，此时可以将角色同时指派给多个登录账户，具体操作步骤如下：

**01** 打开SSMS窗口，在【对象资源管理器】窗口中，依次展开服务器节点下的【安全性】→【服务器角色】节点。右击系统角色sysadmin，在弹出的快捷菜单中选择【属性】菜单命令，如图16-40所示。

**02** 打开【服务器角色属性】窗口，单击【添加】按钮，如图16-41所示。

图 16-40　选择【属性】菜单命令

图 16-41　【服务器角色属性】窗口

03 打开【选择服务器登录名或角色】对话框，选择要添加的登录账户，可以单击【浏览】按钮，如图16-42所示。

04 打开【查找对象】对话框，选择登录名前的复选框，然后单击【确定】按钮，如图16-43所示。

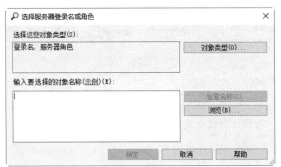

图 16-42　【选择服务器登录名或角色】对话框 1　　　　图 16-43　【查找对象】对话框

05 返回【选择服务器登录名或角色】对话框，单击【确定】按钮，如图16-44所示。

技巧　也可以输入部分名称，再单击【检查名称】按钮来自动补齐。

06 返回【服务器角色属性】窗口，如图16-45所示。用户在这里还可以删除不需要的登录名。

图 16-44　【选择服务器登录名或角色】对话框 2　　　　图 16-45　【服务器角色属性】窗口

07 完成服务器角色指派的配置后，单击【确定】按钮，此时已经成功地将3个登录账户指派为sysadmin角色。

## 16.4.7　权限管理

在SQL Server 2022中，根据是否为系统预定义，可以把权限划分为预定义权限和自定义权限；按照权限与特定对象的关系，可以把权限划分为针对所有对象的权限和针对特殊对象的权限。

### 1．预定义权限和自定义权限

SQL Server 2022安装完成之后，即可拥有预定义权限，不必通过授予即可取得。固定服务器角色和固定数据库角色就属于预定义权限。

自定义权限是指需要经过授权或者继承才可以得到的权限，大多数安全主体都需要经过授权才能获得指定对象的使用权限。

### 2．所有对象和特殊对象的权限

所有对象权限可以针对SQL Server 2022中所有的数据库对象，CONTROL权限可用于所有对象。

特殊对象权限是指某些只能在指定对象上执行的权限，例如SELECT可用于表或者视图，但是不可用于存储过程；而EXEC权限只能用于存储过程，而不能用于表或者视图。

针对表和视图，数据库用户在操作这些对象之前必须拥有相应的操作权限，可以授予数据库用户针对表和视图的权限有INSERT、UPDATE、DELETE、SELECT和REFERENCES五种。

用户只有获得了针对某种对象指定的权限后，才能对该类对象执行相应的操作，在SQL Server 2022中，不同的对象有不同的权限，权限管理包括下面的内容：授予权限、拒绝权限和撤销权限。

1）授予权限

为了允许用户执行某些操作，需要授予相应的权限，使用GRANT语句进行授权活动，授予权限命令的基本语法格式如下：

```
GRANT { ALL [ PRIVILEGES ] }
    | permission [ ( column [ ,...n ] ) ] [ ,...n ]
    [ ON [ class :: ] securable ] TO principal [ ,...n ]
    [ WITH GRANT OPTION ] [ AS principal ]
```

使用ALL参数相当于授予以下权限：

- 如果安全对象为数据库，则 ALL 表示 BACKUP DATABASE、BACKUP LOG、CREATE DATABASE、CREATE DEFAULT、CREATE FUNCTION、CREATE PROCEDURE、CREATE RULE、CREATE TABLE 和 CREATE VIEW。
- 如果安全对象为标量函数，则 ALL 表示 EXECUTE 和 REFERENCES。
- 如果安全对象为表值函数，则 ALL 表示 DELETE、INSERT、REFERENCES、SELECT 和 UPDATE。
- 如果安全对象是存储过程，则 ALL 表示 EXECUTE。
- 如果安全对象为表，则 ALL 表示 DELETE、INSERT、REFERENCES、SELECT 和 UPDATE。
- 如果安全对象为视图，则 ALL 表示 DELETE、INSERT、REFERENCES、SELECT 和 UPDATE。

其他参数的含义解释如下。

- PRIVILEGES：包含此参数是为了符合 ISO 标准。
- permission：权限的名称，例如 SELECT、UPDATE、EXEC 等。
- column：指定表中将授予其权限的列的名称，需要使用圆括号()。

- class：指定将授予其权限的安全对象的类，需要范围限定符::。
- securable：指定将授予其权限的安全对象。
- TO principal：主体的名称。可为其授予安全对象权限的主体，随安全对象而异。相关有效的组合，请参阅下面列出的子主题。
- GRANT OPTION：指示被授权者在获得指定权限的同时还可以将指定权限授予其他主体。

AS principal指定一个主体，执行该查询的主体从该主体获得授予该权限的权利。

【例16.7】向Monitor角色授予对test_db数据库中stu_info表的SELECT、INSERT、UPDATE和DELETE权限，输入语句如下：

```
USE test_db;
GRANT SELECT,INSERT, UPDATE, DELETE
ON stu_info
TO Monitor
GO
```

2）拒绝权限

拒绝权限可以在授予用户指定的操作权限之后，根据需要暂时停止用户对指定数据库对象的访问或操作，拒绝对象权限的基本语法格式如下：

```
DENY { ALL [ PRIVILEGES ] }
     | permission [ ( column [ ,...n ] ) ] [ ,...n ]
     [ ON [ class :: ] securable ] TO principal [ ,...n ]
     [ CASCADE] [ AS principal ]
```

可以看到DENY语句与GRANT语句中的参数完全相同，这里不再赘述。

【例16.8】拒绝guest用户对test_db数据库中stu_info表的INSERT和DELETE权限，输入语句如下：

```
USE test_db;
GO
DENY INSERT, DELETE
ON stu_info
TO guest
GO
```

3）撤销权限

撤销权限可以删除某个用户已经被授予的权限。撤销权限使用REVOKE语句，其基本语法格式如下：

```
REVOKE [ GRANT OPTION FOR ]
    {
     [ ALL [ PRIVILEGES ] ]
     |permission [ ( column [ ,...n ] ) ] [ ,...n ]
    }
    [ ON [ class :: ] securable ]
    { TO | FROM } principal [ ,...n ]
    [ CASCADE] [ AS principal ]
```

　　CASCADE表示当前正在撤销的权限也将从其他被该主体授权的主体中撤销。使用CASCADE参数时，还必须同时指定GRANT OPTION FOR参数。REVOKE语句与GRANT语句中的其他参数的作用相同。

　　【例16.9】撤销Monitor角色对test_db数据库中stu_info表的DELETE权限，输入语句如下：

```
USE test_db;
GO
REVOKE DELETE
ON OBJECT::stu_info
FROM Monitor CASCADE
```

# 第 17 章

# 数据库的备份与恢复

尽管采取了一些管理措施来保证数据库的安全，但是不确定的意外情况总是有可能造成数据的损失，例如意外停电、管理员不小心操作失误都可能会造成数据丢失。保证数据安全的最重要的一个措施是确保对数据进行定期备份。如果数据库中的数据丢失或者出现错误，可以使用备份的数据进行还原，这样就尽可能地降低了意外原因导致的损失。SQL Server提供了一整套功能强大的数据库备份和恢复工具。本章将介绍数据备份、数据还原以及创建维护计划任务的相关知识。

## 17.1 备份与恢复介绍

备份就是对数据库结构和数据对象的复制，以便在数据库遭到破坏时能够及时修复数据库，数据备份是数据库管理员非常重要的工作。系统意外崩溃或者硬件损坏都可能导致数据丢失，如软件或硬件系统瘫痪、人为操作失误、数据磁盘损坏或者其他意外事故等。因此，SQL Server管理员应该定期备份数据库，使得在意外情况发生时尽可能减少损失。

数据库备份后，一旦系统崩溃或者执行了错误的数据库操作，就可以从备份文件中恢复数据库。数据库恢复是指将数据库备份加载到系统中的过程。系统在恢复数据库的过程中，自动执行安全性检查、重建数据库结构以及完成填写数据库内容。

### 17.1.1 备份类型

SQL Server 2022中有4种不同的备份类型，分别是完整数据库备份、差异备份、文件和文件组备份以及事务日志备份。

#### 1. 完整数据库备份

完整数据库备份将备份整个数据库，包括所有的对象、系统表、数据以及部分事务日志，开始备份时SQL Server将复制数据库中的一切。完整备份可以还原数据库在备份操作完成时的完整数据库状态。由于是对整个数据库进行备份，因此这种备份类型速度较慢，并且将占用大量磁盘空间。在对数据库进行备份时，所有未完成的或发生在备份过程中的事务都将被忽略。这种备份方法可以快速备份小数据库。

### 2. 差异备份

差异备份基于所包含数据的前一次最新完整备份。差异备份仅捕获自该次完整备份后发生更改的数据。因为只备份改变的内容，所以这种类型的备份速度比较快，可以频繁地执行，差异备份中也备份了部分事务日志。

### 3. 文件和文件组备份

文件和文件组的备份方法可以对数据库中的部分文件和文件组进行备份。当一个数据库很大时，数据库的完整备份会花费很多时间，这时可以采用文件和文件组备份。在使用文件和文件组备份时，还必须备份事务日志，所以不能在启用【在检查点截断日志】选项的情况下使用这种备份技术。文件组是一种将数据库存放在多个文件上的方法，并运行控制数据库对象存储到那些指定的文件上，这样数据库就不会受到只存储在单个硬盘上的限制，而是可以分散到许多硬盘上。利用文件组备份，每次可以备份这些文件中的一个或多个，而不是备份整个数据库。

### 4. 事务日志备份

创建第一个日志备份之前，必须先创建完整备份，事务日志备份所有数据库修改的记录，用来在还原操作期间提交完成的事务以及回滚未完成的事务，事务日志备份用于记录备份操作开始时的事务日志状态。事务日志备份比完整数据库备份节省时间和空间，利用事务日志进行恢复时，可以指定恢复到某一个时间，而完整备份和差异备份做不到这一点。

## 17.1.2　恢复模式

恢复模式可以保证在数据库发生故障的时候恢复相关的数据库，SQL Server 2022中包括3种恢复模式，分别是简单恢复模式、完整恢复模式和大容量日志恢复模式。不同恢复模式在备份、恢复方式和性能方面存在差异，而且不同的恢复模式避免数据损失的程度也不同。

### 1. 简单恢复模式

简单恢复模式是可以将数据库恢复到上一次的备份，这种模式的备份策略由完整备份和差异备份组成。简单恢复模式能够提高磁盘的可用空间，但是该模式无法将数据库还原到故障点或特定的时间点。对于小型数据库或者数据更改程序不高的数据库，通常使用简单恢复模式。

### 2. 完整恢复模式

完整恢复模式可以将数据库恢复到故障点或时间点。这种模式下，所有操作被写入日志，例如大容量的操作和大容量的数据加载，数据库和日志都将被备份，因为日志记录了全部事务，所以可以将数据库还原到特定时间点。这种模式下可以使用的备份策略包括完整备份、差异备份及事务日志备份。

### 3．大容量日志恢复模式

与完整恢复模式类似，大容量日志恢复模式使用数据库和日志备份来恢复数据库。使用这种模式可以在大容量操作和大批量数据装载时，提供最佳性能和最少的日志使用空间。在这种模式下，日志只记录多个操作的最终结果，而并非存储操作的过程细节，所以日志更小，大批量操作的速度也更快。如果事务日志没有受到破坏，除故障期间发生的事务外，SQL Server能够还原全部数据，但是该模式不能恢复数据库到特定的时间点。使用这种恢复模式可以采用的备份策略包括完整备份、差异备份以及事务日志备份。

## 17.1.3  配置恢复模式

用户可以根据实际需求选择适合的恢复模式，选择特定的恢复模式的操作步骤如下：

**01** 使用登录账户连接到SQL Server 2022，打开SSMS图形化管理工具，在【对象资源管理器】窗口中，打开服务器节点，依次选择【数据库】→【test_db】节点，右击test_db数据库，从弹出的快捷菜单中选择【属性】菜单命令，如图17-1所示。

**02** 打开【数据库属性 - test_db】窗口，选择【选项】选项，打开右侧的选项卡，在【恢复模式】下拉列表框中选择其中的一种恢复模式即可，如图17-2所示。

图 17-1  选择【属性】菜单命令

图 17-2  选择恢复模式

**03** 选择完成后，单击【确定】按钮，完成恢复模式的配置。

> **提示**  SQL Server 2022提供了几个系统数据库，分别是master、model、msdb和tempdb，如果读者查看这些数据库的恢复模式，会发现master、msdb和tempdb使用的是简单恢复模式，而model数据库使用的是完整恢复模式。因为model是所有新建立数据库的模板数据库，所以用户数据库默认使用的也是完整恢复模式。

# 17.2　备　份　设　备

备份设备是用来存储数据库、事务日志或文件和文件组备份的存储介质。在备份数据库之前，必须先指定或创建备份设备。

## 17.2.1　备份设备类型

备份设备可以是磁盘、磁带或逻辑备份设备。

### 1. 磁盘备份设备

磁盘备份设备是存储在硬盘或者其他磁盘媒体上的文件，与常规操作系统文件一样，可以在服务器的本地磁盘或者共享网络资源的原始磁盘上定义磁盘设备备份。如果在备份操作将备份数据追加到媒体集时磁盘文件已满，则备份操作会失败。备份文件的最大大小由磁盘设备上的可用磁盘空间决定，因此，备份磁盘设备的大小取决于备份数据的大小。

### 2. 磁带备份设备

磁带备份设备的用法与磁盘设备相同，磁带设备必须物理连接到SQL Server实例运行的计算机上。在使用磁带机时，备份操作可能会写满一个磁带，并继续在另一个磁带上进行。每个磁带包含一个媒体标头。使用的第一个媒体称为"起始磁带"，后续每个磁带称为"延续磁带"，其媒体序列号比前一个磁带的媒体序列号大一号。

将数据备份到磁带设备上，需要使用磁带备份设备或者微软操作系统平台支持的磁带驱动器。对于特殊的磁带驱动器，需要使用驱动器制作商推荐的磁带。

### 3. 逻辑备份设备

逻辑备份设备是指向特定物理备份设备（磁盘文件或磁带机）的可选用户定义名称。通过逻辑备份设备，可以在引用相应的物理备份设备时使用间接寻址。逻辑备份设备可以更简单、更有效地描述备份设备的特征。相对于物理设备的路径名称，逻辑设备备份名称较短。逻辑备份设备对于标识磁带备份设备非常有用。通过编写脚本使用特定逻辑备份设备，可以直接切换到新的物理备份设备。切换时，首先删除原来的逻辑备份设备，然后定义新的逻辑备份设备，新设备使用原来的逻辑设备名称，但映射到不同的物理备份设备。

## 17.2.2　创建备份设备

SQL Server 2022中创建备份设备的方法有两种，第一种是通过图形化管理工具创建，第二种是使用系统存储过程来创建。下面将分别介绍这两种方法。

（1）使用图形化工具创建，具体创建步骤如下：

**01** 使用Windows或者SQL Server身份验证连接到服务器，打开SSMS窗口。在【对象资源管理器】窗口中，依次打开服务器节点下面的【服务器对象】→【备份设备】节点，右击【备份设备】

节点，从弹出的快捷菜单中选择【新建备份设备】
菜单命令，如图17-3所示。

02 打开【备份设备】窗口，设置备份设备的名称，这
里输入【test_db数据库备份】，然后设置目标文件
的位置或者保持默认值，目标硬盘驱动器上必须有
足够的可用空间。设置完成后，单击【确定】按钮，
完成创建备份设备操作，如图17-4所示。

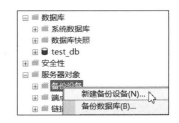

图 17-3　选择【新建备份设备】菜单命令

图 17-4　新建备份设备

（2）使用系统存储过程sp_addumpdevice来创建备份设备。sp_addumpdevice也可以用来添加备
份设备，这个存储过程可以添加磁盘或磁带设备。sp_addumpdevice语句的基本语法格式如下：

```
sp_addumpdevice [ @devtype = ] 'device_type'
, [ @logicalname = ] 'logical_name'
, [ @physicalname = ] 'physical_name'
[ , { [ @cntrltype = ] controller_type |
[ @devstatus = ] 'device_status' }
]
```

各语句的含义如下。

- [ @devtype = ] 'device_type'：备份设备的类型。
- [ @logicalname = ] 'logical_name'：在 BACKUP 和 RESTORE 语句中使用的备份设备的逻辑
  名称。logical_name 的数据类型为 sysname，无默认值，且不能为 NULL。
- [ @physicalname = ] 'physical_name'：备份设备的物理名称。物理名称必须遵从操作系统文
  件名规则或网络设备的通用命名约定，并且必须包含完整路径。
- [ @cntrltype = ] 'controller_type'：已过时。如果指定该选项，则忽略此参数。支持它完全是
  为了向后兼容。新的 sp_addumpdevice 使用应省略此参数。
- [ @devstatus = ] 'device_status'：已过时。如果指定该选项，则忽略此参数。支持它完全是
  为了向后兼容。新的 sp_addumpdevice 使用应省略此参数。

【例17.1】添加一个名为mydiskdump的磁盘备份设备，其物理名称为d:\dump\testdump.bak，
输入语句如下：

```
USE master;
GO
EXEC sp_addumpdevice 'disk', 'mydiskdump', ' d:\dump\testdump.bak ';
```

使用sp_addumpdevice创建备份设备后，并不会立即在物理磁盘上创建备份设备文件，之后在该备份设备上执行备份时才会创建备份设备文件。

### 17.2.3　查看备份设备

使用系统存储过程sp_helpdevice可以查看当前服务器上所有备份设备的状态信息。sp_helpdevice存储过程的执行结果如图17-5所示。

| | device_name | physical_name | description |
|---|---|---|---|
| 1 | test_db数据库备份 | D:\Program Files\Microsoft SQL Server\MSSQL16.M... | disk, backup device |
| 2 | mydiskdump | d:\dump\testdump.bak | disk, backup device |

图 17-5　查看服务器上的设备信息

### 17.2.4　删除备份设备

当不再需要使用备份设备时，可以将其删除，删除备份设备后，备份的数据都将丢失，删除备份设备使用系统存储过程sp_dropdevice，该存储过程同时能删除操作系统文件。其语法格式如下：

```
sp_dropdevice [ @logicalname = ] 'device'
[ , [ @delfile = ] 'delfile' ]
```

各语句含义如下。

- [ @logicalname = ] 'device'：在 master.dbo.sysdevices.name 中列出的数据库设备或备份设备的逻辑名称。device 的数据类型为 sysname，无默认值。
- [ @delfile = ] 'delfile'：指定物理备份设备文件是否应删除。如果指定为 DELFILE，则删除物理备份设备磁盘文件。

【例17.2】删除备份设备mydiskdump，输入语句如下：

```
EXEC sp_dropdevice mydiskdump
```

如果服务器创建了备份文件，要同时删除物理文件可以输入如下语句：

```
EXEC sp_dropdevice mydiskdump, delfile
```

当然，在对象资源管理中，也可以执行备份设备的删除操作，在相应的节点上，选择具体的操作菜单命令即可。其操作过程比较简单，这里不再赘述。

# 17.3　使用Transact-SQL语言备份数据库

创建完备份设备之后，下面可以对数据库进行备份了，因为其他所有备份类型都依赖于完整备份，完整备份是其他备份策略中都要求完成的第一种备份类型，所以要先执行完整备份，之后才可以执行差异备份和事务日志备份。本节将向读者介绍如何使用Transact-SQL语句创建完整备份和差异备份、文件和文件组备份以及事务日志备份。

### 17.3.1　完整备份与差异备份

完整备份将对整个数据库中的表、视图、触发器和存储过程等数据库对象进行备份，同时还对能够恢复数据的事务日志进行备份，完整备份的操作过程比较简单。使用BACKUP DATABASE菜单命令创建完整备份的基本语法格式如下：

```
BACKUP DATABASE { database_name | @database_name_var }
TO <backup_device> [ ,...n ]
 [ WITH
{
COPY_ONLY
| NAME = { backup_set_name | @backup_set_name_var }
| { NOINIT | INIT }
| DESCRIPTION = { 'text' | @text_variable }
| NAME = { backup_set_name | @backup_set_name_var }
| PASSWORD = { password | @password_variable }
| { EXPIREDATE = { 'date' | @date_var }
| RETAINDAYS = { days | @days_var } } [ ,...n ]
}
]
[;]
```

其中，各语句的含义如下。

- DATABASE：指定一个完整数据库备份。
- { database_name | @database_name_var }：备份事务日志、部分数据库或完整的数据库时所用的源数据库。如果作为变量（@database_name_var）提供，则可以将该名称指定为字符串常量（@database_name_var = database name）或指定为字符串数据类型（ntext 或 text 数据类型除外）的变量。
- <backup_device>：指定用于备份操作的逻辑备份设备或物理备份设备。
- COPY_ONLY：指定备份为仅复制备份，该备份不影响正常的备份顺序。仅复制备份是独立于定期计划的常规备份而创建的。仅复制备份不会影响数据库的总体备份和还原过程。
- { NOINIT | INIT }：控制备份操作是追加到还是覆盖备份媒体中的现有备份集。默认为追加到媒体中最新的备份集（NOINIT）。

  - NOINIT：表示备份集将追加到指定的媒体集上，以保留现有的备份集。如果为媒体集定义了媒体密码，则必须提供密码。NOINIT 是默认设置。
  - INIT：指定应覆盖所有备份集，但是保留媒体标头。如果指定了 INIT，将覆盖该设备上所有现有的备份集（如果条件允许）。

- NAME = { backup_set_name | @backup_set_name_var }：指定备份集的名称。
- DESCRIPTION = { 'text' | @text_variable }：指定说明备份集的自由格式文本。

- NAME = { backup_set_name | @backup_set_var }：指定备份集的名称。如果未指定 NAME，它将为空。
- PASSWORD = { password | @password_variable }：为备份集设置密码。PASSWORD 是一个字符串。
- { EXPIREDATE ='date' || @date_var }：指定允许覆盖该备份的备份集的日期。
- RETAINDAYS = { days | @days_var }：指定必须经过多少天才可以覆盖该备份媒体集。

### 1. 创建完整数据库备份

**【例17.3】** 创建test_db数据库的完整备份，备份设备为创建好的【test_db数据库备份】本地备份设备，输入语句如下：

```
BACKUP DATABASE test_db
TO test_db数据库备份
WITH INIT,
NAME='test_db数据库完整备份',
DESCRIPTION='该文件为test_db数据库的完整备份'
```

输入完成后，单击【执行】按钮，备份过程如图17-6所示。

```
消息
已为数据库 'test_db'，文件 'test_db_data1' (位于文件 1 上)处理了 592 页。
已为数据库 'test_db'，文件 'test_db_log' (位于文件 1 上)处理了 1 页。
BACKUP DATABASE 成功处理了 593 页，花费 0.138 秒(33.525 MB/秒)。
```

图 17-6 创建完整数据库备份

差异数据库备份比完整数据库备份数据量更小、速度更快，这缩短了备份的时间，但同时会增加备份的复杂程度。

### 2. 创建差异数据库备份

差异数据库备份也使用BACKUP菜单命令，与完整备份菜单命令的语法格式基本相同，只是在使用菜单命令时在WITH选项中指定DIFFERENTIAL参数。

**【例17.4】** 对test_db做一次差异数据库备份，输入语句如下：

```
BACKUP DATABASE test_db
TO test_db数据库备份
WITH DIFFERENTIAL,NOINIT,
NAME='test_db数据库差异备份',
DESCRIPTION='该文件为test_db数据库的差异备份'
```

输入完成后，单击【执行】按钮，备份过程如图17-7所示。

```
消息
已为数据库 'test_db'，文件 'test_db_data1' (位于文件 2 上)处理了 88 页。
已为数据库 'test_db'，文件 'test_db_log' (位于文件 2 上)处理了 1 页。
BACKUP DATABASE WITH DIFFERENTIAL 成功处理了 89 页，花费 0.027 秒(25.517 MB/秒)。
```

图 17-7 创建 test 数据库差异备份

> ❀❀+技巧 创建差异备份时使用了NOINIT选项，该选项表示备份数据追加到现有备份集，避免覆盖已经存在的完整备份。

### 17.3.2  文件和文件组备份

对于大型数据库，每次执行完整备份需要消耗大量时间，SQL Server 2022提供的文件和文件组备份就是为了解决大型数据库的备份问题。

创建文件和文件组备份之前，必须先创建文件组，下面在test_db数据库中添加一个新的数据库文件，并将该文件添加至新的文件组，操作步骤如下：

**01** 使用Windows或者SQL Server身份验证登录服务器，在【对象资源管理】窗口中的服务器节点下依次打开【数据库】→【test_db】节点，右击【test_db】数据库，从弹出的快捷菜单中选择【属性】菜单命令，打开【数据库属性】窗口。

**02** 在【数据库属性】窗口中，选择左侧的【文件组】选项，在右侧选项卡中，单击【添加】按钮，在【名称】文本框中输入SecondFileGroup，如图17-8所示。

图 17-8  【文件组】选项卡

**03** 选择【文件】选项，在右侧选项卡中，单击【添加】按钮，然后设置各选项如下。

- 逻辑名称：testDataDump。
- 文件类型：行数据。
- 文件组：SecondFileGroup。
- 初始大小：3MB。
- 路径：默认。
- 文件名：testDataDump.mdf。

设置之后，结果如图17-9所示。

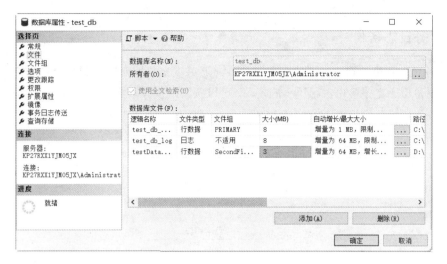

图 17-9 【文件】选项卡

**04** 单击【确定】按钮，在SecondFileGroup文件组上创建了这个新文件。

**05** 右击【test_db】数据库中的stu_info表，从弹出的快捷菜单中选择【设计】菜单命令，打开表设计器，然后选择【视图】→【属性窗口】菜单命令。

**06** 打开【属性】窗口，展开【常规数据库空间规范】节点，并将【文件组或分区方案】设置为SecondFileGroup，如图17-10所示。

**07** 单击【全部保存】按钮，完成当前表的修改，并关闭【表设计器】窗口和【属性】窗口。

图 17-10 设置文件组或分区方案名称

文件组创建完成，下面使用BACKUP语句对文件组进行备份。BACKUP语句备份文件组的语法格式如下：

```
BACKUP DATABASE database_name
<file_or_filegroup> [ ,...n ]
TO <backup_device> [ ,...n ]
WITH options
```

file_or_filegroup指定要备份的文件或文件组，如果是文件，则写作"FILE=逻辑文件名"；如果是文件组，则写作"FILEGROUP=逻辑文件组名"；WITH options指定备份选项，与前面介绍的参数作用相同。

【例17.5】将test_db数据库中添加的文件组SecondFileGroup备份到本地备份设备【test数据库备份】，输入语句下：

```
BACKUP DATABASE test_db
FILEGROUP='SecondFileGroup'
TO test_db数据库备份
WITH NAME='test_db文件组备份', DESCRIPTION='test_db数据库的文件组备份'
```

### 17.3.3 事务日志备份

使用事务日志备份，除运行还原备份事务外，还可以将数据库恢复到故障点或特定时间点，并且事务日志备份比完整备份占用更少的资源，可以频繁地执行事务日志备份，以减少数据丢失的风险。创建事务日志备份使用BACKUP LOG语句，其基本语法格式如下：

```
BACKUP LOG { database_name | @database_name_var }
TO <backup_device> [ ,...n ]
[ WITH
NAME = { backup_set_name | @backup_set_name_var }
| DESCRIPTION = { 'text' | @text_variable }
]
{ { NORECOVERY | STANDBY = undo_file_name }} [ ,...n ] ]
```

LOG指定仅备份事务日志，该日志是从上一次成功执行的日志备份到当前日志的末尾，必须创建完整备份，才能创建第一个日志备份，其他各参数与前面介绍的各个备份语句中的参数的作用相同。

【例17.6】对test_db数据库执行事务日志备份，要求追加到现有的备份设备【test_db数据库备份】上，输入语句如下：

```
BACKUP LOG test_db
TO test_db数据库备份
WITH NOINIT,NAME='test_db数据库事务日志备份',
DESCRIPTION='test_db数据库事务日志备份'
```

# 17.4 在SQL Server Management Studio 中还原数据库

还原是备份的相反操作，当完成备份之后，如果发生硬件或软件的损坏、意外事故或者操作失误导致数据丢失，就需要对数据库中的重要数据进行还原，还原过程和备份过程对应，本节将介绍数据库还原的方式、还原时的注意事项以及具体过程。

### 17.4.1 还原数据库的方式

前面介绍了4种备份数据库的方式，在还原数据库时也有4种方式，分别是完整备份还原、差异备份还原、事务日志备份还原以及文件和文件组备份还原。

#### 1. 完整备份还原

完整备份是差异备份和事务日志备份的基础，同样在还原时，第一步要先做完整备份还原，完整备份还原将还原完整备份文件。

### 2. 差异备份还原

完整备份还原之后，可以执行差异备份还原。例如在周末晚上执行一次完整数据库备份，以后每隔一天创建一个差异备份集，如果在周三数据库发生了故障，则首先用最近上个周末的完整备份做一个完整备份还原，然后还原周二做的差异备份。如果在差异备份之后还有事务日志备份，那么还应该还原事务日志备份。

### 3. 事务日志备份还原

事务日志备份相对比较频繁，因此事务日志备份的还原步骤比较多。例如周末对数据库进行完整备份，每天晚上8点对数据库进行差异备份，每隔3个小时做一次事务日志备份。如果周三早上9点数据库发生故障，那么还原数据库的步骤如下：首先恢复周末的完整备份，然后恢复周二下午做的差异备份，最后依次还原差异备份到损坏为止的每一个事务日志备份，即周二晚上11点、周三早上2点、周三早上5点和周三早上8点所做的事务日志备份。

### 4. 文件和文件组备份还原

该还原方式并不常用，只有当数据库中的文件或文件组发生损坏时，才使用这种还原方式。

## 17.4.2　还原数据库前要注意的事项

还原数据库备份之前，需要检查备份设备或文件，确认要还原的备份文件或设备是否存在，并检查备份文件或备份设备中的备份集是否正确无误。

验证备份集中内容的有效性可以使用RESTORE VERIFYONLY语句，该语句不仅可以验证备份集是否完整、整个备份是否可读，还可以对数据库执行额外的检查，从而及时地发现错误。RESTORE VERIFYONLY语句的基本语法格式如下：

```
RESTORE VERIFYONLY
FROM <backup_device> [ ,...n ]
[ WITH
{
 MOVE 'logical_file_name_in_backup' TO 'operating_system_file_name' [ ,...n ]
| FILE = { backup_set_file_number | @backup_set_file_number }
| PASSWORD = { password | @password_variable }
| MEDIANAME = { media_name | @media_name_variable }
| MEDIAPASSWORD = { mediapassword | @mediapassword_variable }
| { CHECKSUM | NO_CHECKSUM }
| { STOP_ON_ERROR | CONTINUE_AFTER_ERROR }
| STATS [ = percentage ]
} [ ,...n ]
]
[;]
<backup_device> ::=
{
{ logical_backup_device_name | @logical_backup_device_name_var }
| { DISK | TAPE } = { 'physical_backup_device_name'
| @physical_backup_device_name_var }
}
```

- MOVE 'logical_file_name_in_backup' TO 'operating_system_file_name' [,...n]：对于由 logical_file_name_in_backup 指定的数据或日志文件，应当通过将其还原到 operating_system_file_name 所指定的位置来对其进行移动。默认情况下，logical_file_name_in_backup 文件将还原到它的原始位置。

- FILE ={ backup_set_file_number | @backup_set_file_number }：标识要还原的备份集。例如，backup_set_file_number 为 1，指示备份媒体中的第一个备份集；backup_set_file_number 为 2，指示第二个备份集。可以通过使用 RESTORE HEADERONLY 语句来获取备份集的 backup_set_file_number。未指定时，默认值是 1。

- MEDIANAME = { media_name | @media_name_variable }：指定媒体名称。

- MEDIAPASSWORD = { mediapassword | @mediapassword_variable }：提供媒体集的密码。媒体集密码是一个字符串。

- { CHECKSUM | NO_CHECKSUM }：默认行为是在存在校验和时验证校验和，不存在校验和时不进行验证并继续执行操作。

  - CHECKSUM：指定必须验证备份校验和，在备份缺少备份校验和的情况下，该选项将导致还原操作失败，并会发出一条消息表明校验和不存在。

  - NO_CHECKSUM：显式禁用还原操作的校验和验证功能。

- STOP_ON_ERROR：指定还原操作在遇到第一个错误时停止。这是 RESTORE 的默认行为，但对于 VERIFYONLY 例外，后者的默认值是 CONTINUE_AFTER_ERROR。

- CONTINUE_AFTER_ERROR：指定遇到错误后继续执行还原操作。

- STATS [ = percentage ]：每当另一个百分比完成时显示一条消息，并用于测量进度。如果省略 percentage，则 SQL Server 每完成 10%（近似）就显示一条消息。

- {logical_backup_device_name | @logical_backup_device_name_var }：是由 sp_addumpdevice 创建的备份设备（数据库将从该备份设备还原）的逻辑名称。

- {DISK | TAPE}={'physical_backup_device_name' | @physical_backup_device_name_var}：允许从命名磁盘或磁带设备还原备份。

【例17.7】检查名称为【test_db数据库备份】的设备是否有误，输入语句如下：

```
RESTORE VERIFYONLY FROM test_db数据库备份
```

单击【执行】按钮，运行结果如图17-11所示。

消息
文件 1 上的备份集有效。

图 17-11　备份设备检查

## 17.4.3　还原数据库备份

还原数据库备份是指根据保存的数据库备份将数据库还原到某个时间点的状态。在SQL Server 管理平台中，还原数据库的具体操作步骤如下：

**01** 使用Windows或SQL Server身份验证连接到服务器，在【对象资源管理器】窗口中，选择要还原的数据库右击，依次从弹出的快捷菜单中选择【任务】→【还原】→【数据库】菜单命令，如图17-12所示。

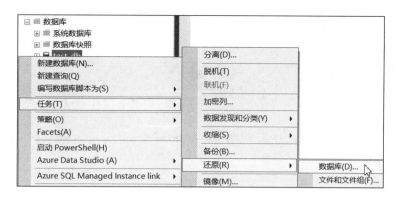

图 17-12　选择要还原的数据库

**02** 打开【还原数据库】窗口，包含【常规】选项卡、【文件】选项卡和【选项】选项卡。在【常规】选项卡中可以设置【源】和【目标】等信息，如图17-13所示。

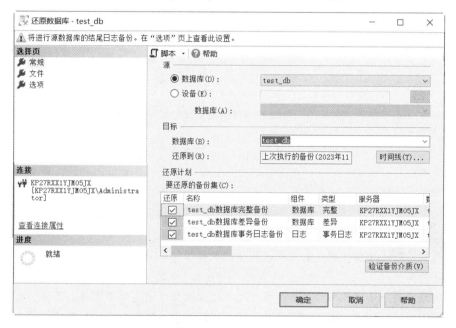

图 17-13　【还原数据库】窗口

【常规】选项卡可以对如下几个选项进行设置。

- 在【目标】下的【数据库】下拉列表框中选择要还原的数据库。
- 【还原到】选项用于当备份文件或设备中的备份集很多时，指定还原数据库的时间，有事务日志备份支持的话，可以还原到某个时间的数据库状态。默认情况下，该选项的值为最近状态。
- 【源】区域指定用于还原的备份集的源和位置。
- 【要还原的备份集】列表框中列出了所有可用的备份集。

**03** 选择【选项】选项卡，用户可以设置具体的还原选项、结尾日志备份和服务器连接等信息，如图17-14所示。

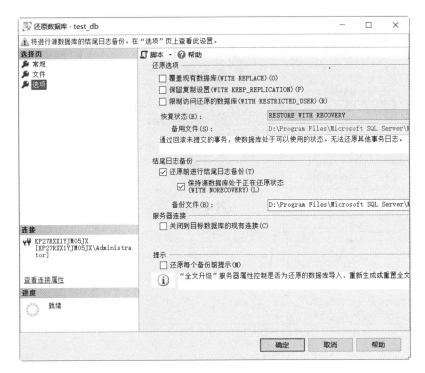

图 17-14　【选项】选项卡

【选项】选项卡中可以设置如下选项。

- 【覆盖现有数据库】选项会覆盖当前所有数据库以及相关文件，包括已存在的同名的其他数据库或文件。
- 【保留复制设置】选项会将已发布的数据库还原到创建该数据库的服务器之外的服务器时，保留复制设置。
- 【限制访问还原的数据库】选项使还原的数据库仅供 db_owner、dbcreator 或 sysadmin 的成员使用。
- 【还原前进行结尾日志备份】选项是指在还原操作之前，对数据库的事务日志进行备份。
- 【关闭到目标数据库的现有连接】选项是指断开应用程序与目标数据库之间的连接，释放目标数据库资源。
- 【还原每个备份前提示】选项是指还原每个备份前会有相关的信息提示。

**04** 完成上述参数设置之后，单击【确定】按钮进行还原操作。

## 17.4.4　还原文件和文件组备份

文件还原的目标是还原一个或多个损坏的文件，而不是还原整个数据库。在SQL Server管理平台中还原文件和文件组的具体操作步骤如下：

**01** 在【对象资源管理器】窗口中，选择要还原的数据库右击，依次从弹出的快捷菜单中选择【任务】→【还原】→【文件和文件组】菜单命令，如图17-15所示。

**02** 打开【还原文件和文件组】窗口，设置还原的目标和源，如图17-16所示。

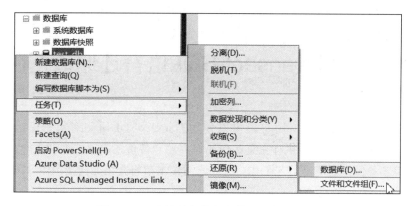

图 17-15　选择【文件和文件组】菜单命令

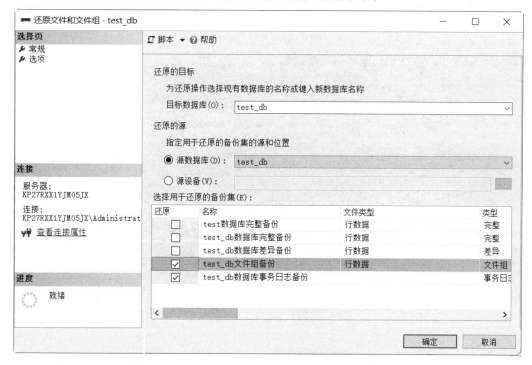

图 17-16　【还原文件和文件组】窗口

在【还原文件和文件组】窗口中，可以对如下选项进行设置。

- 在【目标数据库】下拉列表框中可以选择要还原的数据库。
- 【还原的源】区域用来选择要还原的备份文件或备份设备，用法与还原数据库完整备份相同，不再赘述。
- 【选择用于还原的备份集】列表框可以选择要还原的备份集。该区域列出的备份集中不仅包含文件和文件组的备份，还包括完整备份、差异备份和事务日志备份，这里不仅可以恢复文件和文件组备份，还可以恢复完整备份、差异备份和事务备份。

**03** 【选项】选项卡中的内容与前面介绍的相同，读者可以参考进行设置，设置完毕后，单击【确定】按钮，执行还原操作。

# 17.5 用Transact-SQL语言还原数据库

除使用图形化管理工具外，用户也可以使用Transact-SQL语句对数据库进行还原操作，RESTORE DATABASE语句可以执行完整备份还原、差异备份还原、文件和文件组备份还原，如果要还原事务日志备份，则使用RESTORE LOG语句。本节将介绍如何使用RESTORE语句进行各种备份的恢复。

## 17.5.1 完整备份还原

数据库完整备份还原的目的是还原整个数据库。整个数据库在还原期间处于脱机状态。执行完整备份还原的RESTORE语句基本语法格式如下：

```
RESTORE DATABASE { database_name | @database_name_var }
 [ FROM <backup_device> [ ,...n ] ]
 [ WITH
{
[ {CHECKSUM | NO_CHECKSUM} ]
| [ {CONTINUE_AFTER_ERROR | STOP_ON_ERROR}]
| [RECOVERY|NORECOVERY|STANDBY=
{standby_file_name | @standby_file_name_var } ]
| FILE = { backup_set_file_number | @backup_set_file_number }
| PASSWORD = { password | @password_variable }
| MEDIANAME = { media_name | @media_name_variable }
| MEDIAPASSWORD = { mediapassword | @mediapassword_variable }
| { CHECKSUM | NO_CHECKSUM }
| { STOP_ON_ERROR | CONTINUE_AFTER_ERROR }
| MOVE 'logical_file_name_in_backup' TO 'operating_system_file_name'
        [ ,...n ]
| REPLACE
| RESTART
 | RESTRICTED_USER
| ENABLE_BROKER
 | ERROR_BROKER_CONVERSATIONS
 | NEW_BROKER
| STOPAT = {'datetime' | @datetime_var }
| STOPATMARK = {'mark_name' | 'lsn:lsn_number' } [ AFTER 'datetime' ]
| STOPBEFOREMARK = {'mark_name' | 'lsn:lsn_number' } [ AFTER 'datetime' ]
 }
]
[;]

<backup_device>::=
{
   { logical_backup_device_name |
          @logical_backup_device_name_var }
```

```
| { DISK | TAPE } = { 'physical_backup_device_name' |
        @physical_backup_device_name_var }
}
```

- RECOVERY：指示还原操作回滚任何未提交的事务。在恢复进程后即可随时使用数据库。如果既没有指定 NORECOVERY 和 RECOVERY，也没有指定 STANDBY，则默认为 RECOVERY。

- NORECOVERY：指示还原操作不回滚任何未提交的事务。

- STANDBY = standby_file_name：指定一个允许撤销恢复效果的备用文件。standby_file_name 指定了一个备用文件，其存储在数据库的日志中。如果某个现有文件使用了指定的名称，该文件将被覆盖，否则数据库引擎会创建该文件。

- MOVE：将逻辑名指定的数据文件或日志文件还原到所指定的位置。

- REPLACE：指定即使存在另一个具有相同名称的数据库，SQL Server 也应该创建指定的数据库及其相关文件。在这种情况下，将删除现有的数据库。如果不指定 REPLACE 选项，则会执行安全检查。这样可以防止意外覆盖其他数据库。REPLACE 还会覆盖在恢复数据库之前备份尾日志的要求。

- RESTART：指定 SQL Server 应重新启动被中断的还原操作。RESTART 从中断点重新启动还原操作。

- RESTRICTED_USER：限制只有 db_owner、dbcreator 或 sysadmin 角色的成员才能访问新近还原的数据库。

- ENABLE_BROKER：指定在还原结束时启用 Service Broker 消息传递，以便可以立即发送消息。默认情况下，还原期间禁用 Service Broker 消息传递。数据库保留现有的 Service Broker 标识符。

- ERROR_BROKER_CONVERSATIONS：结束所有会话，并产生一个错误指出数据库已附加或还原。这样，应用程序即可为现有会话执行定期清理。在此操作完成之前，Service Broker 消息传递始终处于禁用状态，此操作完成后即处于启用状态。数据库保留现有的 Service Broker 标识符。

- NEW_BROKER：指定为数据库分配新的 Service Broker 标识符。

- STOPAT ={'datetime' | @datetime_var}：指定将数据库还原到它在 datetime 或@datetime_var 参数指定的日期和时间时的状态。

- STOPATMARK ={'mark_name' | 'lsn:lsn_number' } [ AFTER 'datetime' ]：指定恢复至指定的恢复点。恢复中包括指定的事务，但是，仅当该事务最初于实际生成事务时已获得提交，才可进行本次提交。

- STOPBEFOREMARK = { 'mark_name' | 'lsn:lsn_number' } [ AFTER 'datetime' ]：指定恢复至指定的恢复点为止。在恢复中不包括指定的事务,且在使用 WITH RECOVERY 时将回滚。

【例17.8】使用备份设备还原数据库，输入语句如下：

```
USE master;
GO
RESTORE DATABASE test FROM test_db数据库备份
WITH REPLACE
```

该段代码指定REPLACE参数，表示对test_db数据库执行恢复操作时将覆盖当前数据库。

【例17.9】使用备份文件还原数据库，输入语句如下：

```
USE master
GO
RESTORE DATABASE test_db
FROM DISK='D:\Program Files\Microsoft SQL Server\MSSQL16.MSSQLSERVER\MSSQL\Backup
\test_db数据库备份.bak'
WITH REPLACE
```

### 17.5.2 差异备份还原

差异备份还原的语法与完整备份还原的语法基本一样，只是在还原差异备份时，必须先还原完整备份，再还原差异备份。完整备份和差异备份可能在同一个备份设备中，也可能不在同一个备份设备中。如果在同一个备份设备中，则应使用file参数指定备份集。无论备份集是否在同一个备份设备中，除最后一个还原操作外，其他所有还原操作都必须加上NORECOVERY或STANDBY参数。

【例17.10】执行差异备份还原，输入语句如下：

```
USE master;
GO
RESTORE DATABASE test FROM test_db数据库备份
WITH FILE = 1, NORECOVERY, REPLACE
GO
RESTORE DATABASE test FROM test_db数据库备份
WITH FILE = 2
GO
```

前面对test_db数据库备份时，在备份设备中差异备份是【test_db数据库备份】设备中的第2个备份集，因此需要指定FILE参数。

### 17.5.3 事务日志备份还原

与差异备份还原类似，事务日志备份还原时只要知道它在备份设备中的位置即可。还原事务日志备份之前，必须先还原在其之前的完整备份，除最后一个还原操作外，其他所有操作都必须加上NORECOVERY或STANDBY参数。

【例17.11】事务日志备份还原，输入语句如下：

```
USE master
GO
RESTORE DATABASE test FROM test_db数据库备份
WITH FILE = 1, NORECOVERY, REPLACE
GO
RESTORE DATABASE test FROM test_db数据库备份
WITH FILE = 4
GO
```

因为事务日志恢复中包含日志，所以也可以使用RESTORE LOG语句还原事务日志备份，上面的代码可以修改如下：

```
USE master
GO
RESTORE DATABASE test_db FROM test_db数据库备份
WITH FILE = 1, NORECOVERY, REPLACE
GO
RESTORE LOG test_db FROM test_db数据库备份
WITH FILE = 4
GO
```

### 17.5.4　文件和文件组备份还原

RESTORE DATABASE语句中加上FILE或者FILEGROUP参数之后可以还原文件和文件组备份，在还原文件和文件组之后，还可以还原其他备份来获得最近的数据库状态。

【例17.12】使用名称为【test_db数据库备份】的备份设备来还原文件和文件组，同时使用第7个备份集来还原事务日志备份，输入语句如下：

```
USE master
GO
RESTORE DATABASE test_db
FILEGROUP = 'PRIMARY'
FROM test_db数据库备份
WITH REPLACE,NORECOVERY
GO
RESTORE LOG test_db
FROM test_db数据库备份
WITH FILE = 7
GO
```

### 17.5.5　将数据库还原到某个时间点

SQL Server 2022在创建日志时，同时为日志标上日志号和时间，这样就可以根据时间将数据库恢复到某个特定的时间点。在执行恢复之前，读者可以先向stu_info表中插入两条新的记录，然后对test数据库进行事务日志备份，具体操作步骤如下：

**01** 单击工具栏上的【新建查询】按钮，在新查询窗口中执行下面的INSERT语句：

```
USE test_db;
GO
INSERT INTO stu_info VALUES(22,'张一',80,'男',17);
INSERT INTO stu_info VALUES(23,'张二',80,'男',17);
```

单击【执行】按钮，将向test_db数据库中的stu_info表中插入两条新的学生记录。

**02** 为了执行按时间点恢复，首先要创建一个事务日志备份，使用BACKUP LOG语句，输入如下语句：

```
BACKUP LOG test_db
TO test_db数据库备份
```

**03** 打开stu_info表内容，删除刚才插入的两条记录。

**04** 重新登录SQL Server服务器，打开SSMS，在【对象资源管理器】窗口中，右击test_db数据库，依次从弹出的快捷菜单中选择【任务】→【还原】→【数据库】菜单命令，打开【还原数据库】窗口，单击【时间线】按钮，如图17-17所示。

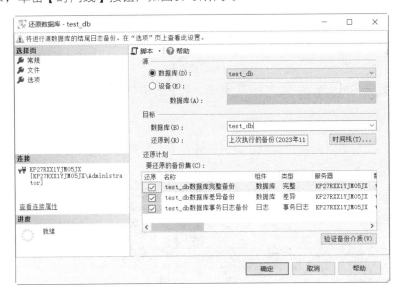

图 17-17　【还原数据库】窗口

**05** 打开【备份时间线：test】窗口，选中【特定日期和时间】单选按钮，输入具体的时间，这里设置为刚才执行INSERT语句之前的一小段时间，如图17-18所示。

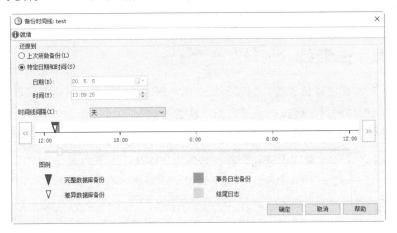

图 17-18　设置时间点

**06** 单击【确定】按钮，返回【还原数据库】窗口，然后选择备份设备【test_db数据库备份】，并选中相关完整和事务日志备份，还原数据库。还原成功之后，将弹出还原成功提示对话框，单击【确定】按钮即可，如图17-19所示。

为了验证还原之后数据库的状态，读者可以对stu_info表执行查询操作，查看刚才删除的两条记录是否还原了。

图 17-19　还原成功提示对话框

技巧　在还原数据库的过程中，如果有其他用户正在使用数据库，则不能还原。还原数据库要求数据库工作在单用户模式。配置单用户模式的方法是配置数据库的属性，在数据库属性窗口中的【选项】选项卡中，设置【限制访问】参数为Single即可。

# 17.6　建立自动备份的维护计划

数据库备份非常重要，并且有些数据的备份非常频繁，例如事务日志，如果每次都要把备份的流程执行一遍，那将花费大量的时间，非常烦琐，效率也低。SQL Server 2022可以建立自动的备份维护计划，以减少数据库管理员的工作负担，具体建立过程如下：

**01** 在【对象资源管理器】窗口中选择【SQL Server代理（已禁用代理xp）】节点，右击并在弹出的快捷菜单中选择【启动】菜单命令，如图17-20所示。

**02** 弹出警告对话框，单击【是】按钮，如图17-21所示。

**03** 在【对象资源管理器】窗口中，依次打开服务器节点下的【管理】→【维护计划】节点。右击【维护计划】节点，在弹出的快捷菜单中选择【维护计划向导】菜单命令，如图17-22所示。

图 17-20　选择【启动】　　　图 17-21　警告对话框　　　图 17-22　选择【维护计划向导】
　　　菜单命令　　　　　　　　　　　　　　　　　　　　　　　菜单命令

**04** 打开【维护计划向导】窗口，单击【下一步】按钮，如图17-23所示。

**05** 打开【选择计划属性】窗口，在【名称】文本框中可以输入维护计划的名称，在【说明】文本框中可以输入维护计划的说明文字，如图17-24所示。

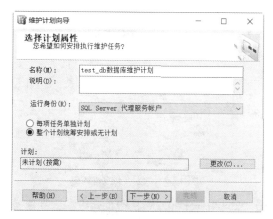

图 17-23　【维护计划向导】窗口　　　　　图 17-24　【选择计划属性】窗口

**06** 单击【下一步】按钮，进入【选择维护任务】窗口，用户可以选择多种维护任务，例如检查数据库完整性、收缩数据库、重新组织索引或重新生成索引、执行SQL Server代理作业、备份数据库等。这里选择【备份数据库（完整）】复选框。如果要添加其他维护任务，选中前面相应的复选框即可，如图17-25所示。

**07** 单击【下一步】按钮，打开【选择维护任务顺序】窗口，如果有多个任务，这里可以通过单击【上移】和【下移】两个按钮来设置维护任务的执行顺序，如图17-26所示。

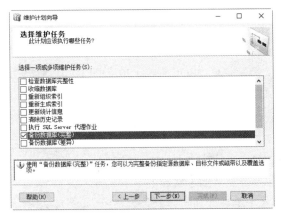
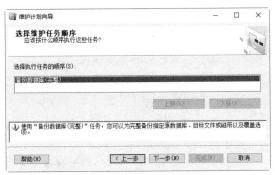

图 17-25　【选择维护任务】窗口　　　　图 17-26　【选择维护任务顺序】窗口

**08** 单击【下一步】按钮，打开定义任务属性的窗口，在【数据库】下拉列表框中可以选择要备份的数据库名；在【备份组件】区域中可以选择备份数据库或数据库文件，还可以选择备份介质为磁盘或磁带等，如图17-27所示。

**09** 单击【下一步】按钮，弹出【选择报告选项】窗口，在该窗口中可以选择如何管理维护计划报告，可以将其写入文本文件，也可以通过电子邮件发送给数据库管理员，如图17-28所示。

**10** 单击【下一步】按钮，弹出【完成向导】窗口，如图17-29所示，单击【完成】按钮，完成创建维护计划的配置。

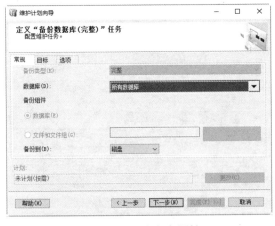

图 17-27　定义任务属性　　　　　　图 17-28　【选择报告选项】窗口

**11** SQL Server 2022将执行创建维护计划任务，如图17-30所示，所有步骤执行完毕之后，单击【关闭】按钮，完成维护计划任务的创建。

图 17-29　【完成向导】窗口

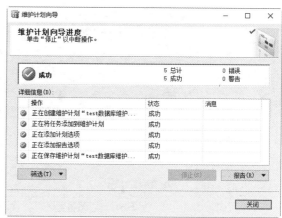

图 17-30　执行维护计划操作

# 17.7　通过Always Encrypted安全功能为数据加密

SQL Server 2022将通过新的全程加密（Always Encrypted）特性让加密工作变得更简单。这项特性提供了某种方式，以确保在数据库中不会看到敏感列中的未加密值，并且无须对应用进行重写。

下面将以加密数据表authors中的数据为例进行讲解，具体操作步骤如下：

> **注意**　不支持加密的数据类型包括：xml、rowversion、image、ntext、text、sql_variant、hierarchyid、geography、geometry，以及用户自定义类型。

**01** 在【对象资源管理器】窗口中，展开需要加密的数据库，选择【安全性】选项，在其中展开【Always Encrypted密钥】选项，可以看到【列主密钥】和【列加密密钥】，右击【列主密钥】选项，在弹出的快捷菜单中选择【新建列主密钥】菜单命令，如图17-31所示。

图 17-31　选择【新建列主密钥】菜单命令

**02** 打开【新列主密钥】窗口，在【名称】文本框中输入主密钥的名次，然后在【密钥存储】中指定密钥存储提供器，单击【生成证书】按钮，即可生成自签名的证书，如图17-32所示。

**03** 单击【确定】按钮，即可在【对象资源管理器】窗口中查看新增的列主密钥，如图17-33所示。

**04** 在【对象资源管理器】窗口中右击【列加密密钥】选项，并在弹出的快捷菜单中选择【新建列加密密钥】菜单命令，如图17-34所示。

**05** 打开【新列加密密钥】窗口，在【名称】中输入加密密钥的名称，选择列主密钥为【AE_CMK1】，单击【确定】按钮，如图17-35所示。

**06** 在【对象资源管理器】窗口中查看新建的列加密密钥，如图17-36所示。

**07** 在【对象资源管理器】窗口中右击需要加密的数据表，在弹出的快捷菜单中选择【加密列】菜单命令，如图17-37所示。

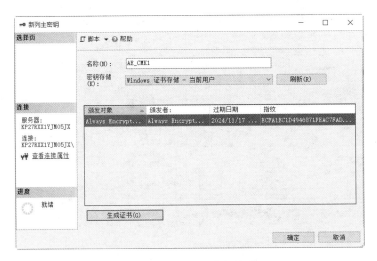

图 17-32　【新列主密钥】窗口

图 17-33　查看新增的列主密钥

图 17-34　选择【新建列加密密钥】菜单命令

图 17-35　【新列加密密钥】窗口

图 17-36　查看新建的列加密密钥

图 17-37　选择【加密列】菜单命令

**08** 打开【简介】窗口，单击【下一步】按钮，如图17-38所示。

**09** 打开【列选择】窗口，选择需要加密的列，然后选择加密类型和加密密钥，如图17-39所示。

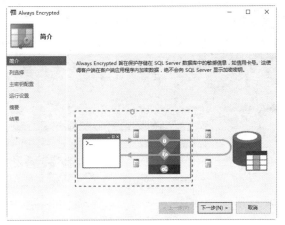

图 17-38　【简介】窗口　　　　　　　　　　图 17-39　【新列加密密钥】窗口

**10** 单击【下一步】按钮，打开【主密钥配置】窗口，如图17-40所示。

> **提示**　在【列选择】窗口，加密类型有两种：【确定型加密】与【随机加密】。确定型加密能够确保对某个值加密后的结果始终是相同的，这就允许使用者对该数据列进行等值比较、连接及分组操作。确定型加密的缺点在于，它"允许未授权的用户通过对加密列的模式进行分析，从而猜测加密值的相关信息"。在取值范围较小的情况下，这一点会体现得尤为明显。为了提高安全性，应当使用随机型加密。它能够保证某个给定值在任意两次加密后的结果总是不同的，从而杜绝了猜出原值的可能性。

**11** 单击【下一步】按钮，打开【运行设置】窗口，选择【现在继续完成】单选按钮，如图17-41所示。

图 17-40　【主密钥配置】窗口　　　　　　　图 17-41　【运行设置】窗口

**12** 单击【下一步】按钮，打开【摘要】窗口，如图17-42所示。

**13** 确认加密信息后，单击【完成】按钮，打开【结果】窗口，加密完成后，显示"已通过"信息，最后单击【关闭】按钮，如图17-43所示。

图 17-42 【摘要】窗口          图 17-43 【结果】窗口

# 17.8 动态数据屏蔽

动态数据屏蔽是SQL Server 2022引入的一项新特性，通过数据屏蔽，非授权用户无法看到敏感数据。动态数据屏蔽会在查询结果集中隐藏指定列的敏感数据，而数据库中的实际数据并没有任何变化。动态数据屏蔽很容易应用到现有的应用系统中，因为屏蔽规则是应用在查询结果上，很多应用程序能够在不修改现有查询语句的情况下屏蔽敏感数据。

屏蔽规则可以在表的某列上定义，以保护该列的数据，有4种屏蔽类型：Default、Email、Custom String和Random。

> **注意** 在一个列上创建屏蔽不会阻止该列的更新操作。

下面通过一个案例来学习动态数据屏蔽的功能的使用方法。

**01** 创建一个用于演示的数据表，命令如下：

```
CREATE TABLE Member(
Id int IDENTITY PRIMARY KEY,
Name varchar(50) NULL,
Phone varchar(12) MASKED WITH (FUNCTION = 'default()') NULL);
SET IDENTITY_INSERT Member on;
```

**02** 插入演示数据，命令如下：

```
INSERT Member (Id,Name, Phone) VALUES
(1, '张小明', '123456780'),
(2,'孙正华', '123456781'),
(3,'刘天佑', '123456782');
```

**03** 此时查询数据表Member的内容，命令如下：

```
SELECT * FROM Member;
```

运行结果如图17-44所示。

**04** 创建一个用户MyUser，并授予SELECT权限，用户MyUser执行查询，就能看到数据屏蔽的情况，命令如下：

```
CREATE USER MyUser WITHOUT LOGIN;
GRANT SELECT ON Member TO MyUser;
```

**05** 以用户MyUser的身份查看数据表Member的内容，命令如下：

```
EXECUTE AS USER = 'MyUser';
SELECT * FROM Member;
REVERT;
```

运行结果如图17-45所示。

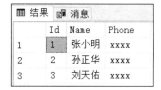

| | Id | Name | Phone |
|---|---|---|---|
| 1 | 1 | 张小明 | 123456780 |
| 2 | 2 | 孙正华 | 123456781 |
| 3 | 3 | 刘天佑 | 123456782 |

图 17-44 查询数据表 Member 的内容

| | Id | Name | Phone |
|---|---|---|---|
| 1 | 1 | 张小明 | xxxx |
| 2 | 2 | 孙正华 | xxxx |
| 3 | 3 | 刘天佑 | xxxx |

图 17-45 查询数据

**06** 用户可以在已存在的列上添加数据屏蔽功能。这里在Name列上添加数据屏蔽功能，命令如下：

```
ALTER TABLE Member
ALTER COLUMN Name ADD MASKED WITH (FUNCTION = 'partial(2,"XXX",0)');
```

**07** 再次以用户MyUser的身份查看数据表Member的内容，命令如下：

```
EXECUTE AS USER = 'MyUser';
SELECT * FROM Member;
REVERT;
```

运行结果如图17-46所示。

**08** 用户可以修改数据屏蔽功能。这里在Name列上修改数据屏蔽功能，命令如下：

```
ALTER TABLE Member
ALTER COLUMN Name varchar(50) MASKED WITH (FUNCTION = 'partial(1,"XXXXXXX",0)');
```

**09** 再次以用户MyUser的身份查看数据表Member的内容，命令如下：

```
EXECUTE AS USER = 'MyUser';
SELECT * FROM Member;
REVERT;
```

运行结果如图17-47所示。

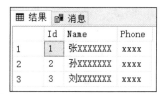

| | Id | Name | Phone |
|---|---|---|---|
| 1 | 1 | 张小XXX | xxxx |
| 2 | 2 | 孙正XXX | xxxx |
| 3 | 3 | 刘天XXX | xxxx |

图 17-46 添加新数据屏蔽功能

| | Id | Name | Phone |
|---|---|---|---|
| 1 | 1 | 张XXXXXXX | xxxx |
| 2 | 2 | 孙XXXXXXX | xxxx |
| 3 | 3 | 刘XXXXXXX | xxxx |

图 17-47 修改数据屏蔽功能

**10** 用户也可以删除动态数据屏蔽功能，例如这里删除Name列上的动态数据屏蔽功能，命令如下：

```
ALTER TABLE Member
ALTER COLUMN Name DROP MASKED;
```

**11** 再次以用户MyUser的身份查看数据表Member的内容，命令如下：

```
EXECUTE AS USER = 'MyUser';
SELECT * FROM Member;
REVERT;
```

运行结果如图17-48所示。

图 17-48　删除数据屏蔽功能

# 第 18 章

# 数据库的性能优化

优化 SQL Server 数据库是数据库管理员和数据库开发人员的必备技能。SQL Server 优化一方面是找出系统的瓶颈，提高 SQL Server 数据库整体的性能；另一方面需要进行合理的结构设计和参数调整，以提高用户操作响应的速度；同时还要尽可能节省系统资源，以便系统可以提供更大负荷的服务。本章将为读者讲解查询优化、SQL Server 服务器硬件优化、性能优化机制和使用性能分析工具 SQL Server Profiler 的方法。

# 18.1 优 化 查 询

SQL Server数据库优化是多方面的，原则是减少系统的瓶颈，减少资源的占用，增加系统的反应速度。例如，通过优化文件系统提高磁盘I/O的读写速度，通过优化操作系统调度策略提高SQL Server在高负荷情况下的负载能力，优化表结构、索引、查询语句等使查询响应更快。

## 18.1.1 优化查询语句

查询是数据库中最频繁的操作，提高查询速度可以有效地提高SQL Server数据库的性能。关于条件查询中的优化策略说明如下：

（1）对查询进行优化，应该尽量避免全表扫描，首先考虑在WHERE和ORDER BY的列上建立索引。

（2）应该尽量避免在WHERE子句中对字段进行NULL值判断，否则将会导致引擎放弃使用索引而进行全表扫描，例如：

```
SELECT id FROM t1 WHERE num IS NULL
```

可以在num上设置默认值0，确保表中的num列没有NULL值，然后这样查询：

```
SELECT id FROM t1 WHERE NUM=0
```

（3）应该尽量避免在WHERE子句中使用!=或<>操作符，否则将导致引擎放弃使用索引而进行全表扫描。

（4）应该尽量避免在WHERE子句中使用OR来连接条件，否则将导致引擎放弃使用索引而进行全表扫描，如：

```
SELECT id FROM t1 WHERE num=100 OR num=200
```

可以这样查询：

```
SELECT id FROM t1 WHERE num=10
UNION ALL
SELECT id FROM t1 WHERE num=20
```

（5）IN和NOT IN也要慎用，否则会导致全表扫描，如：

```
SELECT id FROM t1 WHERE num IN(1,2,3)
```

对于连续的数值，能用BETWEEN就不要用IN。上面的查询修改如下：

```
SELECT id FROM t1 WHERE num BETWEEN 1 AND 3
```

（6）下面的查询也将导致全表扫描：

```
SELECT id FROM t1 WHERE name LIKE '%abc%'
```

（7）应尽量避免在WHERE子句中对字段进行表达式操作，这将导致引擎放弃使用索引而进行全表扫描，如：

```
SELECT id FROM t1 WHERE num/2=100
```

应修改为：

```
SELECT id FROM t1 WHERE num=100*2
```

（8）应尽量避免在WHERE子句中对字段进行函数操作，这将导致引擎放弃使用索引而进行全表扫描，如：

```
SELECT id FROM t1 WHERE substring(name,1,3)='abc'
```

应改为：

```
SELECT id FROM t1 WHERE name like 'abc%'
```

（9）不要在WHERE子句中的"="左边进行函数、算术运算或其他表达式运算，否则系统将可能无法正确使用索引。

（10）很多时候用exists代替in是一个好的选择：

```
SELECT num FROM a WHERE num in(SELECT num FROM b)
```

用下面的语句替换：

```
SELECT num FROM a where exists(SELECT num FROM b WHERE num=a.num)
```

### 18.1.2　优化索引

　　SQL Server中提高性能的一个最有效的方式是对数据表设计合理的索引。索引提供了高效访问数据的方法，并且可以加快查询的速度，因此索引对查询的速度有着至关重要的影响。使用索引可以快速地定位表中的某条记录，从而提高数据库查询的速度，提高数据库的性能。

　　如果查询时没有使用索引，查询语句就会扫描表中的所有记录。在数据量大的情况下，这样查询的速度会很慢。如果使用索引进行查询，查询语句就可以根据索引快速定位到待查询的记录，从而减少查询的记录数，达到提高查询速度的目的。

　　关于使用索引中的优化策略说明如下：

　　（1）在使用索引字段作为条件时，如果该索引是复合索引，那么必须使用该索引中的第一个字段作为条件才能保证系统使用该索引，否则该索引将不会被使用，并且应尽可能让字段顺序与索引顺序相一致。

　　（2）并不是所有的索引对查询都有效，SQL Server是根据表中的数据来进行查询优化的，当索引列有大量的重复数据时，查询可能不会利用索引。例如数据库表中有字段性别，那么即使在字段性别上建了索引，也对查询效率起不了作用。

　　（3）索引并不是越多越好，索引固然可以提高相应的查询效率，但同时也降低了插入数据和更新数据的效率，因为插入数据和更新数据时有可能会重建索引，所以怎样建索引需要慎重考虑，视具体情况而定。

　　（4）一个数据表的索引数最好不要超过6个，若太多则应考虑一些不常使用的列上建的索引是否有必要。

### 18.1.3　其他的优化策略

　　除常用的条件查询和索引可以优化外，还有其他的一些优化策略可以参考。

　　（1）尽量使用数字型字段，只含数值信息的字段尽量不要设计为字符型，这会降低查询和连接的性能，并且会增加存储开销。这是因为引擎在处理查询和连接时会逐个比较字符串中每一个字符，而对于数字型而言只需要比较一次就够了。

　　（2）尽可能使用varchar代替char，因为不仅可以节省存储空间，其还可以提高搜索效率。

　　（3）避免频繁地创建和删除临时表，以减少系统表资源的消耗。

　　（4）临时表并不是不可使用，适当地使用它们可以使某些例程更有效，例如，当需要重复引用大型表或常用表中的某个数据集时。但是，对于一次性事件，最好使用导出表。

　　（5）在新建临时表时，如果一次性插入的数据量很大，那么可以使用SELECT INTO代替CREATE TABLE，从而提高速度；如果数据量不大，为了缓和系统表的资源，应先使用CREATE TABLE，再插入数据。

　　（6）如果使用了临时表，在存储过程的最后务必将所有的临时表显式删除，先使用TRUNCATE TABLE，再使用DROP TABLE，这样可以避免系统表的较长时间锁定。

　　（7）尽量避免使用游标，因为游标的效率较差，如果游标操作的数据超过1万行，那么就应该考虑改写。

（8）尽量避免大事务操作，提高系统的并发能力。

（9）尽量避免向客户端返回大数据量，若数据量过大，应该考虑相应需求是否合理。

# 18.2　优化SQL Server服务器硬件

服务器的硬件性能直接决定着SQL Server数据库的性能。硬件的性能瓶颈直接决定SQL Server数据库的运行速度和效率。针对性能瓶颈提高硬件配置，可以提高SQL Server数据库的查询、更新速度。本节将为读者介绍优化服务器硬件的方法。

优化服务器硬件有以下方法：

（1）配置较大的内存。足够大的内存是提高SQL Server数据库性能的方法之一。内存的速度比磁盘I/O快得多，可以通过增加系统的缓冲区容量使数据在内存中停留的时间更长，以减少磁盘I/O。

（2）配置高速磁盘系统，以减少读盘的等待时间，提高响应速度。

（3）合理分布磁盘I/O，把磁盘I/O分散在多个设备上，以减少资源竞争，提高并行操作能力。

（4）配置多处理器，SQL Server是多线程的数据库，多处理器可同时执行多个线程。

# 18.3　性能优化机制

在执行任何查询时，SQL Server都会将数据读取到内存，数据使用之后，不会立即释放，而是会缓存在内存缓冲区中，当再次执行相同的查询时，如果所需的数据全部缓存在内存中，那么SQL Server不会产生读写硬盘的操作，立即返回查询结果，这是SQL Server的性能优化机制。

## 18.3.1　数据缓存

数据缓存是存储数据页的缓冲区，当SQL Server需要读取数据文件中的数据页时，SQL Server会把整个数据页都调入内存，数据页是数据访问的最小单元。

当用户修改了某个数据页上的数据时，SQL Server会先在内存中修改数据页，但是不会立即将这个数据页写回到硬盘，而是等到内部事件或迟缓写入器运行时集中处理。当用户读取某个数据页后，如果SQL Server没有内存压力，它不会在内存中删除这个数据页，因为内存中的数据页始终存放着数据的最新状态，如果有其他用户使用这个数据页，SQL Server不需要再从硬盘中读取一次，节省语句执行的时间。理想情况是SQL Server将用户需要访问的所有数据都缓存在内存中，SQL Server永远不需要去硬盘读取数据，只需要在内部事件或迟缓写入器运行时把修改过的页面写回硬盘即可。

在SQL Server 2022中，存储查询语句和存储过程的执行计划，以供重用，而不需要重新编译，因为编译查询语句产生执行计划是一个非常耗费资源的过程。

## 18.3.2 查看内存消耗情况

在SQL Server 2022中，只有内存分配器能够分配内存，内存分配器会记录已经分配内存的数量，任何一个需要使用内存的对象，必须创建自己的内存分配器，并使用该内存分配器来分配内存。

### 1. 查看分配的内存量

查看内存分配器分配的内存量，命令如下：

```
SELECT memory_node_id, type, pages_kb, virtual_memory_reserved_kb,
virtual_memory_committed_kb, shared_memory_reserved_kb,
shared_memory_committed_kb, page_size_in_bytes FROM sys.dm_os_memory_clerks
WHERE type = 'MEMORYCLERK_SQLQERESERVATIONS'
```

查询结果如图18-1所示。

结果 消息

| | memory_node_id | type | pages_kb | virtual_memory_reserved_kb |
|---|---|---|---|---|
| 1 | 0 | MEMORYCLERK_SQLQERESERVATIONS | 0 | 0 |
| 2 | 64 | MEMORYCLERK_SQLQERESERVATIONS | 0 | 0 |

图 18-1 查看内存分配器分配的内存量

### 2. 统计分配的内存总量

统计内存分配器分配的内存总量，命令如下：

```
    SELECT mc.type,mc.name, sum(mc.pages_kb) as AllocatedPages_KB,
sum(mc.virtual_memory_reserved_kb) as VM_Reserved_KB,
sum(mc.virtual_memory_committed_kb) as
VM_Committed_KB,max(mc.page_size_in_bytes)/1024 as SinglePageSize_KB
    FROM sys.dm_os_memory_clerks mc GROUP BY mc.type,mc.name
    ORDER BY AllocatedPages_KB desc,mc.type,mc.name
```

查询结果如图18-2所示。

结果 消息

| | type | name | AllocatedPages_KB | VM_Reserved_KB |
|---|---|---|---|---|
| 1 | MEMORYCLERK_SOSNODE | SOS_Node | 61192 | 0 |
| 2 | MEMORYCLERK_SQLBUFFERPOOL | Client-Default | 40888 | 6445864 |
| 3 | CACHESTORE_SQLCP | SQL Plans | 22128 | 0 |
| 4 | MEMORYCLERK_SQLGENERAL | Client-Default | 18616 | 0 |
| 5 | CACHESTORE_PHDR | Bound Trees | 16040 | 0 |
| 6 | MEMORYCLERK_SQLSTORENG | Client-Default | 12368 | 8512 |
| 7 | MEMORYCLERK_SQLCLR | Client-Default | 12248 | 6300608 |
| 8 | MEMORYCLERK_XTP | Client-Default | 11360 | 0 |
| 9 | USERSTORE_DBMETADATA | mssqlsystemresource | 10160 | 0 |
| 10 | MEMORYCLERK_SQLLOGPOOL | Log Pool | 4272 | 0 |
| 11 | CACHESTORE_SYSTEMROWSET | SystemRowsetStore | 4056 | 0 |
| 12 | MEMORYCLERK_SOSOS | SOSMemoryClerk | 2632 | 256 |
| 13 | USERSTORE_SCHEMAMGR | SchemaMgr Store | 2200 | 0 |
| 14 | MEMORYCLERK_SQLTRACE | Client-Default | 2192 | 0 |
| 15 | MEMORYCLERK_SQLCONNECT... | Client-Default | 2088 | 0 |
| 16 | MEMORYCLERK_SQLQERESER... | Client-Default | 1584 | 0 |
| 17 | MEMORYCLERK_SQLQUERYPLAN | XE Engine | 1328 | 0 |
| 18 | CACHESTORE_OBJCP | Object Plans | 1320 | 0 |
| 19 | MEMORYCLERK_SQLOPTIMIZER | Client-Default | 1008 | 0 |
| 20 | USERSTORE_TOKENPERM | TokenAndPermUser... | 904 | 0 |

图 18-2 查看内存分配器分配的内存量

图18-2中重点的参数含义如下：

- MEMORYCLERK_SQLBUFFERPOOL：表示缓冲区中数据的大小。
- OBJECTSTORE_LOCK_MANAGER：表示锁结构使用的内存，当发生严重的锁阻塞时，表明系统中存储了大量锁，造成锁管理占用大量的内存。
- CACHESTORE_OBJCP：表示触发器和存储过程等模块（Module）的执行计划占用的缓存空间。
- CACHESTORE_SQLCP：表示动态 Transact-SQL 语句，即查询和预编译 Transact-SQL 语句的执行计划缓存。
- CACHESTORE_COLUMNSTOREOBJECTPOOL：表示列存储索引占用的缓存。

### 3. 查看缓存中的数据页

当数据页从硬盘读取到内存之后，该数据页被复制到缓冲池，供SQL Server重用。每个缓存的数据页都有一个缓存描述器，用于唯一标识内存中的数据页，在SQL Server实例中缓存的每一个数据页都能从sys.dm_os_buffer_descriptors表中查看缓存描述的信息。

查询的命令如下：

```
SELECT DB_NAME(bd.database_id) as dbname, OBJECT_NAME(p.object_id) as ObjectName,
i.name as IndexName, count(0) as BufferCounts, sum(bd.free_space_in_bytes)/1024 as
TotalFreeSpace_KB, cast(sum(bd.free_space_in_bytes)/(8*1024.0)/count(0) as
decimal(10,4))*100 as FreeSpaceRatio, sum(cast(bd.is_modified as int)) as
TotalDirtyPages, sum(bd.row_count) as TotalRowCounts FROM sys.allocation_units au inner
join sys.dm_os_buffer_descriptors bd on au.allocation_unit_id=bd.allocation_unit_id
inner join sys.partitions p on au.container_id=p.hobt_id inner join sys.indexes i on
p.object_id=i.object_id and p.index_id=p.index_id inner join sys.objects o on
p.object_id=o.object_id WHERE bd.database_id=DB_ID(N'database_name') and o.type<>N'S'
GROUP BY bd.database_id,p.object_id,i.name order by BufferCounts desc,dbname,ObjectName
```

### 4. 查看计划缓存

产生执行计划是十分消耗CPU资源的，SQL Server会在内存的Plan Cache中存储每个查询计划，及其占用的内存空间、重用次数等信息。

```
SELECT cp.objtype,cp.cacheobjtype, sum(cp.size_in_bytes) as TotalSize_B,
COUNT(cp.bucketid) as CacheCounts, sum(cp.refcounts) as TotalRefCounts,
sum(cp.usecounts) as TotalUseCounts FROM sys.dm_exec_cached_plans cp group by
cp.objtype,cp.cacheobjtype ORDER BY TotalSize_B desc
```

查询结果如图18-3所示。

| | objtype | cacheobjtype | TotalSize_B | CacheCounts | TotalRefCounts | TotalUseCounts |
|---|---|---|---|---|---|---|
| 1 | View | Parse Tree | 19234816 | 129 | 129 | 747 |
| 2 | Adhoc | Compiled Plan | 15728640 | 97 | 194 | 232 |
| 3 | Prepared | Compiled Plan | 8609792 | 16 | 35 | 60 |
| 4 | Proc | Compiled Plan | 2146304 | 6 | 12 | 11 |
| 5 | Proc | Extended Proc | 32768 | 4 | 4 | 21 |

图 18-3　查看计划缓存

### 18.3.3　清空缓存

在优化存储过程的性能时，清空缓存是必需的，缓冲池是SQL Server的缓存管理器，包含SQL Server的绝大部分缓存数据，例如执行计划缓存和数据缓存等。

清空缓存常用的命令有如下3个：

```
CHECKPOINT
DBCC DROPCLEANBUFFERS
DBCC FREEPROCCACHE
```

各个命令的作用如下：

- CHECKPOINT 用于将脏缓存页写入硬盘，然后清理数据缓存中的脏缓存页。其中脏缓存页是指数据页在内存中被修改，但是还没有写入硬盘中，导致硬盘中的数据和内存中的数据不同。

- DBCC DROPCLEANBUFFERS 用于清理数据缓存中的干净缓存页。其中干净缓存页是指内存中未被修改的数据页。需要注意的是，该命令只移除干净缓存页，不移除脏缓存页。因此，在执行这个命令前，应该先执行 CHECKPOINT，将所有的脏缓存页写入磁盘，这样在运行 DBCC RROPCLEANBUFFERS 时，可以保证所有的数据缓存被清理，而不是其中的一部分。

> **注意**　不管是脏缓存页还是干净缓存页都是数据缓存页，在性能调优时，都必须从内存中清理掉，否则查询性能将忽略掉数据从硬盘加载到内存的读写消耗，影响查询语句的执行情况。

- DBCC FREEPROCCACHE 用于清空所有的计划缓存。计划缓存用于缓存查询语句的执行计划，每一条查询语句在执行之后，其查询计划都会缓存到计划缓存中。在产品环境中，不要轻易清理掉计划缓存。如果检测到某个计划缓存产生参数嗅探问题，导致性能十分低下，推荐修改查询语句，重新编译存储过程，以单独刷新该存储过程的计划缓存。

```
DBCC FREEPROCCACHE [ ( { plan_handle | sql_handle} ) ]
```

> **提示**　当SQL Server第一次执行查询语句或存储过程的时候，SQL Server中有一个进程来评估传入的参数，并根据传入的参数生成对应的执行计划缓存，然后参数的值会伴随查询语句或存储过程执行计划并保存在执行计划缓存中。这个评估的过程就叫作参数嗅探。

### 18.3.4　强制重新编译执行计划

修改存储过程、触发器等模块能够使其执行计划重新编译，除此之外，还有其他方法，能够强制重新编译执行计划。

#### 1. 标记，下一次重新编译

使用该存储过程标记一个执行模块，在下一次执行时重新编译执行计划：

```
sys.sp_recompile [ @objname = ] 'object'
```

### 2. 不复用执行计划

在创建存储过程时，使用WITH RECOMPILE 选项，在每次执行存储过程时都重新编译，使用新的执行计划：

```
CREATE PROCEDURE dbo.usp_procname @Parameter_Name varchar(30) =
'Parameter_default_value' WITH RECOMPILE
```

### 3. 执行时重新编译

在执行存储过程时，重新编译存储过程的执行计划：

```
exec dbo.usp_procname @Parameter_name='Parameter_value' WITH RECOMPILE
```

### 4. 语句级别的重新编译

在存储过程中，使用查询选项，只重新编译该语句级别的执行计划：

```
select column_name_list from dbo.tablename option(recompile)
```

SQL Server在执行查询之后，查询提示指示存储引擎将计划缓存抛弃，在下一次执行存储过程时，强制查询优化器重新编译，生成新的执行计划。在重新编译时，SQL Server优化器使用当前的变量值生成新的计划缓存。

# 18.4　性能分析工具SQL Server Profiler

SQL Server数据库优化是一个复杂的过程，需要深入了解数据库的架构和内部工作原理。性能分析工具SQL Server Profiler可以帮助用户识别SQL Server中的性能问题。例如，SQL Server Profiler可以捕获查询的执行计划和运行时间，帮助用户查看慢查询的情况。

通过使用SQL Server Profiler，可以更好地理解SQL Server的性能瓶颈，并采取相应的措施来提高数据库的性能。SQL Server Profiler的主要应用如下：

（1）对生产环境进行监视，以优化SQL Server数据库的性能。

（2）了解哪些存储过程由于执行速度太慢而影响了SQL Server数据库的性能。

（3）逐步分析有问题的语句并找到问题产生的原因。

（4）捕获导致某个问题的一系列Transact-SQL语句，然后在测试服务器上诊断问题，并优化Transact-SQL语句。

使用SQL Server Profiler的具体方法如下：

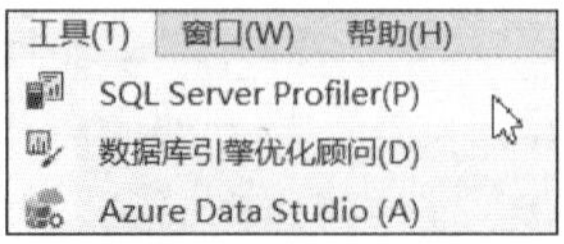

**01** 在SQL Server 2022 主界面中选择【工具】→【SQL Server Profiler】菜单命令，如图18-4所示。

图 18-4　选择【SQL Server Profiler】菜单命令

**02** 打开【SQL Server Profiler】窗口，在【连接到服务器】对话框中选择服务器类型、服务器名称和身份验证，单击【连接】按钮，如图18-5所示。

**03** 打开【跟踪属性】对话框，输入跟踪名称为"跟踪1"，如图18-6所示。

图 18-5 【SQL Server Profiler】窗口

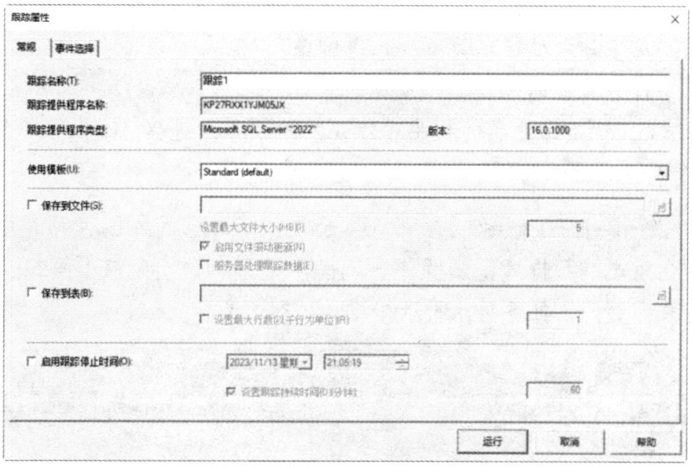

图 18-6 【跟踪属性】对话框

**04** 选择【事件选择】选项卡，然后选择要跟踪的事件，如图18-7所示。

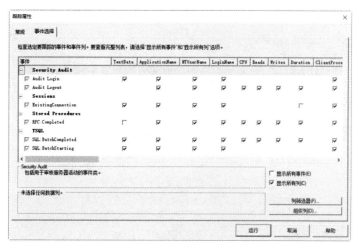

图 18-7 【事件选择】选项卡

上图的文本框中所示的列筛选器，其含义说明如下。

- TextDate：跟踪中捕获事件类的文本值。

- ApplicationName：创建 SQL Server 连接客户端应用程序的名称。此列由该应用程序传递的值填充。

- NTusername：Windows 的用户名。

- LoginName：用户的登录名（SQL Server 安全登录或 Windows 登录凭据，格式为"域\用户名"）。

- CPU：事件使用的 CPU 时间（毫秒）。

- Reads：由服务器代表事件读取逻辑磁盘的次数。

- Writes：由服务器代表事件写入物理磁盘的次数。

- Duration：事件占用的时间。

- ClientProcessID：调用 SQL Server 应用程序的进程 ID。

- BinaryData：在跟踪中捕获事件类的二进制值。

- EndTime：事件结束的时间。

- SPID：SQL Server 为客户端的相关进程分配的服务器进程 ID。

- StratTime：事件的启动时间。

**05** 单击【运行】按钮，打开【跟踪1】窗口，可以同时启动多个跟踪，同时跟踪不同的数据库和表，还可以配合SQL的数据库引擎优化一起使用，可以分析出SQL语句的性能，而且还会告诉用户如何修改会更好，如图18-8所示。

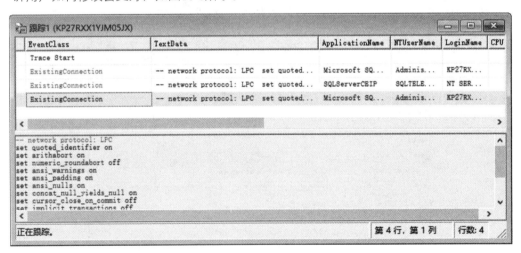

图 18-8　【跟踪 1】窗口

# 第 19 章

# 设计企业人事管理系统数据库

本章将设计一个企业人事管理系统数据库，通过本章的讲述，使读者掌握数据库的设计流程以及 SQL Server 2022 在实际项目中的应用。

## 19.1 需 求 分 析

需求调查是任何一个软件项目的第一项工作，人事管理系统也不例外。软件首先从登录界面开始，验证用户名和密码之后，根据登录用户的权限不同，打开软件后展示不同的功能模块。软件的主要功能模块包括人事管理、备忘录、员工生日提醒、数据库的维护等。

通过需求调查之后，总结出如下需求信息：

（1）由于该系统的使用对象较多，要有较好的权限管理，因此每个用户需要具备对不同功能模块的操作权限。

（2）对员工的基础信息进行初始化。

（3）记录公司内部员工的基本档案信息，提供便捷的查询功能。

（4）在查询员工信息时，可以对当前员工的家庭情况、培训情况进行添加、修改、删除操作

（5）按照指定的条件对员工进行统计。

（6）可以将员工信息以表格的形式导出到Word文档中以便进行打印。

（7）具备灵活的数据备份、还原及清空功能。

## 19.2 系统功能结构

公司人事管理系统以操作简单方便、界面简洁美观、系统运行稳定、安全可靠为开发原则，依照功能需求为开发目标。

根据具体需求分析，设计企业人事管理系统的功能结构，如图19-1所示。

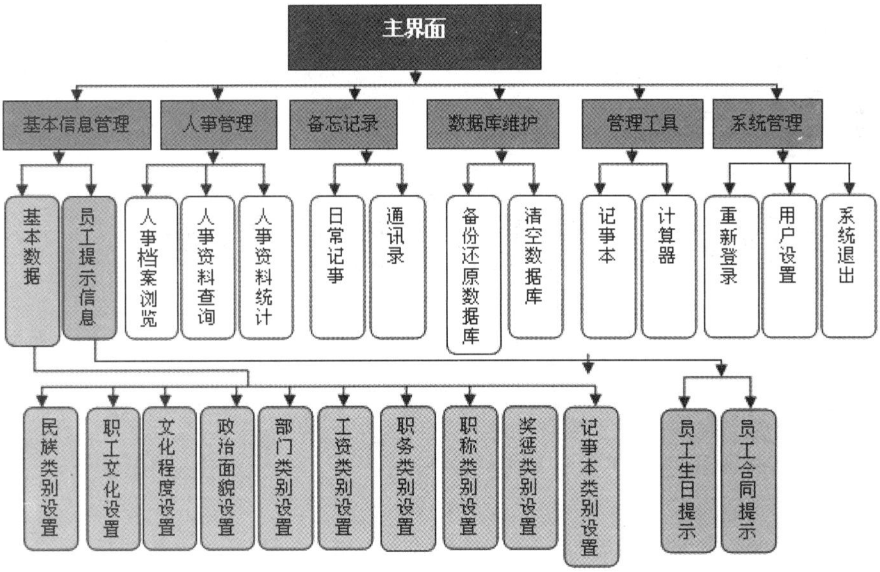

图 19-1　企业人事管理系统的功能结构

# 19.3　数据库设计

数据库设计的好坏直接关系到软件的开发效率、维护的便捷性，以及未来功能扩展的可能性。因此，数据库设计极为关键。一个优良的数据库结构能够显著提高工作效率，实现事半功倍的效果。

## 19.3.1　数据库实体E-R图

该企业人事管理系统主要侧重于员工的基本信息及工作简历、家庭成员、奖惩记录等，数据量的多少由公司员工的多少来决定的。SQL Server 2022数据库系统在安全性、准确性和运行速度方面有绝对的优势，并且可以处理的数据量大、效率高。

在系统开发过程中，数据库占据重要的地位，数据库的设置依据需求分析而定，通过上述需要分析及系统功能的确定，规划出系统中使用的数据库实体对象，它们的E-R图如图19-2～图19-8所示。

图 19-2　用户实体 E-R 图

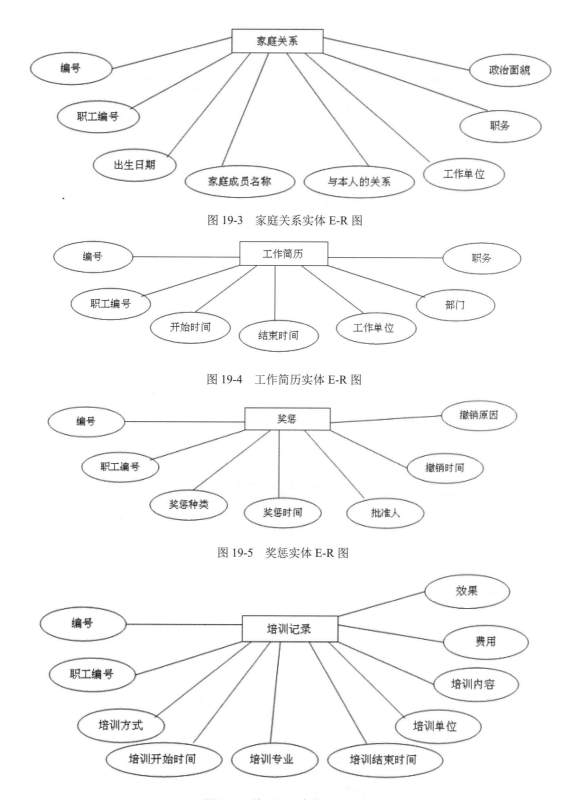

图 19-3　家庭关系实体 E-R 图

图 19-4　工作简历实体 E-R 图

图 19-5　奖惩实体 E-R 图

图 19-6　培训记录实体 E-R 图

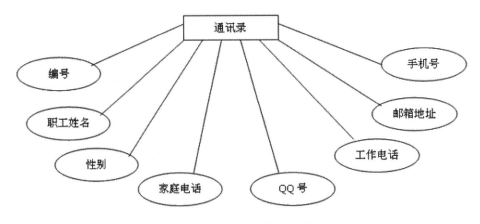

图 19-7　通讯录实体 E-R 图

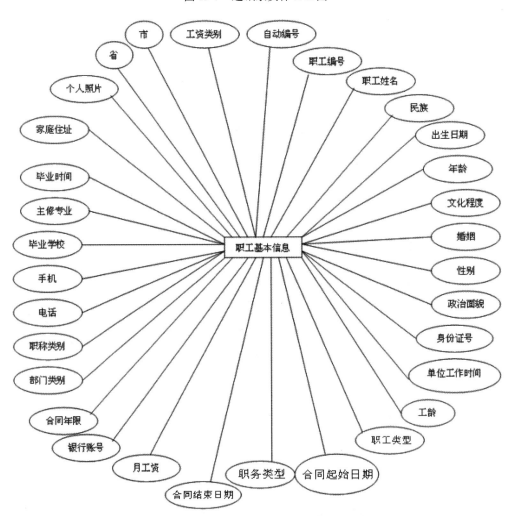

图 19-8　职工基本信息实体 E-R 图

## 19.3.2 数据库表的设计

E-R图设计完之后，将根据实体E-R图设计数据表结构，下面列出主要数据表。

（1）tb_Login（用户登录表），用来记录操作者的用户名和密码，如表19-1所示。

表19-1 tb_Login（用户登录表）

| 列　　名 | 描　　述 | 数据类型 | 空/非空 | 约束条件 |
| --- | --- | --- | --- | --- |
| ID | 用户编号 | INT | 非空 | 主键，自动增长 |
| Uid | 登录名 | VARCHAR(50) | 非空 | |
| Pwd | 密码 | VARCHAR(50) | 非空 | |

（2）tb_Family（家庭关系表），如表19-2所示。

表19-2 tb_Family（家庭关系表）

| 列　　名 | 描　　述 | 数据类型 | 空/非空 | 约束条件 |
| --- | --- | --- | --- | --- |
| ID | 编号 | INT | 非空 | 主键，自动增长 |
| Sut_ID | 职工编号 | VARCHAR(50) | 非空 | 外键 |
| LeaguerName | 家庭成员名称 | VARCHAR(20) | | |
| Nexus | 与本人的关系 | VARCHAR(20) | | |
| BirthDate | 出生日期 | DATETIME | | |
| WorkUnit | 工作单位 | VARCHAR(50) | | |
| Business | 职务 | VARCHAR(20) | | |
| Visage | 政治面貌 | VARCHAR(20) | | |

（3）tb_WorkResume（工作简历表），如表19-3所示。

表19-3 tb_WorkResume（工作简历表）

| 列　　名 | 描　　述 | 数据类型 | 空/非空 | 约束条件 |
| --- | --- | --- | --- | --- |
| ID | 编号 | INT | 非空 | 主键，自动增长 |
| Sut_ID | 职工编号 | VARCHAR(50) | 非空 | 外键 |
| BeginDate | 开始时间 | DATETIME | | |
| EndDate | 结束时间 | DATETIME | | |
| WorkUnit | 工作单位 | VARCHAR(50) | | |
| Branch | 部门 | VARCHAR(20) | | |
| Business | 职务 | VARCHAR（20） | | |

（4）tb_Randp（奖惩表），如表19-4所示。

表19-4 tb_Randp（奖惩表）

| 列　　名 | 描　　述 | 数据类型 | 空/非空 | 约束条件 |
| --- | --- | --- | --- | --- |
| ID | 编号 | INT | 非空 | 主键，自动增长 |
| Sut_ID | 职工编号 | VARCHAR(50) | 非空 | 外键 |

317

（续表）

| 列　名 | 描　述 | 数据类型 | 空/非空 | 约束条件 |
|---|---|---|---|---|
| RPKind | 奖惩种类 | VARCHAR（20） | | |
| RPDate | 奖惩时间 | DATETIME | | |
| SealMan | 批准人 | VARCHAR（20） | | |
| QuashDate | 撤销时间 | DATETIME | | |
| QuashWhys | 撤销原因 | VARCHAR(100) | | |

（5）tb_TrainNote（培训记录表），如表19-5所示。

表19-5　tb_TrainNote（培训记录表）

| 列　名 | 描　述 | 数据类型 | 空/非空 | 约束条件 |
|---|---|---|---|---|
| ID | 编号 | INT | 非空 | 主键，自动增长 |
| Sut_ID | 职工编号 | VARCHAR（50） | 非空 | 外键 |
| TrainFashion | 培训方式 | VARCHAR（20） | | |
| BeginDate | 培训开始时间 | DATETIME | | |
| EndDate | 培训结束时间 | DATETIME | | |
| Speciality | 培训专业 | VARCHAR（20） | | |
| TrainUnit | 培训单位 | VARCHAR（50） | | |
| KulturMemo | 培训内容 | VARCHAR（50） | | |
| Charger | 费用 | MONEY | | |
| Effects | 效果 | VARCHAR（20） | | |

（6）tb_AddressBook（通讯录表），如表19-6所示。

表19-6　tb_AddressBook（通讯录表）

| 列　名 | 描　述 | 数据类型 | 空/非空 | 约束条件 |
|---|---|---|---|---|
| ID | 编号 | INT | 非空 | 主键，自动增长 |
| SutName | 职工姓名 | VARCHAR（20） | 非空 | |
| Sex | 性别 | VARCHAR(4) | | |
| Phone | 家庭电话 | VARCHAR（18） | | |
| QQ | QQ号 | VARCHAR（15） | | |
| WorkPhone | 工作电话 | VARCHAR（18） | | |
| E-Mail | 邮箱地址 | VARCHAR（100） | | |
| Handset | 手机号 | VARCHAR（12） | | |

（7）tb_Stuffbusic（职工基本信息表），如表19-7所示。

表19-7　tb_Stuffbusic（职工基本信息表）

| 列　　名 | 描　　述 | 数据类型 | 空/非空 | 约束条件 |
|---|---|---|---|---|
| ID | 自动编号 | INT | 非空 | 自动增长/主键 |
| Stu_ID | 职工编号 | VACHAR(50) | 非空 | 唯一 |
| StuffName | 职工姓名 | VARCHAR（20） | | |
| Folk | 民族 | VARCHAR（20） | | |
| Birthday | 出生日期 | DATETIME | | |
| Age | 年龄 | INT | | |
| Kultur | 文化程度 | VARCHAR（14） | | |
| Marriage | 婚姻 | VARCHAR（4） | | |
| Sex | 性别 | VARCHAR（4） | | |
| Visage | 政治面貌 | VARCHAR（20） | | |
| IDCard | 身份证号 | VARCHAR（20） | | |
| WorkDate | 单位工作时间 | DATETIME | | |
| WorkLength | 工龄 | INT | | |
| Employee | 职工类型 | VARCHAR（20） | | |
| Business | 职务类型 | VARCHAR（10） | | |
| Laborage | 工资类别 | VARCHAR（10） | | |
| Branch | 部门类别 | VARCHAR（20） | | |
| Duthcall | 职称类别 | VARCHAR(20) | | |
| Phone | 电话 | VARCHAR（14） | | |
| Handset | 手机 | VARCHAR（11） | | |
| School | 毕业学校 | VARCHAR（50） | | |
| Speciality | 主修专业 | VARCHAR（20） | | |
| GraduateDate | 毕业时间 | DATETIME | | |
| Address | 家庭住址 | VARCHAR（50） | | |
| Photo | 个人照片 | IMAGE | | |
| BeAware | 省 | VARCHAR（30） | | |
| City | 市 | VARCHAR（30） | | |
| M_Pay | 月工资 | MONEY | | |
| Bank | 银行账号 | VARCHAR（20） | | |
| Pact_B | 合同起始日期 | DATETIME | | |
| Pact_E | 合同结束日期 | DATETIME | | |
| Pact_Y | 合同年限 | FLOAT | | |

# 第 20 章

# 设计网上购物商城数据库

SQL Server 2022 在互联网行业得到了广泛应用。互联网的发展促使各产业超越了传统领域,功能不断进化,实现了内容在多个领域的共生,显著扩展了传统产业链。当前文化创意产业掀起跨界融合浪潮,不断释放出全新生产力,还激发了产业活力。无论是企业还是个人,现在都能便捷地开发网上交易商城,用于商品交易。本章将通过设计网上购物商城的数据库,深入学习 SQL Server 2022 在互联网开发中的应用技巧。

## 20.1 系 统 分 析

该案例介绍一个在线商城系统,该系统具备前台的分级搜索商品功能。客户能够浏览商品,并在前台购买界面完成购买。同时,系统管理人员可以进入后台管理界面执行管理操作。

### 20.1.1 系统总体设计

在移动互联时代,在线购物系统案例层出不穷,成为一个应用广泛的项目。本系统从买家的角度出发,实现了相关的管理功能。图20-1展示了在线购物系统的设计功能图。

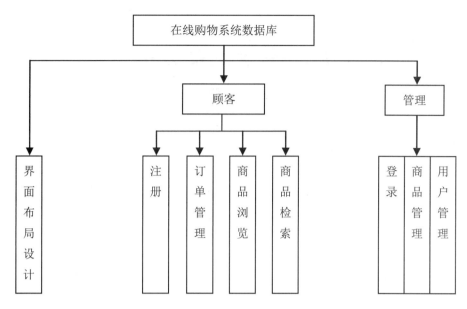

图 20-1　在线购物系统结构图

## 20.1.2　系统界面设计

在业务操作类型的系统界面设计中，通常采用单色调方案。设计时需兼顾用户的使用习惯，确保不对系统的正常使用产生影响。设计应基于行业特性，并以用户习惯为设计基础。基于这些考虑，在线购物系统设计界面如图20-2所示。

图 20-2　系统界面设计

# 20.2　系统主要功能

在线购物系统能够支持交易活动，其核心功能涵盖商品管理、用户管理、商品查询、订单管理、购物车管理以及后台管理等。具体描述如下。

（1）商品管理：商品分类的管理，包括商品种类的添加和删除、类别名称的更改等操作；商品信息的管理，包括商品的添加和删除、商品信息（包括优惠商品、最新热销商品等信息）的变更等操作。

（2）用户管理：允许用户注册为会员，使用在线购物功能。用户信息管理允许用户更新个人账户信息，如密码变更。

（3）商品查询：提供商品速查功能，用户可以根据查询条件，快速找到所需商品；同时，支持商品分类浏览，便于用户根据商品类别浏览商品目录。

（4）订单管理：用户可以查看订单信息，进行订单结算，并对订单进行维护。

（5）购物车管理：允许用户在购物车中添加或删除商品，更改采购数量，并生成采购订单。

（6）后台管理：为管理人员提供商品分类管理、商品基本信息管理、订单处理以及会员信息管理等功能。

# 20.3　数据库与数据表设计

在线购物系统属于购物信息系统，其核心是数据库。系统数据库的设计和构建是基于基本功能需求来制定的。

## 20.3.1　数据库实体E-R图

在系统开发过程中，数据库占据重要的地位，数据库的设置依据需求分析而定，通过上述需求分析及系统功能的确定，规划出系统中使用的数据库实体对象，它们的E-R图如图20-3～图20-8所示。

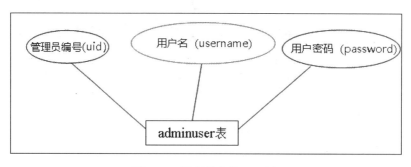

图 20-3　管理员实体 E-R 图

图 20-4　商品类别实体 E-R 图

图 20-5　二级商品分类实体 E-R 图

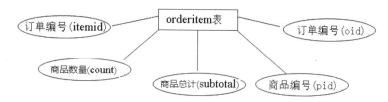

图 20-6　订单实体 E-R 图

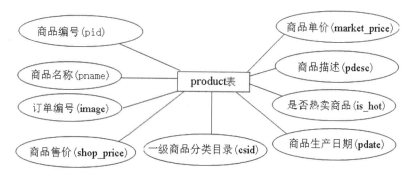

图 20-7　商品明细实体 E-R 图

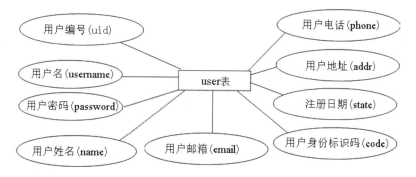

图 20-8　用户实体 E-R 图

### 20.3.2 数据库分析

根据该在线购物系统的实际情况，该系统采用一个命名为shopping的数据库。整个数据库包含系统几大模块的所有数据信息。

创建数据库shopping，代码如下：

```
CREATE DATABASE [shopping] ON  PRIMARY
(
  NAME = ' shopping ',
  FILENAME = 'C:\SQL Server 2022\sample.mdf',
  SIZE = 5120KB ,
  MAXSIZE =30MB,
  FILEGROWTH = 5%
)
LOG ON
(
  NAME = 'sample_log',
  FILENAME = 'C:\SQL Server 2022\sample_log.ldf',
  SIZE = 1024KB ,
  MAXSIZE = 8192KB ,
  FILEGROWTH = 10%
)
GO
```

### 20.3.3 创建数据表

数据库shopping总共有6张表，如表20-1所示，使用数据库shopping进行数据存储管理。

表20-1 数据库中包含的数据表

| 表 名 称 | 说 明 |
| --- | --- |
| adminuser | 管理员表 |
| category | 商品类别表 |
| categorysecond | 二级分类表 |
| orderitem | 订单表 |
| product | 商品表 |
| user | 用户表 |

#### 1. 管理员表

管理员表用于存储后台管理用户信息，表名为adminuser，结构如表20-2所示。

表20-2 adminuser表

| 字段名称 | 字段类型 | 说 明 | 备 注 |
| --- | --- | --- | --- |
| uid | INT | 管理员编号，唯一标识符 | NOT NULL |
| username | VARCHAR(255) | 用户名 | NULL |
| password | VARCHAR(255) | 用户密码 | NULL |

### 2. 一级商品分类表

一级商品分类表用于存储商品大类信息，表名为category，结构如表20-3所示。

表20-3 category表

| 字段名称 | 字段类型 | 说　　明 | 备　　注 |
|---|---|---|---|
| cid | INT | 一级商品目录编号，唯一标识符 | NOT NULL |
| cname | VARCHAR(255) | 一级商品目录名称 | NULL |

### 3. 二级商品分类表

二级商品分类表用来存储商品大类下的小类信息，表名为categorysecond，结构如表20-4所示。

表20-4 categorysecond表

| 字段名称 | 字段类型 | 说　　明 | 备　　注 |
|---|---|---|---|
| csid | INT | 二级商品目录编号，唯一标识符 | NOT NULL |
| csname | VARCHAR(255) | 二级商品目录名称 | NULL |
| cid | INT | 一级商品目录编号，唯一标识符 | NULL |

### 4. 订单表

订单表用来存储用户下单信息，表名为orderitem，结构如表20-5所示。

表20-5 orderitem表

| 字段名称 | 字段类型 | 说　　明 | 备　　注 |
|---|---|---|---|
| itemid | INT | 订单编号，唯一标识符 | NOT NULL |
| count | INT | 商品数量 | NULL |
| subtotal | INT | 商品总计 | NULL |
| pid | INT | 商品编号 | NULL |
| oid | INT | 订单编号 | NULL |

### 5. 商品明细表

商品明细表用于存储出售的商品信息，表名为product，结构如表20-6所示。

表20-6 product表

| 字段名称 | 字段类型 | 说　　明 | 备　　注 |
|---|---|---|---|
| pid | INT | 商品编号 | NOT NULL |
| pname | VARCHAR(255) | 商品名称 | NULL |
| market_price | MONEY | 商品单价 | NULL |
| shop_price | MONEY | 商品售价 | NULL |
| image | VARCHAR(255) | 订单编号 | NULL |
| pdesc | VARCHAR(255) | 商品描述 | NULL |

（续表）

| 字段名称 | 字段类型 | 说　　明 | 备　　注 |
|---|---|---|---|
| is_hot | INT | 是否热卖商品 | NULL |
| pdate | DATETIME | 商品生产日期 | NULL |
| csid | INT | 一级商品分类目录 | NULL |

### 6. 用户表

用户表存储买家个人信息，表名为user，结构如表20-7所示。

表20-7　user表

| 字段名称 | 字段类型 | 说　　明 | 备　　注 |
|---|---|---|---|
| uid | INT | 用户编号 | NOT NULL |
| username | VARCHAR(255) | 用户名 | NULL |
| password | VARCHAR(255) | 用户密码 | NULL |
| name | VARCHAR(255) | 用户姓名 | NULL |
| email | VARCHAR(255) | 用户邮箱 | NULL |
| phone | VARCHAR(255) | 用户电话 | NULL |
| addr | VARCHAR(255) | 用户地址 | NULL |
| state | DATETIME | 注册日期 | NULL |
| code | VARCHAR(64) | 用户身份标识码 | NULL |